智能建筑工程师培训与继续教育丛书

U0269502

智能建筑公共安全系统

Public Safety of Intelligent Building Systems

主编 / 刘顺波

参编 / 何相勇

主审 / 王 娜

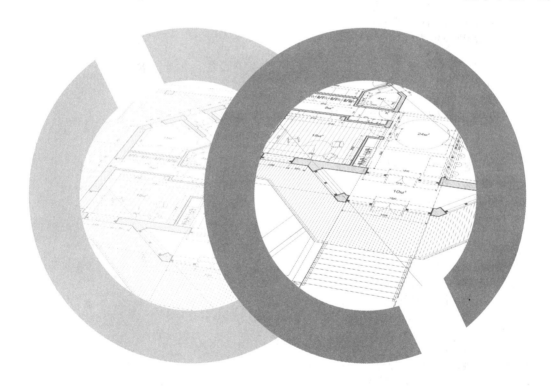

 人民交通出版社
China Communications Press

内 容 提 要

本书以智能建筑设计最新国家标准 GB/T 50314—2006 为依据,系统地介绍了包括火灾自动报警系统、安全技术防范系统、应急联动系统及其子系统在内的建筑物公共安全系统。本书力求简明、实用,在阐明各系统基本概念和基本原理的基础上辅以大量应用实例,便于读者加深理解内容并作为实际应用参考。

本书适于从事智能建筑工程设计、施工、运行管理等相关工程技术人员阅读,并可作为智能建筑类专业本、专科学生的教学用书,同时可作为智能建筑相关技术培训教材使用。

图书在版编目（CIP）数据

智能建筑公共安全系统/刘顺波主编. —北京:
人民交通出版社，2010.11
 ISBN 978-7-114-08693-9

 Ⅰ.①智… Ⅱ.①刘… Ⅲ.①智能建筑－安全设备－系统设计　Ⅳ.①TU89

中国版本图书馆 CIP 数据核字（2010）第 207210 号

书　　名:**智能建筑公共安全系统**
著 作 者:刘顺波
责任编辑:陈志敏　杜　琛
出版发行:人民交通出版社
地　　址:(100011) 北京市朝阳区安定门外外馆斜街 3 号
网　　址:http://www.ccpress.com.cn
销售电话:(010) 59757969，59757973
总 经 销:人民交通出版社发行部
经　　销:各地新华书店
印　　刷:北京鑫正大印刷有限公司
开　　本:787×960　1/16
印　　张:20
字　　数:347 千
版　　次:2010 年 11 月　第 1 版
印　　次:2010 年 11 月　第 1 次印刷
书　　号:ISBN 978-7-114-08693-9
定　　价:39.00 元
（如有印刷、装订质量问题的图书由本社负责调换）

智能建筑工程师培训与继续教育丛书
编审委员会

出 版 说 明

　　智能建筑的概念自上世纪八十年代引进我国以来,历经近二十年的发展,从盲目建设到 2000 年颁布《智能建筑设计标准》规范智能建筑建设;从智能化系统分立到设置集成系统对各系统进行统一管理;从智能建筑人才培养空白到教育部批准设置"建筑设施智能技术"和"建筑电气与智能化"两个本科专业正式招生,我国智能建筑已经走上健康、持续发展的道路。特别是《智能建筑设计标准》(GB/T 50314—2006)的颁布,标志着我国智能建筑发展进入了一个新的阶段。新标准对智能建筑的定义为"以建筑物为平台,兼备信息设施系统、信息化应用系统、建筑设备管理系统、公共安全系统等,集结构、系统、服务、管理及其优化组合为一体,向人们提供安全、高效、便捷、节能、环保、健康的建筑环境。"由此反映出智能建筑已经形成了符合我国国情、符合信息时代特征、符合节能环保时代主题的内涵。

　　为了将新标准更好地贯彻于工程实践,推进智能建筑深入发展,陕西省土木建筑学会智能建筑专业委员会、建筑电气专业委员会、陕西省勘察设计协会组织工作在智能建筑教学、工程设计、工程建设第一线的学者、专家和工程技术人员,结合省内外智能建筑工程实践,编写了"智能建筑工程师培训与继续教育丛书"。陕西省智能建筑专业委员会成立于 1999 年 4 月,自学会成立以来先后与建设部智能化技术专家委员会、建设部科技委智能建筑技术开发推广中心联合,在西安举办了"中国西部建筑智能化论坛"、"面向新世纪中国(东西部)智能建筑新技术研讨会"、"智能建筑新技术、新设备展览会"等活动,来自全国各地的专家为西部智能建筑的发展提出了许多建设性的意见与建议,对陕西省智能建筑发展起到了很大的促进作用。陕西省科技实力雄厚,西安高校数量和军工企业、科研院所数量均位居全国第三,西安在智能建筑领域的教学研究和专业建设、智能建筑工程建设和建筑智能化产品开发方面均取得了瞩目的成绩。在陕西省智能建筑专业委员会成立十周年之际,编写本套丛书也是对陕西省智能建筑技术应用及智能化工程实践的总结。本套丛书按智能建筑新规范重新划分的系统编纂成册,包括《建筑设备管理系统》、《智能建筑信息设施系统》、《智能建筑信息应用系统》、《智能建筑公共安全系统》、《建筑智能化集成系统》五个分册,丛书紧密联系实际,针对各系统的设计与实施,加入了大量工程案例,并专门编写《智能建筑工程精选案例解读》、《建筑电气与智能化工程预算及招投标策略》、《简明英汉-汉英建筑电气与智能化词汇和术语》等三个实用分册,不仅适用于智能建筑从业人员的学习、培训和继续教育,而且可用作智能建筑相关专业的教学参考书。

《智能建筑工程师培训与继续教育丛书》编审委员会
2009 年 1 月

前言
FORWORDS

安全是人类社会生存与发展的基本前提,公共安全是社会主义和谐社会建设的重要保障。在经历了美国"9·11"恐怖袭击事件之后,国际上无一例外对公共安全给予高度重视。世界各国都充分认识到了安全技术的重要性,纷纷借助技术防护手段来应对日益严峻的国际安全形势。英国专家曾对公共场所摄像机的作用进行过统计分析:CCTV 监控系统能够抑制 21%的公共场所常见违法犯罪,使公共场所的违法行为(非犯罪行为)下降 52%,而且它是对恶性和恐怖犯罪事件进行监视和破案的有效手段。所以现在拥有 4800 万人口的英国,就安装了 50 万台监视摄像机。

随着奥运会、世博会等世界性的盛会相继在中国举办,以及"平安城市"、"全球眼"等重大项目陆续在全社会开展,国内的公共安全系统需求旺盛,市场规模不断扩大,技术水平稳步提高,公共安全环境得到有效改善。

公共安全系统是智能建筑的重要内容之一,国家标准《智能建筑设计标准》(GB/T 50314—2006)中明确提出:智能建筑是以建筑物为平台,兼备信息设施系统、信息化应用系统、建筑设备管理系统、公共安全系统等,集结构、系统、服务、管理及其优化整合为一体,向人们提供安全、高效、便捷、节能、环保、健康等综合功能的建筑环境。其中的公共安全系统是综合运用现代科学技术,以应对危害社会安全的各类突发事件而构建的技术防范系统或保障体系,为建筑的安全提供保障。具体地讲,建筑物公共安全系统包括火灾自动报警系统、安全技术防范系统和应急联动系统等。安全技术防范系统又包括安全防范综合管理系统、入侵报警系统、视频安防监控系统、出入口控制系统、电子巡查管理系统、访客对讲系统、停车库(场)管理系统及各类建筑物业务功能所需的其他相关安全技术防范系统。

本书以智能建筑公共安全系统最新国家标准为依据,系统地介绍了火灾自动报警、视频安防监控、出入口控制、入侵报警、电子巡查管理、访客对讲、停车库(场)管理和安全防范综合管理等内容,以及公共安全系统的集成与应急联动;介绍了各类报警、监控、联动控制系统的构成、工作原理、实现功能以及系统设计与实施方法。本书编写力求理论联系实际,在阐明基本概念与基本原理的基础上列举了大量应用实例以辅助读者理解并参考。

将安全防范与火灾消防相结合是本书的一大特色。安防与消防是建筑物公共安全的两部分内容，以往的书籍基本都是分开来介绍的。但是从实际使用角度来说，安防与消防是公共安全的有机组成部分，安防与消防设施为物业安全管理人员等使用者统一使用，使用中要求安防与消防系统无缝集成，应急联动。

简明实用是本书的一个出发点。安防与消防各自都有丰富的内容，如何将其中最基本和最实用的内容筛选出来，是本书所着重关注的。在有限的篇幅内，力求全面介绍公共安全各个系统的工作原理与工程应用。

突出新技术的应用也是本书所追求的目标。智能视频、高清摄像机、流媒体以及虹膜识别的应用等内容，本书均做了相应介绍。作为公共安全技术的综合应用典范，本书简要介绍了北京奥运会中的公共安全系统。

本书由刘顺波主编并统稿，具体编写分工如下：刘顺波编写第1、2、6章，何相勇编写第3、4、5章。特聘请全国高等学校智能建筑教学指导专家、长安大学教授王娜担任本书主审，王教授为本书编写提出了很多宝贵的意见和建议，在此表示感谢。

本书在编写过程中，参阅了大量专业书籍、学术期刊、专业技术标准及网站资料，在此谨向所有被引用资料的作者表示感谢。感谢西安旭龙电子技术公司、海湾安全技术公司为本书提供的宝贵资料和图纸。同时，感谢研究生何彪、熊炎元、刘浩为本书成稿做出的贡献。

由于作者水平有限，错误和不妥之处在所难免，敬请读者批评指正。

编　者

2010 年 5 月

目 录

CONTENTS

1

智能建筑公共安全系统概述

随着现代通信技术、信息技术、现代建筑科学技术、智能控制技术的发展及相互结合，智能建筑以其安全、舒适和便捷这三大独特优势，势不可挡地成为当前建筑的主流。一幢幢智能建筑拔地而起，为人们的工作与学习提供了便利，提高了人们的生活质量。

1.1 智能建筑公共安全系统

公共安全系统是以维护公共安全为目的，综合运用现代科学技术，以应对危害社会安全的各类突发事件而构建的技术防范系统或保障体系。公共安全系统是智能建筑不可或缺的组成部分。

1.1.1 智能建筑公共安全系统内涵

智能建筑是现代建筑技术、电子信息技术和设备管理技术等多种技术综合应用的产物。《智能建筑设计标准》(GB/T 50314—2006)将智能建筑定义为"以建筑物为平台，兼备信息设施系统、信息化应用系统、建筑设备管理系统、公共安全系统等，集结构、系统、服务、管理及其优化组合为一体，向人们提供安全、高效、便捷、节能、环保、健康的建筑环境"。

安全是智能建筑的基本要求，也是所有建筑的第一要求，因此公共安全系统也是智能建筑各种功能赖以实现的基石。公共安全是指人类生命、财产的安全，生活、工作的安全，以及健康的保障和突发性事件的应急处理等。简而言之，就是"人人安全、事事安全、时时安全、处处安全"。

公共安全是由社会各部门、各地区、各种技术专业相互协调、配合，共同营造出来的，因此智能建筑公共安全系统，既包括以防盗、防劫、防入侵、防破坏为主要内容的狭义"安全防范"，又包括防火与消防、通信安全、信息安全以及人体防护、医疗救助、防煤气泄漏等诸多内容的广义"安全防范"。智能建筑公共安全系统是社会综合安全防控技术系统的有机组成部分，需要得到社会公共安全信息资源(110、119、120、122、999…)的有力支持。

任何单一的公共安全防范手段都存在一些弱点,不可能达到绝对的安全,这就决定了公共安全系统是一个复杂的综合性系统。为了便于读者阅读方便,本书全文内容大致分为三个层次,即传统意义上的安全防范系统、建筑火灾自动报警与灭火系统,以及包含了前面两个内容和联动系统在内的公共安全系统。公共安全系统应能够应对火灾、非法侵入、自然灾害、重大安全事故和公共卫生事故等危害人民生命财产安全的各种突发事件;应当建立起应急及长效的技术防范保障体系;应以人为本,系统安全可靠,实现平战结合、应急联动等诸多功能。总而言之,安全是目的,防范是手段,通过防范的手段达到或实现安全的目的,就是公共安全工作的全部内容。

传统意义上的安全防范工作是指建筑及居住区中,采取各种手段,保障人民生命财产安全及各类生产、生活设施不受侵害。主要手段包括:在防范区域内设置安保人员(人防),建造防范设施设备(物防),运用监控、通信等防范技术建立安全防范系统(技防)。安全防范系统的基本内涵是综合运用计算机网络技术、通信技术、电子信息技术、安全防范技术等,构成先进、经济、配套的安全防范体系。

安全防范包含三个基本要素,即"探测"、"延迟"与"反应"。探测是指感知显性和隐性风险事件的发生并发出报警;延迟是指延长和推延风险事件发生的进程;反应是指组织力量为制止风险事件的发生所采取的快速行动。为了实现安全防范的最终目的,必须围绕"探测"、"延迟"和"反应"这三个基本要素开展工作,以预防和阻止风险事件的发生。当然,三个基本要素在实施防范的过程中所起的作用有所不同,它们之间相互联系、缺一不可。一方面,探测要准确无误,延迟时间长短要合适,反应要迅速;另一方面,反应的总时间应小于(至多等于)探测加延迟的总时间。

人力防范(人防)是一种基础的安全防范手段,它是利用人们自身的传感器(眼、耳等)进行探测,发现妨害或破坏安全的目标,作出反应;用声音警告、恐吓、设障、武器还击等手段来延迟或阻止危险的发生,在自身力量不足时还要发出求援信号,以期待做出进一步的反应,制止危险的发生或处理已发生的危险。

实体防范(物防)是指利用建筑物、屏障、器具、设备、系统等设备,推迟危险的发生,为"反应"提供足够的时间。现代的实体防范,已不是单纯物质屏障的被动防范,而是越来越多地采用高科技手段:一方面使实体屏障被破坏的可能性变小,增大延迟时间;另一方面也使实体屏障本身增加探测和反应的功能。

技术防范手段(技防)是人力防范手段和实体防范手段功能上的延伸和提高,技术上的补充和加强。它融入到人力防范和实体防范之中,使人力防范和实体防范在"探测"、"延迟"、"反应"三个基本要素中间不断地增加高科技含量,不断提高探测能力、延迟能力和反应能力,形成一个有机的整体,使防范手段起到更大、更有效的作用,达到安全防范的预期目的。

火灾自动报警系统是一种用来保护生命与财产安全的技术设施,应用于绝大多数建筑中,特别是工业与民用建筑,主要是生产活动和生活场所,因而其也就成为火灾自动报警系统的基本保护对象。随着技术的进步,特别是火灾探测技术的进步,人们可以更早发现火灾隐患,通过联动将火灾消灭于肇始。

本书的公共安全系统主要指实现智能建筑公共安全的技术防范系统。具体讲,是以维护建筑公共安全为目的,运用安全防范产品、消防产品和其他相关产品所构成的入侵报警系统、视频安防监控系统、出入口控制系统、电子巡查系统、停车场(库)管理系统、防爆安全检查系统和消防系统等,或由这些系统为子系统组合或集成的电子系统或网络。

智能建筑公共安全系统设计与建设应遵循以下原则:

(1)系统的防护级别和被防护对象的风险等级相适应;

(2)技防、物防、人防相结合,探测、延迟、反应相协调;

(3)满足防护的纵深性、均衡性、抗易损性要求;

(4)满足系统的安全性、电磁兼容性要求,做到安全认证、供电安全、防被非法接入病毒感染、防雷接地安全、网络安全和信息安全;

(5)满足使用可靠性要求,选用技术成熟的可靠设备,系统具有容错能力与恢复能力,实现关键设备冗余和系统软件备份;

(6)满足系统易操作性要求,系统软件配置灵活、人机界面友好、易学易用易维护;

(7)满足可维护性要求,系统自检、故障诊断与显示、故障快速排除;

(8)满足系统的可扩展性要求,采用分布式体系和模块化设计,便于系统规模扩展、功能扩充、配套软件升级;

(9)满足系统集成要求,视音频编解码和接口/通信协议规范,异构网络互联互通和互操作,具备应急联动能力,用户界面根据需要定制,实现信息集成与资源共享;

(10)满足系统经济性要求,高性价比,达到系统一次性投资与长期运行维护成本的最优化,在满足使用要求的前提下,系统应尽量简化,以降低运行维护成本。

1.1.2 智能建筑公共安全系统结构

公共安全系统作为社会公共安全科学技术的一个分支,具有其相对独立的技术内容和专业体系。根据我国安全防范行业的技术现状和未来发展,可以将安全防范技术按照学科专业、产品属性和应用领域的不同进行分类如下:

(1)入侵探测与防盗报警技术;

(2)视频监控技术;

(3)出入口目标识别与控制技术;

(4)火灾自动报警与灭火技术;

(5)视频与报警信息传输技术;

(6)移动目标反劫、防盗报警技术;

(7)社区安防与社会救助应急报警技术;

(8)公共安全系统的应急联动技术;

(9)实体防护技术;

(10)防爆安检技术;

(11)安全防范网络与系统集成技术;

(12)安全防范工程设计与施工技术。

由于公共安全系统是处于不断发展中的新兴技术领域,因此上述专业的划分只具有相对意义。实际上,上述各项专业技术本身,都涉及诸多不同的自然科学和技术的门类,它们之间又互相交叉和相互渗透,专业的界限会变得越来越不明显,同一技术同时应用于不同专业的情况也会越来越多。建筑公共安全与应急联动系统总体结构如图 1-1 所示。

智能建筑公共安全与应急联动系统通过集成的信息网络和通信系统,将语音、图像、数据等信息集为一体,以统一的接警中心和处警平台,为用户提供相应的紧急救援服务。统一指挥、快速响应、联合行动,为建筑物的公共安全提供技术保障和支持。

智能建筑公共安全与应急联动系统以地理信息技术(GIS)、网络与通信技术为支撑,整合建筑安全各个子系统的功能和数据资源;基于 Internet 和 Web-GIS 分布式数据库,在统一的空间信息基础设施平台基础之上,实现对建筑紧急事件的实时响应和调度指挥。公共安全与应急联动系统在总体上应包括空间信息基础设施平台、通信网络设施平台和应急救援联动指挥平台,系统组织结构如图 1-2 所示。

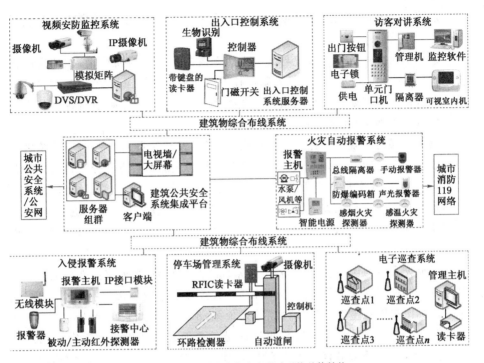

图 1-1　建筑公共安全与应急联动系统总体结构

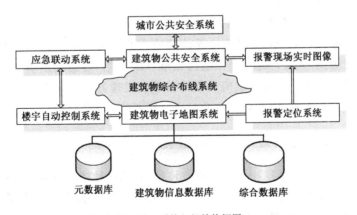

图 1-2　系统组织结构框图

　　智能建筑公共安全与应急联动系统集成和应用了各种高新信息技术(包括获取、处理、传输和发布等),由局域网、Internet 和通信网络将联合指挥中心、若干分中心以及一系列应急响应单元有机地组织起来,实现统一接警、调度与决策。系统包括支撑平台、数据库、应用系统、指挥中心系统四个部分。

建筑公共安全与应急联动系统是一个承上启下的系统,它的集成与系统联动包含三个层面:

第一个层面是各个子系统与其上下级系统的集成与应急联动,比如入侵报警系统、出入口控制系统和视频安防监控系统等独立性较强的子系统,通常有一些上下级系统。例如在大型视频安防监控系统中,主控中心必须对各个分中心进行集成和管理,相互之间必须能够联动。

第二个层面的联动是在一个建筑物(或者相关建筑群)内,各个子系统之间的集成与联动。建筑公共安全与应急联动系统必须能够管理和控制建筑物的各个安防子系统,并实现这些子系统之间的联动。例如根据安全管理要求,出入口控制系统必须考虑与火灾报警系统联动,以保证火灾情况下的紧急疏散与逃生;在智能社区中,电子巡查系统与出入口控制系统或者入侵报警系统进行联动,以更好地做好小区的安防工作。

以火灾发生为例,简要说明各个子系统之间的联动:当火灾报警系统的烟温复合探测器探测到火灾隐患/火灾险情时,火灾报警系统发出警报,电子地图系统迅速标出报警发生地;根据疏散/救火预案,出入口控制系统迅速打开疏散通道/应急门;视频安防监控系统将报警区域的画面显示在中央控制室的大屏幕上,为疏散/救火提供最直接的决策依据;建筑自动化系统打开供水设备,同时开启火灾报警区域的排烟风机。

第三个层面则是与城市公共安全系统的集成与联动。建筑物公共安全与应急联动系统同时也是城市公共安全系统的一个子区域或者子系统。同样以上文提到的火灾为例,火灾信息还必须通过城市"119 网络"传递到消防部门,以便及时组织救援和灭火。重要区域的入侵报警系统发现紧急情况之后,也必须传入到公安网中进行报警,以配合警方及时出警或者侦破案件。

1.1.3 智能建筑公共安全系统网络

公共安全网络在系统中处于基础性地位,它是一种特殊类型的计算机网络。它在底层通信方面脱胎于工业控制网络,在控制器等设备中大量采用工业控制网络技术,但是在系统管理与集成方面又具备计算机网络的特点,特别是互联网、局域网技术可以直接应用于公共安全网络。因此,公共安全网络具有如下鲜明的特点。

1)节点设备各异

作为普通计算机网络节点的 PC 机或者其他类型的计算机、工作站、服务器等都可以作为公共安全网络的一员,还有许多网络节点设备则是具有计算和通信能力的设备。相比于普通 PC 机,这些设备功能比较单一,可能没有键盘、显示器等人机接口,有的甚至不带 CPU 或者单片机,仅具备简单的通信接口。作为公共安全网络,下列设备都可以成为网络节点成员:

(1)简单开关设备。例如出入口控制系统中的门磁开关、感应开关等。

(2)探测器、传感器。例如火灾自动报警系统中的感烟探测器和感温探测器,入侵报警系统中的红外、微波探测器。

(3)信息输入设备。例如出入口控制系统中的读卡器、指纹识别器,用于密码输入的键盘,视频安防监控系统中的摄像机等。

(4)控制器。例如火灾自动报警控制器,出入口控制系统中的门禁控制器,可视对讲系统中的控制器,入侵报警系统的报警主机等。

(5)控制设备或者动作器。例如消防系统中的各种水阀、开关以及声光报警器,出入口控制系统中各种开门、关门驱动设备等。

(6)普通计算机、工作站、服务器等。例如视频安防监控系统中的 DVR 主机、矩阵,各个系统的工作站或者管理计算机等。

(7)作为网络连接的中继器、网桥、网关、转换器等。

2)工作环境特殊

公共安全网络通常工作在各种相对恶劣的环境中,与普通的计算机网络相比,公共安全网络面临各种电磁干扰和严寒酷暑的室外工作环境。与普通计算机网络相比,公共安全网络最大特征就是可靠性和实时性。

(1)可靠性。公共安全网络担负着保护人民群众生命财产安全的重要责任,网络可靠性要求极其高,一般都是全天候不间断连续运行。但是公共安全网络节点设备千差万别,各个子系统网络之间大多还存在使用协议不同、网络结构不同、设备之间互联和互操作(设备间联动控制)困难,这些问题严重影响了网络的可靠性,必须加以重视和解决。

《安全防范工程技术规范》(GB 50348—2004)对系统可靠性做了如下严格的规定:

①采用降额设计时,应根据安全防范系统设计要求和关键环境因素或物理因素(应力、温度、功率等)的影响,使元器件、部件、设备在低于额定值的状态下工作,以加大安全余量,保证系统的可靠性。

②采用简化设计时,应在完成规定功能的前提下,采用尽可能简化的系统结构,尽可能少的部件、设备,尽可能短的路由,来完成系统的功能,以获得系统的最佳可靠性。

③采用冗余设计时,应符合下列规定:a.储备冗余(冷热备份)设计。系统应采用储备冗余设计,特别是系统的关键组件或关键设备,必须设置热(冷)备份,以保证在系统局部受损的情况下能正常运行或快速维修。b.主动冗余设计。系统应尽可能采用总体并联式结构或串—并联混合式结构,以保证系统的某个局部发生故障(或失效)时,不影响系统其他部分的正常工作。

维修性设计和维修保障应符合下列规定:

①系统的前端设备应采用标准化、规格化、通用化设备以便维修和更换;

②系统主机结构应模块化;

③系统线路接头应插件化,线端必须作永久性标记;

④设备安装或放置的位置应留有足够的维修空间;

⑤传输线路应设置维修测试点;

⑥关键线路或隐蔽线路应留有备份线;

⑦系统所用设备、部件、材料等,应有足够的备件和维修保障能力;

⑧系统软件应有备份和维护保障能力。

(2)实时性。公共安全网络区别于普通计算机网络的最大特点是它必须满足实时性的要求。实时性要求体现在两个方面:一方面是发生事件后,信息能够被实时地检测并发送到指定的设备,另一方面联动的设备需要在规定的时间内做出响应。那么网络特别是网络传输的实时性对上述两个方面有至关重要的影响。

但是需要指出的是,并不是所有的数据都要求实时性,例如对于系统参数的配置、组态、趋势报告等则无需对传输时间作严格的要求。

3)网络结构复杂

如前所述,公共安全网络节点设备各异,导致网络上传输的信息类型、网络的拓扑结构、传输介质的种类和特性、访问控制方式、信号传输方式乃至系统与网络管理都存在差异。公共安全网络从功能上可以分为现场网络和管理网络:现场网络是指各个公共安全子系统中,以控制器为核心,控制器与传感器、执行设备之间构成的网络,其基本功能是监测、采集数据、驱动执行设备等;管理网络则是指控制器与控制器之间,控制器与上位管理计算机之间构成的网络,实现系统管理、控制与联动等高级功能。下面分别就公共安全系统中火灾自动报警系统、视频安防监控系统、出入口控制系统和入侵报警系统中使用的网络进行简单说明。

(1)火灾自动报警系统

火灾自动报警系统的现场网络分为两个部分,即火灾报警控制器与火灾探测器之间构成的网络,火灾报警控制器与消防联动系统之间构成的网络。火灾报警控制器与火灾探测器之间通常采用无极性二总线方式构成探测回路,这种网络结构简单,可靠性很高。火灾报警控制器与消防联动系统之间采用多线制方式构成控制网络,这种方式可以通过报警控制器直接接通消防设备的继电器开关,可以手动/自动切换,具有很高的可靠性,确保火灾发生时能够启动消防设备。

火灾自动报警系统的管理网络则根据产品或者使用要求不同,有很多形式。例如海湾公司的火灾报警控制器系列多采用 RS232 与 CRT 进行通信,采用 RS485 与火灾显示盘或计算机进行通信,一些产品也支持 TCP/IP 协议的通信;松江电子设备厂的火灾报警控制器是基于 CAN 总线的对等式系统,其中每台控制器作为网络上的一个节点,任意时刻都可主动地以点对点、点对多点、点对网络的方式从 CAN 总线上发收信息,可获取系统中任一点的相关信息并实施相应的控制。对于更大范围火灾自动报警系统网络则可能具备多种网络连接方式,例如通过以太网、公共电话、GPRS/CDMA 无线通信、RS485 总线、LonWorks 总线进行网络连接。

(2)视频安防监控系统

视频安防监控系统的现场网络也很复杂,模拟视频安防监控系统和数字视频安防监控系统的现场网络具有质的区别。对于当前模拟视频安防监控系统而言可以分为两部分:对于模拟视频传输网络,摄像前端到切换矩阵(或者录像设备)之间的网络是简单的星形拓扑;控制信号是数字信号,因此对于一般的控制网络,切换矩阵到摄像前端通常是总线拓扑,使用 RS485 总线进行信号传输。由于数字视频安防监控系统的视频信号和控制信号都是数字信号,因此这类系统的现场网络则大多使用标准以太网,但是也有一些设备支持使用工业以太网。

(3)出入口控制系统的现场网络

也就是控制器和识读设备/执行设备之间的网络,大多采用 RS485 总线进行信号传输,较为先进的则是采用各种现场总线或者工业以太网技术。

(4)入侵报警系统

其现场网络与出入口控制系统相类似,也是大多采用 RS485 总线进行信号传输,较为先进的则是采用各种现场总线或者工业以太网技术。除此之外,对于小型入侵报警系统,特别是家用型的,多采用短程无线通信技术。

视频安防监控系统、出入口控制系统和入侵报警系统这三个系统的管理网络比较相似,多采用标准的以太网技术。对于更大范围内的系统,可采用广域网、公共电话网络进行网络连接。

1.2 智能建筑公共安全系统发展

公共安全系统的各个子系统或长或短都有着自己的发展历史,但是这些子系统集成起来构成功能强大的公共安全系统,从分散、独立的子系统之间的简单组合到大规模城市联网与联动系统却是近年来的事情。特别随着微电子、网络通信、数字视频、多媒体技术及传感技术的发展,公共安全系统逐步成为一个高度集成的数字化、网络化和智能化的系统。传统的分散与独立的公共安全系统已逐步向融合了网络、传感、自动控制、通信技术和信息处理技术的数字系统过渡。

具有标准的、开放的通信协议与接口的网络是公共安全系统的基础。由视频监控系统、报警管理系统、操作系统、后台数据库;中间件、楼宇自动化系统;通信网络系统、办公、消防自动化系统等产品组成一体化的软件集成平台。二者结合在一起为不同制造厂的产品提供一个通用平台,实现不同系统之间的互联、互通和互操作。

1.2.1 公共安全报警系统的发展

公共安全报警系统经历了三个主要的发展阶段。

第一阶段:单一的电子防盗报警装置→电子防盗报警系统→报警联网系统。

第二阶段:防盗报警系统、视频监控系统→防盗报警、视频监控、出入口控制联动管理的综合式安防系统。

第三阶段:防盗报警、视频监控、出入口控制、访客查询、保安巡更、停车场(库)管理、系统综合监控与管理的集成式安防系统→更大的集成系统。

防盗报警与电视监控、巡更管理、消防报警等共同组成公共安全防范报警系统。产品技术将在数字化、无线化、集成化核心前提下力求突破。整个系统在向多功能、大容量、智能化发展,越来越成为一套完整的集安全防范、自动化控制等为一体的综合管理系统,并且互联网技术、多媒体技术将更加广泛地应用到防盗报警系统中。而在应用市场上,将朝更细化的方向前进——针对不同市场,推出不同产品。为适应加入 WTO/TBT(技术性贸易壁垒协议)需要,目前防盗报警产品均需通过 3C 认证。防盗报警产品的技术发展趋势表现在:①设备更加稳定、可靠,如探测器应抗射频干扰(RFI)和电磁干扰(EMI),防雷电等,以适应恶劣环境和气候变化;②功能更加多样化,如探测器可调频、防遮挡、防喷盖、防破坏等;③外观更加精美、小巧,日益符合品味日益提高的室内装潢需求;④设计更加智能化,可以方便地布防/撤防,具有人性化的操作界面;⑤联网功能更加强大,扩展更方便。

1.2.2 安全防范视频监控系统的发展

1)视频监控系统发展的三个阶段

20世纪80年代末以来,视频安防监控系统经历了从第一代全模拟系统,到第二代部分数字化的系统(基于PC的多媒体监控系统),再到第三代完全数字化的系统(数字硬盘录像机、数字视频服务器和网络摄像机)三个阶段的发展演变,在这一过程中,视频安防监控系统与设备在功能和性能上得到了极大的提高。目前国内外市场上主要是数字控制的模拟视频安防监控和数字视频安防监控两类产品。前者技术发展已经非常成熟,性能稳定,在实际工程中得到广泛应用,特别是在大、中型视频安防监控工程中的应用尤为广泛;后者是以计算机技术及图像视频压缩为核心的新型视频安防监控系统,该系统解决了模拟系统部分弊端,将逐渐成为应用的主流。

近年来,随着网络带宽、计算机处理能力和存储容量的迅速提高,以及各种视频信息处理技术的出现,全程数字化、网络化的视频监控系统优势愈发明显,其高度的开放性、集成性和灵活性为视频监控系统和设备的整体性能提升创造了必要的条件,同时也为整个视频监控系统产业的发展提供了更加广阔的空间。智能视频监控则是网络化视频监控领域最前沿的应用模式之一。

(1)模拟视频监控

20世纪90年代以前,主要采用模拟视频监控系统。模拟视频监控系统主要由摄像机、视频矩阵、监视器、录像机等组成,利用视频传输线将来自摄像机的视频连接到监视器上,利用视频矩阵主机,采用键盘进行切换和控制,录像采用使用磁带的长时间录像机。远距离图像传输采用模拟光纤,利用光端机进行视频光电信号的转换。

模拟监控系统的图像信息采用视频电缆,以模拟方式传输,传输距离一般不超过1km,主要应用于小范围内的监控,监控图像一般只能在控制中心查看。

传统的模拟视频监控无法联网,只能以点对点的方式监视现场,并且使得布线工程量极大,而且模拟视频信号数据的存储会耗费大量的存储介质,查询取证时十分烦琐。

(2)基于PC机的多媒体监控

20世纪90年代以来,基于PC机的多媒体监控随着数字视频压缩编码技术的发展而产生。系统在远端有若干个摄像机、各种检测和报警探头与数据设备,图像及报警信息通过各自的传输线路汇接到多媒体监控终端上,然后再通过通信网络,将这些信息传到一个或多个监控中心。监控终端机可以是一台PC机,也可以是专用的工业控制计算机。

这类监控系统功能较强,便于现场操作,但稳定性不够好,结构复杂,视频前端(如 CCD 等视频信号的采集、压缩、通信)较为复杂,可靠性不高。该系统功耗大,费用高,而且需要有多人值守,同时,软件的开放性也不好,传输距离明显受限。PC 机也需专人管理,特别是在环境或空间不适宜的监控点,这种方式不理想。

在这一阶段特别值得指出的是数字硬盘录像机(DVR)的发展。DVR 是一套进行图像存储处理的计算机系统,具有对图像/语音进行长时间录像、录音、远程监视和控制的功能,它集合了录像机、画面分割器、云台镜头控制、报警控制、网络传输五种功能于一身,用一台设备就能取代模拟监控系统多种设备的功能,而且在价格上也占有优势。DVR 采用数字记录技术,在图像处理、图像储存、检索、备份以及网络传递、远程控制等方面也远远优于模拟监控设备。

DVR 发展的第一阶段是替代阶段,即数字技术替代模拟技术的阶段;第二阶段是数字化技术应用阶段,即数字化技术的特点与用户需求结合,形成新应用理念的阶段;第三阶段是社会化阶段,即数字化图像信息社会化应用及共享的阶段。

第一阶段为 90 年代初期。当时的监控系统一般采用国外的进口矩阵控制主机,为了适应当时计算机普及化的需求,监控公司纷纷开发利用计算机对矩阵主机进行系统控制的软件,实现电脑对监控系统图像切换、音频切换、报警处理、图像抓拍等多媒体控制。此时的计算机多媒体监控实际上仅仅作为监控系统的一个辅助控制键盘使用。

第二阶段是 90 年代中、后期。这一时期是图像处理技术、计算机技术、网络技术飞速发展的时期。利用成熟的计算机技术、图像压缩存储技术和网络技术,开发出基于计算机结构的数字化监控主机,该系统将矩阵切换器、图像分割器、硬盘录像机集成在一台计算机平台上。

第三个阶段是 2000 年以后。随着图像压缩技术的进步,特别是 MPEG-1、MPEG-2 图像压缩芯片的大量推广应用,数字监控产品进入了一个快速发展时期,产品也由原来的数字监控录像主机发展到网络摄像机、网络传输设备、电话传输设备、专业数字硬盘录像机等多种产品。

(3)数字视频监控

数字视频监控是在 20 世纪 90 年代末,随着网络技术的发展,基于嵌入式 Web 服务器技术的远程网络视频监控而产生的网络视频监控技术。

其主要原理是:视频服务器内置一个嵌入式 Web 服务器,采用嵌入式实时操作系统。摄像机等传感器传送来的视频信息,由高效压缩芯片压缩,通过内部总线传送到内置的 Web 服务器。网络上用户可以直接用浏览器观看 Web 服务器上的图像信息,授权用户还可以控制传感器的图像获取方式。这类系统可以直接连入以太网,省掉了各种复杂的电缆,具有方便灵活、即插即用等特点,同时,用户也无需使用专用软件,仅用浏览器即可。

基于嵌入式技术的网络数字监控系统不需处理模拟视频信号的 PC 机,而把摄像机输出的模拟视频信号通过嵌入式视频编码器直接转换成 IP 数字信号。嵌入式视频编码器具备视频编码处理、网络通信、自动控制等强大功能,直接支持网络视频传输和网络管理,使得监控范围达到前所未有的广度。除了编码器外,还有嵌入式解码器、控制器、录像服务器等独立的硬件模块,它们可单独安装,不同厂家设备可实现互联。

数字化视频监控克服了模拟闭路电视监控的局限性,其优点主要体现在以下三方面:

①数字化视频可以在计算机网络(局域网或广域网)上传输图像数据,基本上不受距离限制,信号不易受干扰,可大幅度提高图像品质和稳定性;

②数字视频可利用计算机网络联网,网络带宽可复用,无需重复布线;

③数字化存储成为可能,经过压缩的视频数据可存储在磁盘阵列中或保存在光盘中,查询十分便捷。

2)视频监控系统技术发展

(1)摄像机的更新换代

监控摄像机的图像传感器正逐渐从传统的 CCD 向 CMOS 转变。这两种传感器的性能各有长短,但随着技术的进步,CMOS 传感器的缺点逐渐减少,图像质量可以与 CCD 的相媲美。与基于 CCD 的传感器相比,CMOS 传感器的集成度更高,因为 CMOS 传感器集成了许多外围处理功能,所需器件比 CCD 探头少,且 CMOS 探头的功耗要低得多。从整个系统来看,CMOS 传感器可将成本大幅度降低。

新一代基于 DPS(Digital Pixed System,即数字像素系统)摄像机的出现和应用,使得传统的模拟摄像机进入完全数字化的时代,为摄像机的宽动态范围、色彩逼真度、强照明度、白平衡等方面带来革命性的变革。

随着技术的发展,各种高性能摄像机不断出现。例如 Sony 公司已经推出超过一亿像素的超高清晰摄像机以及超宽动态摄像机,Honeywell 安防科技推出的 PRS-360/180 全景摄像机也被应用于重点部位的监控。

(2)芯片技术为视频监视产品提供新方案

IP 摄像机通常集成了视频捕获、视频编码/处理和网络接入功能。在视频监控市场,能够支持这些功能的各种视频信号处理器芯片性能差异很大,但其也是最能突显产品优势的关键器件。从功能需求最少的低端产品到高性能的采用多核数字信号处理器(DSP)芯片的高端产品,不同的市场对视频信号处理器的要求差别很大。高性能的 DSP 芯片可使视频处理器性能得到极大提升。这些 DSP 是催生智能摄像机的关键要素。正因为这些 DSP,IP 视频服务器才具备同时对多视频流进行智能管理的能力。

(3)高效的视频压缩技术兼顾传输与显示

以前的数字视频监控的图像格式主要以 MJPEG 与 MPEG2 为主。随着图像压缩技术水平的提高,出现了 MPEG4 视频压缩格式,进一步形成占用带宽和存储容量更小的 H.264 视频压缩格式。国内正在大力发展具有自主知识产权的 AVS 编码格式。视频压缩技术的发展为视频监控在图像传输、后端显示、录像存储等方面带来极大的便利。

目前视频压缩采用有纯硬件解压缩、软件解压缩和硬件软件相结合解压缩三种技术,目前市场上主流的 DVR 都是采用纯硬件解压缩方式进行,并且尽可能地节省占用计算机 CPU 和内存资源。

(4)基于 3G 网络的视频监控技术

基于 3G 网络的高带宽无线传输方式是视频监控的另一个发展方向。例如,3G 手机视频监控借助 3G 网络,通过移动网络、移动或固定视频前端摄像头,实现远距离的手机视频实时监控。通过手机可以实现远程的视频监控、云台与镜头控制等功能,可广泛应用在道路交通、家庭安全、企业生产等场所。

(5)硬件平台中间件受到广泛关注

这方面的典型产品包括硬件视频监控平台中间件和智能产品。目前硬件平台中间件产品的应用趋势是市场细分化。当平台不能适用于全部行业,而各行业又有一些共性的技术需求时,平台中间件产品就呈现出很大的市场。比如,每年生产出售的数百万路摄像头(数字或模拟的)都需要通过设备连接起来,而以前使用的矩阵和 DVR 都存在一些缺陷。目前市场上急需既适合行业需要,又能作为标准化的平台产品。平台中间件就是能满足这类需求的视频监控的基础平台,它的主要特点是大容量、硬件化、高可靠。增值开发商可以用这些基础平台去开发各行业的增值特性,而不用考虑复杂的大型项目的可靠性问题。这类平台中间件产品,如同给增值开发商提供一个底层的 Windows 操作系统,不论是平安城市、金融、交通,还是教育行业,开发商不用过多考虑一些摄像机或者

DVS兼容性的问题，也无需担心平台稳定性的问题，仅需用平台中间件去做这个行业相关的个性化业务的开发。

目前被业界看好的是为现有的模拟摄像机增加智能功能的硬件产品，如视频智能分析盒，将其与模拟摄像机连接，可以输出数字信号和智能分析结果。这类产品可使客户在保护原有投资的同时，享受科技进步带来的便利。

3）视频安防监控系统发展方向

前端一体化、视频数字化、监控网络化、系统集成化是视频安防监控系统公认的发展方向，而数字化是网络化的前提，网络化又是系统集成化的基础，视频安防监控发展的两个最大特点就是数字化和网络化。与此同时，智能视频技术已经崭露头角，开始成为视频安防监控系统新的发展方向。

（1）数字化

目前，视频安防监控系统的控制信号已经实现数字化，正向着系统中信息流（包括视频信号、音频信号和已经数字化的控制信号等）全面数字化发展。信息流从模拟状态全面转为数字状态，将从根本上改变视频安防监控系统信息采集、数据处理和传输、系统控制等部分的结构和实现方式。信息流的数字化、编码压缩、开放式的协议，使视频安防监控系统与安防系统中其他各子系统间实现无缝连接，并在统一的操作平台上实现管理和控制，这也是系统集成化的含义。

（2）网络化

视频安防监控系统的网络化意味着系统的结构将由集总式向集散式系统过渡，集散式系统采用多层分级的结构形式，具有微内核技术的实时多任务、多用户、分布式操作系统的监控系统硬件，并采用标准化、模块化和系列化设计的软件。系统具有通用性强、开放性好、系统组态灵活、控制功能完善、数据处理方便、人机界面友好以及系统安装、调试和维修简单化，系统运行互为热备份，容错可靠等优势。

系统的网络化在某种程度上打破了布控区域和设备扩展的地域和数量界限。系统网络化将实现整个网络系统硬件和软件资源的共享以及任务和负载的共享，这也使得视频安防监控系统成为安全防范系统集成核心的一个重要原因。

（3）智能化

智能化是当前视频技术发展中的重要趋势。智能视频源自计算机视觉技术。计算机视觉技术是人工智能研究的分支之一，旨在建立图像及图像描述之间的映射关系，从而使计算机能够通过数字图像处理和分析来理解视频画面中的内容。而视频安防监控中所提到的智能视频技术主要指的是"自动地分析和抽取视频源中的关键信息"。如果把摄像机看作人的眼睛，而智能视频系统或设备则可以看作人的大脑。智能视频技术借助计算机强大的数据处理功能，对视频画面中的海量数据进行高速分析，过滤掉用户不关心的信息，仅仅为监控者提供有用的关键信息。

智能视频安防监控以数字化、网络化视频安防监控为基础，但又有别于一般的网络化视频安防监控，它是一种更高端的视频安防监控应用。智能视频安防监控系统能够识别不同的物体，发现监控画面中的异常情况，并能够以最快和最佳的方式发出警报和提供有用信息，从而能够更加有效地协助安全人员处理危机，并最大限度地降低误报和漏报发生。

视频智能分析可以分为前端摄像机的智能化和后端的智能化技术，内容包括行为识别、人脸识别和目标跟踪等。前端的摄像机智能化是指摄像机具有行为识别能力，即根据设定的检测条件，通过监视视频影像检测监视区域有无可疑者或侵入物，如果有则能自动跟踪并发出警报，通知监视中心和相关人员。美国 Activ Eye 公司开发的软件"Active Alert"、日本 SONY 公司的 DEPA 视频软件，均可嵌入在摄像机中实现此功能。这一功能是通过事先设定的行动模式，首先检测出侵入物的侵入行动，再报警通知远程监视中心，它不像以往的监视系统那样，单纯进行监视视频的传送、对监视范围内侵入物的所有行为警报通知，而是自动检测出监视范围内与指定条件(行动模式、大小尺寸、侵入区域等)一致的侵入物，发出警报通知，并且能在监视中心显示该侵入物行动模式的监视视频、控制摄像机的角度并发出警报。当监控系统中追加了上述功能后，能对大规模、广范围和多地点的监视对象区域进行高效集中的监视。

后端的智能化技术主要集中在视频分析、视频编解码、图像识别、图像检索等技术领域。视频内容分析能够识别和标记出视频内容中特定的特征，它比以前的视频移动检测又改进了许多；智能化搜索(按照给定的时间和地点进行搜索)；对人体的特定特征进行识别，包括视频分析、特殊压缩等都可以在 DVR 内统一进行；数字水印技术防篡改录像内容；SONY 的视频图像拼接技术智能监控系统，可在 13s 内扫描 18×6 帧，并合成为由 128 帧组成的高清、广视角完整的电视图像，同时可观测画面内任何部位的高清特定图像，其视场角可达 $160° \times 15°$ 或 $80° \times 30°$。

智能视频的应用大体上可以分为安全相关应用和非安全相关应用两大类。安全相关类应用是目前市场上存在的主要智能视频应用，特别是在"9·11"恐怖袭击、马德里爆炸案以及伦敦爆炸案发生之后，市场上对于此类应用的需求不断增长。这些应用主要作用是协助政府或其他机构的安全部门提高室外大地域公共环境的安全防护。此类应用主要包括：高级视频移动侦测、物体追踪、人物面部识别、车辆识别和非法滞留等。智能视频安防监控显然能够成为应对恐怖主义袭击和处理突发事件的有力辅助工具。

2008北京奥运会采用的SONY IPELA视频会议系统中的可视应急调度系统由指挥终端系统、中心管理系统、物理孤立系统和未来成熟系统等组成,采用H.264视频编解码/4CIF格式,可达广播电视水平,具有面部跟踪、语音跟踪、会议记录录制等强大功能。在生物识别领域,美国Identix公司的第六代人脸识别算法是当今最先进的算法之一。

除了安全相关类应用之外,智能视频还可用于一些非安全相关类的应用当中。这些应用主要面向零售、服务等行业,可以被看作管理和服务的辅助工具,用以提高服务水平和营业额。此类应用主要包括:人数统计、人群控制、注意力控制和交通流量控制等。

数字化、网络化、智能化是视频安防监控发展的必然趋势,智能视频安防监控的出现正是这一趋势的直接体现。智能视频安防监控设备比普通的网络视频安防监控设备具备更加强大的图像处理能力和智能因素,因此可以为用户提供更多高级的视频分析功能。它可以极大地提高视频安防监控系统的能力,并使视频资源能够发挥更大的作用。

1.2.3 安全防范生物识别的发展

生物特征识别技术是指通过计算技术,利用人类个体自身的生理或行为特征来进行个体身份自动识别的一种新技术。这些个体特征包括人脸、指纹、虹膜、声音、视网膜等人体的生物特征,以及签名的动作、行走的步态、敲击键盘的力度等行为特征,统称为生物特征。

所有个体都具有自身独特的生物特征,随着个体的不同这些特征具有唯一性,而且具有不随个体年龄变化的稳定性。与传统的身份识别(钥匙、证件、用户名以及密码等)相比,基于生物特征的生物特征识别技术具有不会遗忘或丢失、不易伪造或被盗、随身携带且随时随地可以使用等优点。随着生物特征识别技术的快速发展,生物特征识别也将成为未来身份识别的重要方式。

(1)指纹识别技术发展

指纹识别技术起源很早,甚至可以追溯到几千年前,那时我们的祖先就发现每个人的指纹不一样,开始将指纹画押的方法用于司法和商业交易。这说明他们已经认识了指纹的独特性和个性,只不过那时是用人眼和大脑去识别。

自动指纹识别是随着计算机技术和微电子技术发展而兴起的。该系统最早是利用电脑进行指纹图像的识别过程,经历了通过大型机、PC机和嵌入式系统来实现,目前已经发展到使用专用的指纹识别芯片 SoC 来实现。指纹识别芯片内部集成了微控制器、指纹识别处理、加解密引擎以及工业标准接口,涵盖了生物检测处理的全部核心功能,开启了指纹识别产品"低成本、高性能"的新纪元,标志着指纹安全识别进入纯硬件单芯片时代。

指纹识别技术主要包括指纹传感器、指纹识别算法和指纹识别芯片三部分。指纹传感器早期是光学的传感器,体积较大,与摄像头功能类似,后来出现面状的半导体传感器,一按就出现指纹图像。随着半导体指纹传感器的进一步改进,出现了体积更小的刮擦式指纹传感器,手指在传感器上刮擦一下就会出现指纹。目前指纹识别的算法无论从速度或可靠性来说都有较大的提高,认假率指标一般都达到了百万分之一,并且解决了诸如指纹脱皮的识别难题。最早指纹算法只能在 PC 机或比较大的 CPU 上实现,然后过渡到嵌入式的 DSP 系统中。现在针对指纹识别的要求开发出了专用的指纹识别芯片,指纹识别芯片将算法体现在芯片上,这样使得整个指纹识别模块体积更小、功耗更小,其他所需元器件也大量减少。

指纹识别的产品可应用在指纹锁、指纹考勤和信息安全等方面。指纹锁主要用在家庭和办公室,指纹汽车锁用于控制发动机点火系统等。指纹考勤与出入口控制中的指纹识别类似。信息安全方面的指纹识别应用包括指纹 U 盘、指纹硬盘、指纹笔记本。此外还有各种各样的指纹识别应用,如自动取款机的指纹密码、幼儿园的小孩指纹接送系统等。

(2)人脸识别技术发展

人脸识别是最为自然的、可视化的一种生物身份识别方式,符合人类自身的生理视觉习惯,人类自身就是通过人脸来鉴别对方的。人脸识别系统综合应用了计算机图像处理技术与生物统计学原理。其工作过程如下:首先采集和录入人脸特征,利用生物统计学的原理进行分析,形成人脸特征模板,存入数据库中;然后利用人脸特征模板数据库,与现场获得的被检测者的人脸图像进行搜索对比分析,判断模板数据库中是否有被检测者,从而达到身份识别的目的。

视频监控人脸识别系统可对多路摄像头监控范围内的多个人脸同时进行自动检测、跟踪和识别,并与数据库中人员(黑名单或 VIP 等)的面部信息进行高效比对,实时对过往人员身份进行排查,一旦发现黑名单人员或可疑分子,后台会自动报警,并指导安全人员及早采取防范措施。该系统可以实现 24 小时的自动值守,无需"人工盯屏",有效地提高了安全防范能力。

目前人脸识别的应用领域包括电子护照及身份证、人脸识别门禁考勤系统、人脸识别防盗门、银行自动提款机、计算机登录、电子政务和电子商务等。人脸识别与智能卡门票结合,能够实现自然、快速、准确的身份鉴别,及早发现可疑人员,且能被使用者广泛接受。人脸识别与身份证管理的无缝对接,能充分利用现有的二代身份证照片资源,为公安部门的工作提供帮助。若在一个较复杂的场景中,在较远的距离上识别出特定人的身份,指纹识别无法使用,而人脸识别却是一个极佳的选择。

人脸识别性能受外部环境影响较大,如光照变化、表情变化、年龄变化、配饰变化等,其中光照变化对人脸识别的影响最为关键。传统的人脸识别技术主要基于可见光图像的人脸识别,在环境光照发生变化时,识别效果会急剧下降,以至于无法满足实际应用需要。对外部光照环境的适应能力和控制能力成为制约人脸识别技术普及的关键技术瓶颈。

人脸识别技术的嵌入式应用和芯片化将成为未来人脸识别技术发展的一个主流方向。与 RFID 等智能卡技术的有机结合将成为人脸识别技术得以普及的一个重要因素。由于人脸识别的可视化特性以及较高的自然度,随着人脸识别技术的发展,精确度与可靠性都将有很大的提高,其必将成为一种极具潜力的生物身份识别方式。在多生物特征融合时,人脸识别必将以其显著的技术优势成为一种基本的技术配置,成为多生物特征融合的基础技术。

(3)虹膜识别技术发展

虹膜识别是新兴的生物特征识别技术,虹膜是一种在眼睛瞳孔内的织物状的各色环状物,每一个虹膜都包含一个独一无二的基于像冠、水晶体、细丝、斑点、结构、凹点、射线、皱纹和条纹等特征的结构。据统计,虹膜识别是目前最精确的生物特征识别技术,虹膜特征稳定,非接触采集和防伪性能好。虹膜特征很稳定,其不会随年龄的变化而变化;且可实现非接触式采集,用户使用感觉较好;同时,采集虹膜图像需要专业的设备,且虹膜位于眼睛透明角膜的后面,被保护得很好,使得虹膜很难伪造。

从识别的正确率来讲,虹膜识别不如指纹识别,但它的好处在于不像指纹那样容易受外在因素影响。此外,虹膜识别系统因聚焦的需要而需要昂贵的摄像头,还需要一个比较好的光源,所以它应用的领域较窄,主要是用在一些比较特殊的部门,尤其是对安全要求比较高的部门。

虹膜识别的发展历程可以追溯至 19 世纪 80 年代。1885 年,ALPHONSE BERTILLON 将虹膜识别技术应用在巴黎的刑事监狱中。1987 年,眼科专家 ARAN SAFIR 和 LEONARD FLOM 首次提出利用虹膜图像进行自动虹膜识别的概念。到 1991 年,美国洛斯阿拉莫斯国家实验室的 JOHNSON 实现了一个自动虹膜识别系统。1997年,我国批准了第一个虹膜识别专利。2005年,中科院自动化所模式识别国家重点实验室的"虹膜图像获取以及识别技术"取得突破性进展。2007年《信息安全技术虹膜识别系统技术要求》(GB/T 20979—2007)国家标准颁布实施。

(4)声音识别技术发展

声音识别是一种行为识别技术,声音识别设备不断地测量、记录声音的波形和变化,而声音识别基于将现场采集到的声音与登记过的声音模板进行精确的匹配。声音识别也是一种非接触的识别技术,用户可以很自然地接受。但是声音会随着音量、速度和音质的变化(例如当你感冒时)而影响到采集与比对的结果。

声音识别在信息领域应用较多,目前很多软件已经应用了该技术,如早期IBM 的 ViaVoice 软件,该软件可把声音转换成文字,这就是它的典型应用。

声音识别技术的研究始于20世纪30年代,初期的研究工作主要集中在人耳听辨实验和探讨听音识别的可能性方面。到了20世纪60至70年代早期,声音识别技术获得突破,研究人员成功地进行了各种声音参数的提取、选择和试验,并将倒谱比较和线性预测分析以及简单模式匹配方法应用于声音识别,相继能够识别数字、英文字母等。从20世纪70年代末开始,随着计算机技术的飞速发展,特征参数提取的准确性持续提高,各种模式匹配判断和模型训练技术不断涌现,使得语音单词、语言句子逐步能够被识别。

进入21世纪以来,声音识别技术已应用于通过电话声音进行身份识别的电话银行、电子商务、司法追踪、军事保密以及家电控制系统等领域,声音识别技术的研究具有广泛的应用前景。

1.2.4 可视对讲技术的发展

从技术发展历程划分,我国楼宇对讲产品可以分为四个阶段,即:非可视型单一对讲—总线型单一可视对讲—局域网型多功能的可视对讲—广域网型自由自在的可视对讲。

(1)第一代单一非可视对讲(4+n型)系统

最早的楼宇对讲产品功能单一,只有单元对讲功能,住户主要根据访客的声音来判断和决定是否开门。系统中仅采用编码、解码电路或 RS-485 进行小区域单个建筑物内的通信,无法实现整个小区内大面积组网。这种分散控制的系统,互不兼容,各自为政,不利于小区的统一管理,系统功能相对较为单一。

(2)第二代单一可视对讲(总线型)系统

随着国内用户需求的逐步提升,原先的没有联网和不可视已经不能满足要求,因此在非可视对讲基础上增加了摄像头和显示屏,使用户不但能听到访客的声音,还能看到访客的图像。可视对讲产品广泛地采用单片机技术的现场总线技术,如 CAN、BACNET、LONWORKS 和国内 AJB-BUS、WE-BUS 以及一些利用 RS-485 技术实现的总线等。采用这些技术可以把小区内各种分散的系统互联组网、统一管理、协调运行,从而构成一个相对较大的区域系统。现场总线技术在小区中的应用,使对讲系统向前迈出了一大步。

经过大量的应用,传统总线可视对讲系统也表现出一定的局限性:①抗干扰能力差,常出现声音或图像受干扰不清晰现象;②传输距离受限,远距离时需增加视频放大器,小区较大时联网困难,且成本较高;③采用总线制技术,占线情况特别多,因为同一条音视频总线上只允许两户通话,不能实现户户通话;④功能单一,大部分产品仅限于通话、开锁等功能,设备使用率极低;⑤由于技术上的局限性,产品升级或扩充困难;⑥行业缺乏标准,系统集成困难,不同厂家之间的产品不能互联,同时可视对讲系统也很难和其他弱电子系统互联,不能共用小区综合布线,工程安装量大,服务成本高,也不能很好融入小区综合网。

2000 年,交大科技、正星特、安居宝这几家科技公司推出了网络可视对讲系统,控制数字信号使用网线传输、音视频使用同轴电缆传输的楼宇对讲系统,因此在布线时需要两套线。此系统打破了传统的总线结构,为楼宇对讲系统过渡到数字阶段,提供了可行性见证。因此属于 2.5 代产品。

(3)第三代多功能的可视对讲(局域网型)系统

2001～2003 年,随着 Internet 的应用普及和计算机技术的迅猛发展,人们的工作、生活发生了巨大变化,数字化、智能化小区的概念已经越来越多的被人们所接受,楼宇对讲产品进入第三个高速发展期。多功能对讲设备开始涌现,基于 ARM 或 DSP 技术的局域网技术开发产品逐渐推出,数字对讲技术有了突破性的发展。通过网络传输数据,克服了传输距离和网络节点数量的限制,几乎可无限扩展。突破传统观念,可提供网络增值服务(如还可提供可视电话、广告等功能,且费用低廉)。

将安防系统集成到设备中,可提高设备实用性。主要优点为:①适合复杂、大规模及超大规模小区组网需求;②数字室内机实现了数字、语音、图像通过一根网线传输,不需要再布数据总线、音频线和视频线,只要将数字室内机接入室内信息点即可;③可以实现多路同时互通,而不会存在占线的现象;④接口标准化、规范化;⑤组网费用较低,便于升级及扩展;⑥可利用现有网路,免去工程施工;⑦便于维护及产品升级。

多功能可视对讲系统对于行业的中高档市场冲击很大,并能跨行业发展。

(4)第四代自由自在的可视对讲系统

截止到 2005 年,使用广域网数字可视对讲系统的小区和建筑已经在全国范围内出现,并且系统稳定、运营可靠。2004～2005 年一年中,市场上就出现了GE、三星、HONEYWELL 等多款数字可视对讲系统产品。当前,设计、生产第四代可视对讲系统的厂家越来越多,用户的选择余地也越来越大。

广域网可视对讲系统是在 Internet 广域网的基础上构成的,全面解决了语音、视频、数据在网上传输问题,使智能小区系统在真正意义上实现与 Internet 融为一体,从而实现数据、语音、视频三线合一。数字室内机作为小区网络中的终端设备起到两个作用:一是利用数字室内机实现小区多方互通的可视对讲;二是通过小区以太网或互联网同网上任何地方的可视 IP 电话或 PC 机之间实现通话。

随着整个产业步入良性循环,一个全新的宽带数字产业链正逐步清晰,基于宽带的音频、视频传输和数据传输的数字产品是利用宽带基础延伸的新产品。它包括宽带网运营商和宽带用户驻地网接入商,未来以视频互动为特征的宽带网内容提供商、宽带电视等下游产业也正在浮出。总之,可视对讲产品发展的主要方向是数字化,数字化是可视对讲系统发展的必由之路。

1.2.5　智能家庭终端发展

智能家庭安防系统由安防报警主机、厨房燃气泄漏探测、烟感探测、门磁或窗磁、红外幕帘探测器和紧急按钮组成,通过主动威吓、人机协同、多元检测、开放防范、远程监视、现场记录等手段,建立一个开放的安全家庭环境网络。

家庭防盗报警系统是利用全自动防盗电子设备,在门、窗、厨房等地方,通过电子红外探测技术及各类磁控开关判断非法入侵行为或各种燃气泄露,通过控制箱喇叭或警灯现场报警,同时将警情通过共用电话网传输到报警中心或业主本人,而且在家中有人发生紧急情况时,系统也可以通过各种有线、无线紧急按钮或键盘向小区联网中心发送紧急求救信息。

从当前的发展来看,监控行业的主要技术动力来自于 IT 技术,随着网络和计算机技术的发展,家庭安防产品以后的发展趋势也不仅仅只作为报警用,还可以开发出很多其他功能,例如医疗、家政、呼叫等,这就要求系统能超越现有的电话呼叫功能,具有传输图片等更加丰富的信息。随着技术的进步,各种功能更强大、保卫更安全、信息更随身的新型系统将会应运而生,为人们的日常生活带来安全与便利。

1.2.6 智能卡技术发展

目前较常用的智能卡有条码卡、磁条卡、IC 卡和 RFID 卡这 4 种证件卡制卡技术。条码卡被广泛使用在包装、图书报刊等方面,通过扫描器可以读出条码卡中的信息。磁条卡一般在银行卡、消费卡、会员卡中常见到,在卡的一面固定位置贴上一条可存储信息的磁带,在卡上设有持卡人签字条及全息图的标志,同时将相应的号码打印成凸码,这样则具有了身份识别的能力。

IC 卡是集成电路卡(Integrated Circuit Card)的英文简称,因读写方式不同又分别为接触式 IC 卡和非接触式 IC 卡。IC 卡是将一个专用的集成电路芯片镶嵌于符合 ISO 7816 标准的 PVC(或 ABS 等)塑料基片中,封装成外形与磁卡类似的卡片形式,即制成一张 IC 卡,也可以封装成纽扣、钥匙、饰物等特殊形状。IC 卡信息容量大,还可以存储个人化信息,如照片、指纹等人体生理资料,并可以实现一卡多用。2003 年香港特区政府签发了第一张电子智能身份证,此智能身份证使用的即是接触式 IC 卡技术。接触式 IC 卡技术经过多年的发展已有完善的国际标准及成熟的应用,但自身也存在着一些弱点,如在操作时容易污染、破损导致读写出现故障等。非接触式 IC 卡在继承了接触式 IC 卡优点的基础上,改进了读写方式,克服了易损等弊端,更适合用于经常使用的证件卡。我国第二代公民身份证和公交卡都使用的是非接触式 IC 卡。

射频识别卡(RFID 卡)应用领域十分广泛,现在常用于门禁系统、考勤、停车收费等。它是利用无线射频方式进行非接触式双向通信的。与磁卡、IC 卡等接触式识别技术不同,RFID 卡片与读卡器之间,无需物理接触即可完成识别,而且数据不易受到损坏。因此,可实现多目标识别、运动目标识别,可应用的场合更广泛。

在公共安全系统中,智能卡技术是一种普遍应用的重要的身份识别技术。由于智能卡功能强大,使得"一卡多用"和"多功能卡"将成为重要发展趋势。例如,智能卡除了作为身份识别工具外,还可以作为停车证、图书证、银行卡等一卡通功能载体。随着 IC 卡应用的范围和领域不断扩大,各类 IC 卡的功能拓展与相互融合步伐将加快。

1.2.7 火灾自动报警系统发展

20 世纪 80 年代以来,随着我国现代化建设的迅速发展和消防工作的不断加强,火灾自动报警设备的生产和应用有了较大的发展。特别是随着《建筑设计防火规范》(GB 50016—2006)、《高层民用建筑设计防火规范》(GB 50045—1995)、《火灾自动报警系统设计规范》(GB 50116—2008)、《火灾自动报警系统施工及验收规范》(GB 50166—2007)等国家消防技术标准的深入贯彻执行,全国各地许多重要部门、重点单位、要害部位和重要公共场所等,越来越普遍地安装使用了火灾自动报警系统。

目前,全国火灾自动报警设备的生产厂家已近百,火灾探测器的年生产量超过500万只,火灾报警控制器的年产量超过2万台,火灾自动报警设备年生产总值超过40亿元。全国安装使用火灾自动报警系统的单位和工程数量成千上万,难以统计,火灾自动报警系统在国民经济建设的各行各业,特别是在工业与民用建筑的防火工作中,发挥着越来越重要的作用,成为现代消防不可缺少的安全技术设施,被誉为保障人身和财产安全的"消防哨兵"。火灾自动报警系统的进展主要体现在报警探测和报警控制器的发展两个方面。

1)报警探测技术发展

火灾报警起源于温度、烟离子和火焰光的检测。火灾自动报警技术与热工传感器、光电子、信息处理、通信和计算机等技术的发展密切相关。

火灾报警设备从最初的数字量、多线制,到后来的模拟量可寻址、总线制,从感温、感烟、感光复合型探测器,再到基于图像感焰和空气采样探测技术的早期火灾预警系统,火灾探测报警技术逐步发展起来,高灵敏度、高可靠性以及智能化分析也成为火灾探测技术的发展方向。火灾自动探测报警系统发展经历了以下四个阶段:

(1)开关量探测技术

首先研制成功的是感温火灾探测器,然后是差温火灾探测器,以后又相继出现了感烟、感光、气体等类型火灾探测器。1890年英国率先研制成功探测空气温度的感温式火灾探测器,随后不同类型的定温火灾探测装置研制成功并投入应用。为了满足快速探测火灾的需要,20世纪30年代人们利用升温速率原理,发明了差温火灾探测器。差温火灾探测器在升温速率超过预定值时发出报警信号,比定温火灾探测器对火灾的响应速度快得多。20世纪40年代末期开始,瑞士物理学家开始研究离子感烟探测器,主要用于探测矿井里的燃烧气体,也用于探测燃烧物燃烧分解产生的不可见粒子,获得了成功。离子探测器探测火灾比感温探测器反应快得多,它的出现,立刻引起了人们的重视,并得到了广泛的应用。随着科学技术的进一步发展,光电式感烟火灾探测器应运而生,以后又出现了紫外感光火灾探测器、红外光束感烟火灾探测器以及各种复合火灾探测器,提高了火灾报警的灵敏度和可靠性。

（2）模拟量探测技术

总线制及模拟量传输是该阶段发展的重点。首先是系统布线从多线制发展到总线制。多线制的配线数量与探测器数量成正比,而总线制的配线数量几乎不随探测器数量增加而增加,建筑物内布线极其简单,安装工作量降低很多,线路故障也可以避免很多。总线制采用地址编码技术,系统的每一个探测器具有唯一地址,采用软件进行探测器识别,提高了系统的智能性。

其次是探测器输出从开关量发展到模拟量。最初的可寻址开关量探测器,根据与所设定的阈值比较,直接输出火灾探测结果。后来的可寻址模拟量探测器,以脉冲形式连续输出火灾温度、烟雾的变化情况,火灾控制器接收到探测器脉冲后,利用其强大的计算及逻辑分析功能,给出火灾报警结果,并将火灾发生的部位、时间进行显示,使火灾识别的可靠性显著提高。目前已经发展到以工业控制计算机为主体,以现场总线为基础,形成开放式的一体化集成系统。这些进展都是围绕着提高火灾探测器的可靠性和智能性。

（3）分布智能探测技术

这个阶段发展的重点是分布智能火灾报警系统的研究。分布智能系统是在探测器、监视/控制模块和控制机中均设置微处理器(CPU),并采用相应信号处理软件。

探测器通过传感器采集到的数据,首先在探测器内进行预处理(如:采用数字动态滤波器进行信号分析等),然后由微处理器应用神经网络和模糊逻辑等智能算法处理数据,进行火灾类型的模式识别,探测器只有在火警或故障时才向控制机发送信号,这样避免了不必要的信息流传送,保证了系统的稳定性。由于探测器本身的工作并不依赖于控制机,当控制机发生了故障,探测器能通过原先设定好的编程控制输出模块进行联动设备的控制。

近年来开发的智能复合火灾探测器,进一步提高了系统报警的可靠性和准确性,使火灾探测、报警系统发生质的飞跃。依据火的光谱特性和火灾图像特征,利用图像识别技术判别真假火灾。专用集成电路设计和应用技术成为智能化火灾参数传感器的核心,电子眼传感器包含了光电转换、存储计算和信号传输,推动了火灾自动报警系统的智能化。计算机多媒体和数据库技术有助于实现计算机火灾报警语音化和长期数据存储,所有火灾预警、火警都采用语音提示人们处置,同时自动记录火灾现场各种参数,供人们分析火灾原因。并出现了以微粒分析和激光技术为基础的高精度火灾参数分析和超早期火灾报警技术。

（4）网络化监控技术

随着现代通信技术、计算机网络和信息技术的发展,火灾自动报警逐渐实现网络化,将一个地区乃至一个城市的火灾自动报警系统连接为一个整体,形成城市 119 网络,方便城市消防监控和灭火救援的统一指挥。

2)火灾报警控制器发展

在 20 世纪 80 年代,火灾报警系统开始应用于国内建筑物中,但产品部件均为分立元件,所带的探测器基本是多线制、开关量,产品工艺也比较落后。至 20 世纪 90 年代,火灾报警控制器产品已发展到普遍采用计算机技术的总线制、大容量的技术水平,具备信息汉化显示、总线隔离,详细故障报警。产品的电磁兼容性能逐步提高,具备电瞬变脉冲、辐射电磁场和静电放电的抗干扰能力。

20 世纪 90 年代末,随着国家对减灾、防灾的日益重视,以及消防市场利润的吸引,火灾自动报警系统和消防广播、消防电源及相关配套产品的生产厂家开始增多。其中以秦皇岛海湾、北京利达、北京国泰怡安为代表的国产品牌逐步发展壮大起来。国产火灾自动报警控制器已出现大屏幕彩色液晶汉字显示,汉字 CRT 显示系统。用户界面多采用 VB 或 C 语言等高级语言进行编制,使用方便、直观。两总线、RS232、RS485、CAN 总线等现场总线已经普及,可与计算机进行联网实现现场编程。同时针对不同对象、不同工作方式的系统也已使用,如无线火灾自动报警系统、空气取样火灾自动报警系统等;设备容量也有小系统如 500 点、中型系统如 500~2000 点、大型系统如 3000 点以上的多种型号。设备普遍具有体积小、容量大、传输速度快、误报率低、可联动设备多等特点。

1.2.8 自动喷水灭火系统发展

自动喷水灭火系统在火灾情况下,能够自动启动喷水灭火,是一种以保障人身和财产安全为目的的控火、灭火系统。

自动喷水灭火系统发展迄今已有 100 多年的历史,最早是以“钻孔管式喷水灭火系统”的形式出现,逐渐发展成现代的自动喷水灭火系统。随着技术的发展,现在的喷水灭火系统对火灾的反应愈加迅速,而可靠性也得到了很大的提高。特别是对喷头的研究和发展,使自动喷水灭火系统应用更加广泛。

(1)喷头技术进展

自 20 世纪 60 年代初以来,自动洒水喷头因能适应各种火灾危险场合的需要得到快速发展。其主要应用在三个领域:第一是在保护高架高堆仓库方面。由于在高堆高架仓库中需要穿透力更强的射流来实施灭火,于是产生了大水滴喷头。大水滴喷头的出流水滴粒径大,能穿透厚的火焰,到达火源中心,迅速冷却火源达到灭火目的。第二是在保护人身安全方面,如在幼儿园、医院、养老院等场所,被保护对象均为一些幼儿或行动不便的老幼病残者。因此在这些场合需要反应灵敏、动作速度更快的喷头,以便能在火灾初期阶段控制住火灾,于是产生了快速反应喷头。第三是为了满足建筑物内装修美观的要求,如在商场、宾馆、饭店等场合应用的一种美观小巧的玻璃球喷头。

在喷头发展的 100 多年中,前后推出了数百种喷头,喷头的推陈出新也不断完善了自动喷水灭火系统的性能,使自动喷水灭火系统的控火、灭火率和系统的可靠性得到不断提高。

(2)喷水灭火系统

自动喷水灭火系统之所以能成为目前世界上使用最广泛的固定式灭火系统,特别是应用在高层建筑等火灾危险性较大的建筑物中,这主要是由于它在保护人身和财产安全方面有着其他系统无可比拟的优点。国内外应用实践表明,该系统具有安全可靠、经济实用、灭火控火率高等优点。

最早的喷水灭火系统都是采用湿式系统,即管道内长期充以压力水,火灾时,喷头开启后就能迅速出水灭火。湿式喷水灭火系统由于系统简单、灭火控火率高,至今仍是使用最广泛的一种自动喷水灭火系统,但它只适用于环境温度 4~70℃ 的场合,对于严寒地区不采暖的建筑物中无法采用这一系统,最初为了解决这一问题,曾在管道里充以防冻液。到了 1885 年,格林奈尔发明的膜盒式差动干式阀引发了干式喷水灭火系统的研究与应用。

自动喷水灭火系统在我国应用已有 70 多年。20 世纪 30 年代前后,有些国外厂商在华开办的纺织厂、烟厂和一些高层民用建筑中开始安装使用自动灭火系统。50 年代前苏联援建的一些纺织厂和我国自行设计的一些工厂中,也装设了自动喷水灭火系统。1949 年以后,国内少数工厂曾先后生产过 72℃、141t 易熔合金喷头和控制阀门等产品。后来国产的自动喷水灭火系统在我国开始得到了越来越广泛的使用,如 1958 年建成的厦门纺织厂,安装了自动喷水灭火系统以后,曾四次发生火灾,均由喷头开启自动扑灭。从 1978 年起,我国开始对自动喷水灭火系统进行系统研究,相继推出了一批玻璃球喷头、报警阀门和相关组件,可组成湿式、预作用式和雨淋、干式等自动喷水灭火系统,逐渐改变了以往自动喷水灭火系统产品依靠进口的局面。从 80 年代初开始,随着我国经济突飞猛进地发展,自动喷水灭火系统的生产和应用也得到了很大发展。同时开始建立了自动喷水灭火系统的产品质量检验标准,成立了产品质量检测中心,使我国的自动喷水灭火系统的研究、生产和应用走上了正轨。

近些来年,随着火灾探测技术和电子技术的发展,人们开始研究将火灾探测技术与自动喷水灭火系统相结合,以最大限度地提高自动喷水灭火系统的安全可靠性和灭火效率,于是出现了预作用喷水灭火系统、雨淋灭火系统等。随着社会和经济建设的发展对防火、控火安全需求的提高,随着火灾隐患的增多,自动喷水灭火技术面临着越来越多的挑战,而科学技术的发展则为提供更新型、性能更优良、更安全可靠的自动喷水灭火系统创造了可能的条件。

(3)消防系统规范的制定与发展

自动喷水灭火系统能有效地避免因火灾而造成的经济损失,迎合了保险商的需要,其可靠性是保险人、厂家和保险公司最为关心的事情,因此为了保证所设自动喷水灭火系统的安全可靠性,有必要建立一个可行的自动喷水灭火系统的性能和设计标准。

联合火灾保险公司的沃曼德看到了建立喷水灭火系统规范的需要,1885年起草了世界上最早的自动喷水灭火系统的规范,并于1888年被伦敦的防火协会(FOC)采用,至1892年由防火协会起草的第一部规范正式出版。为了适应新的发展,这一规范被反复修订,1979年扩充形成英国标准BS5306。

在北美,自动喷水灭火系统规范的建立也比较早,1895年和1896年,来自20个北美保险公司的代表召开了一系列会议,起草了北美共同的自动喷水灭火系统规范。他们成立了国家防火协会(NFPA),并颁布了北美洲统一的"自动喷水灭火系统规程",该规程也即现在的"NFPA13自动喷水灭火系统标准"的前身,该规程自颁布后由NFPA委员会每年修订一次。目前世界上广泛使用的有关自动喷水灭火系统的规范和标准还有国际标准化组织的ISODP6182美国UL试验室的UL199等。

我国从1985年开始正式颁布了几项有关自动喷水灭火系统的国家标准,分别是:《自动喷水灭火系统.洒水喷头的性能要求和试验方法》(GB 5135—85)[现修订为《自动喷水灭火系统第1部分:洒水喷头》(GB 5135.1—2003)],《自动喷水灭火系统产品系列型谱和型号编制方法》(GB 5136—85),《自动喷水灭火系统设计规范》(GB J84—85)等。这些标准规范都有助于自动喷水灭火系统在我国的发展和应用。

自动喷水灭火系统的使用效果和费用(即性价比),直接影响自动喷水灭火系统应用的广泛程度。性价比越高,人们的使用兴趣也就越大;反之,即使系统有很多优点,但由于经济原因人们也很难采用。从自动喷水灭火系统的造价和灭火性能方面看,这种系统确是一种经济合理、安全可行的固定式灭火系统,因此它具有很高的实用价值。

1.3 北京奥运会公共安全系统简介

2008 年在北京举办的奥运会是举世瞩目的体育盛会,但是对于奥运会组织和保障,特别是对于安保工作而言,却是一场异常严峻的考验。在北京奥运会场馆建设、重要设施保护、应急处理、交通保障等诸多方面采用了许多新技术、新方法,标志着我国公共安全系统发展到了一个崭新的阶段。奥运会安保工作涉及方方面面,本章在此仅做简要介绍。

奥运会安保工作包括:防止自然灾害、人为灾害以及对奥运场馆设施构成的威胁,爆炸物、危险物品的便携式检测设备,公共场所的安全检查及搜索探测,奥运村及周边地区安全评价,安全体系及应急预案和生物安全防范技术等。奥运安全保障构成如图 1-3 所示。

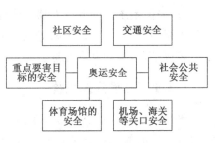

图 1-3 奥运安全保障构成

(1)保障奥运比赛和训练场馆的安全。北京奥运新建 19 个场馆(含 6 个临时赛场),改扩建 13 个场馆,共计 32 个场馆,因此新建场馆公共安全系统要全面建设,改扩建场馆公共安全系统要改造完善。无论是新建系统,还是改扩建系统,都必须考虑与奥运相关配套服务设施的安全,考虑奥运会期间为各国运动员、各国政要、新闻记者和观众提供服务的区域、建筑及设施的安全。

(2)重点要害目标的安全。重点目标包括为奥运会提供服务的重要设施安全,例如供水、供电、通信设施以及其他需特别保护目标的安全。

(3)与城市应急系统融合。系统必须能够有效应付"气候、污染、交通、火灾、地震、生物"等几大类灾害,例如发生危险化学品或有毒气体泄漏、人为的恐怖活动、突发公共卫生事件等紧急事件,同时能够服务于火灾消防、安防报警等城市公共安全功能,以减少城市灾害可能造成的损失。

(4)奥运会期间的交通保障。智能交通系统(ITS)执行公交优先和设置公交专用道,设置奥运专用车道,并严罚其他车辆对其的随意占用,以保障奥运期间的交通流畅。

(5)实施电子票务系统。电子门票即将智能芯片嵌入到纸质门票等介质中,用于快捷检查和验票,并能实现对持票人进行实时和精准定位跟踪以及查询管理。电子门票直接与相应的管理信息系统相连,包括一般观众、重点嫌疑人员、参赛运动员/场馆工作人员在内的每一位人员都可以被准确地跟踪。通过对电子门票进行授权,可限定人员在场馆中各个区域的准入范围,如果该人进入了禁止其入内的区域或位置,监控人员可以通过电话或对讲机通知其附近的安保人员或工作人员出面制止,或者进行连续跟踪。

(6)高性能、长时间、全面的视频监控。对于奥运视频监控系统,其必须满足如下要求:图像质量要求高,实时视频的多用户跨平台调用,控制必须实时响应;录像时间长,录像质量要求高,录像资料快速备份;系统高度稳定;具备强大的预案处理功能。

(7)安保系统之间互联互通。奥运安保系统是一个立体的、全方位的系统,涵盖了视频、报警、门禁、消防等安全防范的多个子系统,而各个子系统之间通过系统集成平台,实现互联互通。

1.3.1 视频监控系统

奥运视频监控系统是由各个监控系统集成商自行设计,并经过总集成商的深化设计形成的最终解决方案。各个监控系统集成商根据各自场馆特点、集成产品特点选择了不同的设计方案。总结起来主要有以下几种:

(1)模拟视频矩阵显示＋硬盘录像机录像

此方案在水立方、国家体育馆等项目中使用。前端采用模拟摄像机采集视频信号,通过视频线缆将视频信号送入场馆监控中心的视频分配器,视频分配器将视频信号分为两路:一路进模拟矩阵系统上大屏进行集中显示,另外一路进入硬盘录像机进行本地化录像。

(2)硬盘录像机录像＋4.0客户端软件硬解码显示

此方案在一些小型场馆如五棵松棒球馆等系统内使用。前端采用模拟摄像机采集视频信号,通过视频线缆将视频信号送入硬盘录像机进行录像,同时,硬盘录像机通过场馆内部局域网联网,在监控中心有安装海康威视解码卡的解码工控机,利用4.0软件,解码输出至电视墙。

(3)硬盘录像机本地录像＋视频服务器网络传输＋解码器、解码卡主机中心显示上墙＋管理软件集中管理

此方案在鸟巢应用比较典型。本书将在第三章中详细介绍这部分内容。

1.3.2 电子票证系统

北京奥运会开闭幕式率先实行实名制奥运门票,综合集成运用射频识别技术、信息处理技术、光学成像技术等,每张门票都对应着实名登记购票者的详细信息。当这些信息显示在验票机后的电脑显示屏时,摄像设备瞬时拍摄照片并

迅速进行人像识别和匹配检测,待完全通过验证后才亮绿灯通行。整个过程仅需 2s。

奥运门票全部采用智能卡形式,北京奥运会和北京残奥会所有的门票内部都嵌有一个长宽均为 1mm 的芯片。到了奥运会赛场,这些门票都将接受验票机上无线射频的识别。观众在场外接受安检时,就像公交 IC 卡一样,观众只需拿着门票在验票机上一刷,验票机就能在 0.1s 内辨认门票的真伪。

基于射频识别技术构建的电子票证系统突破了软件功能重构技术、分布式结构软件设计技术、资源可视化技术、数据库性能优化技术、统一安全管理技术等瓶颈,在较短时间内解决了大规模数据收集、核对、检验、比对、识别、应用、处理等一系列技术难题,成为确保平安奥运的坚实壁垒。

1.3.3 人脸识别和视频报警技术

为了确保机场、海关、车站、场馆等地的安全,北京奥运会采用了人脸识别与视频报警技术,主要有以下几个方面:

(1)对所有进出机场、海关、火车站、奥运场馆的人通过摄像机自动识别;对人员通行考勤、访客登记等环节进行生物特征(如指纹、人脸)识别,以验证真伪。

(2)对于危险人员,摄像机自动识别,并向网络报警中心报警。

(3)对不受欢迎的人,一经录入,自动识别防止进入。

(4)各种工人、后勤、食品运送人员自动人脸识别未经登记授权限制进入。

(5)对于恐怖危险人员、情绪偏激不稳定人员、牵连到奥运场馆和奥运活动区域群体事件的问题人员和法轮功等影响社会稳定人员,自动识别人脸,防止进入奥运区;并且根据人脸等生物特征智能查询进出记录。

(6)对于奥运场馆和奥运活动区域内各种服务,实现不用带卡的自动人脸识别安全服务和优质服务。

(7)对于党和政府领导人,通过联网自动人脸识别,准确掌握奥运活动区域人员管理情况,预估风险,实现远程管理和控制。

1.3.4 安检技术

无论是机场、海关还是场馆、重点设施,都需要爆炸物检测系统把守,对可疑人员或行李实施拦截,复合探测技术的爆炸物检测系统,能同时兼顾准确率和人员、行李通行量。由于产品中将 CT(计算机 X 射线断层扫描)和标准的 X 射线扫描相结合,原来行李中无法看清,被其他物品遮挡的物品,现在通过"切片",可以方便地看清。两种技术在一件产品中同时使用而且对爆炸物和毒品的检测同时有效,提高了行李检测的效率。在敏感位置甚至采用更加先进的气相分析技术和中子分析技术。

X射线探测技术(有的仪器还附加上有效原子序数、体积和形状以进一步提高准确度)对金属的探测效果较好,但由于密度和有效原子序数不能唯一地表征炸药,因此即使采用了三维成像技术,其漏报率和误报率还是比较高的,对炸药的探测效果则不理想。气相分析的探测系统采用了质谱分析技术,检查被测微粒的分子量,对硝化甘油和其他易沾染的样品的探测灵敏度以及可靠性均较高,但对挥发性差的炸药,如黑索今、太安等,则可靠性较差。中子分析技术的探测系统是根据爆炸品含氮量丰富的特点来探测行李中的炸药分布,可以弥补气相分析的不足。

对于人的检测,如果无法取得检测对象的图像资料,那么可以通过分析取样样本、痕迹扫描来检测毒品爆炸物。当被检人员出入安检门时,对"人体羽对流"产生的自然上升气流吸取微粒和气体进行分析,根据被检人身上的微尘来锁定嫌疑者。只要嫌疑者接触过违禁品,就会留下微分子的痕迹,当他通过安检门时,系统便会立刻报警。"人体羽对流"技术回避了大噪声风扇吹起尘土和污染物的弱点。取样分析与X射线、金属探测器互相配合使用,就能基本保证安全万无一失。其针对新违禁品的软件升级操作可在短短数分钟内在现场完成。

此外利用附加的高温蒸发处理装置,可以显著增加微粒采样性能。可探测微粒和气体,或者使用样品收集膜于物体的表面收集微粒加以分析。同时检测毒品爆炸物,并进行定性定量分析,确定爆炸物的种类和威力。

1.3.5 采用流媒体技术优化奥运监控网络平台

虽然网络监控使监控工作在任何时候、任何地点均能进行,但是网络的带宽不足、网络线路的不稳定性等问题,常常会使网络监控中出现图像延迟时间较长、图像帧率不够、图像画质不理想等现象。而使用如图1-4所示的流媒体技术,就能在保障图像相对良好的同时增大压缩比例,减少传输、存储资源的占用。

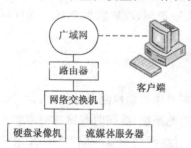

图1-4 流媒体服务器的应用

流媒体(Streamng Media)指在数据网络上按时间先后次序传输和播放的连续音/视频数据流。在安防行业中应用流媒体技术,主要是实现视频图像的传输、转发和

点播,并具有下列优势:

(1)流媒体技术可将监控图像、声音等信息,由服务器向用户计算机进行连续、不间断地传送,用户不必等到整个文件全部下载完毕,而只需经过几秒或十几秒的启动延时即可进行观看。当音视频在用户的 PC 机上播放的同时,影像文件的剩余部分还会从服务器上继续下载。

(2)流媒体技术在一定程度上突破了网络带宽对多媒体信息传输的限制。例如,一路 GIF 分辨率、25 帧的实时视频图像约需占用 30Mbps 的带宽,而采用流媒体技术仅占用 500～1000kbps 的带宽。

(3)采用流媒体技术,能够进行远程管理和集中存储,从而保证了监控系统的时效性,与采用光纤或同轴电缆的视频传输方式相比,具有明显的成本优势。

为了在数据网络上传输视频流,流媒体技术需要解决从音/视频源的编码/解码到网络端的媒体服务、媒体流传输,到用户端的授权监视、控制和存储等一系列问题。但是,随着宽带网络的发展,流媒体技术和相关的应用已被认定是未来高速宽带网络的发展趋势。

2

火灾自动报警及消防联动系统

2.1 火灾自动报警及消防联动系统组成

随着经济和社会的发展，人类对自身安全提出越来越高的要求。火灾是目前世界范围内主要致灾因素之一，据联合国世界火灾统计中心提供的资料，近年来在全球范围内每年发生的火灾就有 600 万～700 万起，每年有 65000～75000 人死于火灾。20 世纪末到 21 世纪初的十多年时间里，我国平均每年发生火灾 9 万余起，直接经济损失超过 13 亿元，伤亡 2500 余人。由此可见，火灾防治是人类社会中的一项长期重要任务。

火灾自动报警及消防联动系统是自动"消防"系统，用于建筑物中火灾的预防和控制。在火灾的早期阶段，准确地探测火情并报警，适时联动自动灭火系统迅速灭火。火灾自动报警及消防联动系统对于及时组织建筑物中人员快速有序疏散，积极有效地控制火灾的蔓延、迅速扑灭火灾，以及减少生命财产损失具有极其重要的作用。

2.1.1 火灾自动报警系统组成

火灾自动报警系统一般由触发器件、火灾报警装置、火灾警报装置和电源四部分组成，复杂系统还包括消防控制设备。

（1）触发器件

在火灾自动报警系统中，能够自动或手动产生火灾报警信号的器件称为触发器件，主要包括火灾探测器和手动火灾报警按钮。火灾探测器是能够对火灾参数响应（火灾参数如烟、温、光、火焰辐射、可燃气体浓度等），并自动产生火灾报警信号的器件。按响应火灾参数的原理不同，火灾探测器分成感温、感烟、感光、可燃气体和复合火灾探测器五种基本类型。不同类型的火灾探测器适用于不同类型的火灾和不同的火灾场所，在实际应用中，应当按照现行国家标准的有关规定合理选择。火灾探测器是火灾自动报警系统中应用量最大、应用面最广、最基本的触发器件。另一类触发器件是手动火灾报警按钮，它是用手动方式产生火灾报警信号、启动火灾自动报警系统的器件，也是火灾自动报警系统中不可或缺的组成部分之一。

（2）火灾报警装置

在火灾自动报警系统中，用来接收、显示和传递火灾报警信号，并能发出控制信号和具有其他辅助功能的控制指示设备称为火灾报警装置。火灾报警控制器就是其中最基本的一种，火灾报警控制器具有完整的为火灾探测器供电、接收、显示和传输火灾报警信号，并能够对自动消防设备发出控制信号功能，是火灾自动报警系统中的核心组成部分。还有一些专用功能的报警装置，如中继器、区域显示器、火灾显示盘等，是火灾报警控制器的演变或补充。

（3）火灾警报装置

在火灾自动报警系统中，用来发出区别于环境声、光的火灾警报信号的装置称为火灾警报装置。火灾警报器就是一种最基本的火灾警报装置，它以声、光音响方式向报警区域发出火灾警报信号，以警示人们采取安全疏散、灭火救灾措施。

（4）消防控制设备

在火灾自动报警系统中，当接收到来自触发器件的火灾报警信号时，能自动或手动启动相关消防设备并显示其状态的设备，称为消防控制设备。它主要包括火灾报警控制器，自动灭火系统的控制装置，室内消火栓系统的控制装置，防烟排烟系统及空调通风系统的控制装置，打开防火门、防火卷帘的控制装置，电梯回降控制装置，以及火灾广播、火灾警报装置、火灾照明与疏散指示标志的控制装置等。消防控制设备一般设置在消防控制室，以便于实行集中统一控制，有的消防控制设备设置在被控消防设备所在现场，但其动作信号则必须返回消防控制室，采用集中与分散相结合的控制方式。

（5）电源

火灾自动报警系统属于消防用电设备，其主要电源应当采用消防电源，备用电源采用蓄电池。系统电源除为火灾报警控制器供电外，还为与系统相关的消防控制设备供电。消防控制设备的控制电源及信号回路电压宜采用直流 24 V。

火灾自动报警技术的发展趋势是形成智能化系统，这种系统可组合成任何形式的火灾自动报警网络结构。根据（GB 50116—2008）规定，火灾自动报警系统的基本形式有三种，即区域报警系统、集中报警系统和控制中心报警系统，分别如图 2-1、图 2-2、图 2-3 所示。

图 2-1　区域报警系统示意图

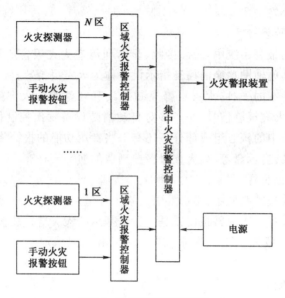

图 2-2　集中报警系统示意图

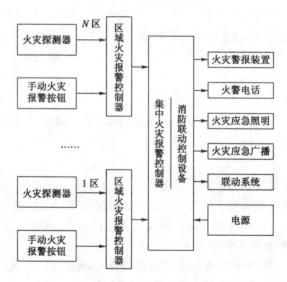

图 2-3　控制中心报警系统示意图

　　由区域火灾报警控制器(或火灾报警控制器)和火灾探测器组成的功能简单的火灾自动报警系统,称为区域报警系统;由集中火灾报警控制器、区域火灾报警控制器、区域显示器(灯光显示装置)和火灾探测器等组成的功能较复杂的火灾自动报警系统,称为集中报警系统;由消防控制室的消防控制设备、集中火灾报警控制器、区域火灾报警控制器和火灾探测器等组成的,或由消防控制室的消防控制设备、火灾报警控制器、区域显示器(灯光显示装置)和火灾探测器等组成的功能复杂的火灾自动报警系统,称为控制中心报警系统。

　　火灾自动报警系统是一种用来保护生命与财产安全的技术设施,除某些特殊场所,如生产和贮存火药、炸药、弹药、火工品等场所外,其余场所均适用。由于建筑,特别是工业与民用建筑,是人类的主要生产活动和生活场所,因而也就成为火灾自动报警系统的基本保护对象。从实际情况看,国内外有关标准规范都对建筑中安装的火灾自动报警系统做了规定,我国现行国家标准 GB 50116—2008 明确规定:该规定适用于工业与民用建筑和场所内设置的火灾自动报警系统,不适用于生产和贮存火药、炸药、弹药、火工品等场所设置的火灾自动报警系统。这是因为生产和贮存火药、炸药、弹药、火工品等场所属于有爆炸危险的特殊场所,这种场合安装火灾自动报警装置有其特殊要求,应由有关规范另行规定。

2.1.2　消防联动系统组成

　　消防联动控制设备是火灾自动报警系统的执行部件,消防控制室接到火警信息后应能够自动或手动启动相应的消防联动设备,并对各设备运行状态进行监控。消防联动系统由以下设备或功能组成:

　　(1)火灾警报装置与应急广播,火灾发生时警示或通知人员安全疏散。

　　(2)消防专用电话,火灾报警、查询情况,应急指挥,能够与城市 119 直通。

　　(3)非消防电源控制,备用电源控制,火灾应急照明和安全疏散指示控制。

　　(4)室内消火栓系统、自动喷水灭火系统和水喷雾灭火系统控制。

　　(5)消防电梯运行控制,燃气泄漏报警监控。

　　(6)管网气体灭火系统,泡沫灭火系统和干粉灭火系统控制。

　　(7)防火门、防火卷帘、防火阀的控制,火灾时实施防火分隔,防止火灾蔓延。

　　(8)防、排烟设施、空调通风设备、排烟防火阀,防止烟气蔓延提供安全救生保障。

　　(9)消防疏散通道控制,确保疏散通道畅通。

　　火灾时,火灾报警控制器发出报警信息,消防联动控制装置根据火灾信息的联动逻辑关系(如表 2-1 所示),输出联动信号,启动有关消防设备实施防火灭火。消防联动装置必须具备"自动"和"手动"两种控制功能。在自动状态下,智能建筑中的火灾自动报警系统按照预先编制的联动逻辑关系,在火灾报警确认后,输出自动控制指令,启动相关设备动作,同时向建筑自动化系统及时传输、显示火灾报警信息,且能接收必要的其他信息,以便更好地监控火灾现场情况、消防联动设备的运行状态和消防疏散通道情况等。

消防联动控制逻辑关系表   表 2-1

系统	报警设备种类	受控设备	位置及说明
水消防系统	消火栓启泵按钮	启动消火栓泵	消火栓内
	报警阀压力开关	启动喷淋泵	消火泵房
	水流指示器	报警,确定起火层	喷淋管道
	检修信号阀	报警,提醒注意	
	消防水池,消防水箱	报警,提醒注意	
	水管压力	报警,提醒注意	
	供电电源状态	报警,提醒注意	
空调系统	火灾探测器或手动报警	关闭相关系统空调机,新风机,普通送风机	
		关闭本层电动防火阀	
	防火阀 70℃ 关闭	关闭相关系统空调机,新风机,普通送风机	
防排烟系统	火灾探测器或手动报警	打开相关排烟口(阀)	
		打开相关正压送风口	n±1 层
		启动相关排烟风机和正压送风口	屋面
		双速风机转入高速运行状态两用风管中,关闭正常排风口,打开排烟口	
	风机旁 280℃ 防火阀关闭	关闭相关排烟风机	屋面
	排烟道 280℃ 排烟阀关闭	关闭相关排烟风机	
可燃气体报警		启动相关房间排风机,进风机	厨房,煤气表房,防爆厂房等
防火门	电动常开防火门旁探测器	释放电磁铁,关闭防火门	
用于疏散通道的防火卷帘	防火卷帘旁感烟探测器	卷帘门降落至地面 1.8m	
		卷帘门降落至地面	
	防火卷帘旁感温探测器	卷帘有水幕保护时,启动水幕电磁阀和雨淋阀	

系统	报警设备种类	受控设备	位置及说明
用于防火分割的防火卷帘	防火卷帘旁感烟探测器或感温探测器	卷帘门降落至地面	
挡烟垂壁	电动挡烟垂壁旁感烟探测器或感温探测器	释放电磁铁,挡烟垂壁下垂	
气体灭火系统	气体灭火区域感烟探测器	声光报警,关闭相关空调机,防火阀,电动门窗	
	气体灭火区域感温探测器	延时启动气体灭火	
	钢瓶压力开关	点亮放气灯	
	紧急启停按钮	人工紧急启动或停止气体灭火	
	火灾应急广播	手动	n 层,$n\pm1$ 层
	警铃或声光报警装置	手动/自动,以手动为主	n 层,$n\pm1$ 层
	火灾应急照明和疏散指示标志灯	手动/自动,以手动为主	
	切断非消防电源	手动/自动,以手动为主	n 层,$n\pm1$ 层
	电梯归首,消防电梯投用	手动/自动,以手动为主	
	消防电话	报警联络,指挥灭火	

火灾自动报警及消防联动系统与智能建筑的其他系统也必须互相结合。以与视频监控系统的结合为例,在发生报警的时候,借助视频监控系统可以远程查看火灾报警点的基本情况;在发生火灾的情况下,将火灾现场画面迅速传递到控制中心,为灭火和救生工作提供现场资料。与门禁系统结合,在发生火灾时,迅速打开所有的逃生通道等。

2.2 火灾探测器

火灾是一种失去人为控制的燃烧过程,是一种释放光、热和烟的化学反应。普通的可燃物在加热燃烧过程中,首先是产生挥发性气体和烟雾,然后在氧气充分的条件下形成火焰,并散发出大量的热,使环境温度升高。可燃物质典型的燃烧过程包括阴燃、剧烈燃烧和衰减熄灭等三个阶段,如图 2-4 所示。

火灾探测器就是利用燃烧过程中产生的烟、光、热和燃烧气体等现象来预报火灾的。火灾探测器是消防报警系统的"感觉器官",其作用是监视环境中有没有火灾发生,一旦发生了火情,便将火灾的特征物理量如烟雾、温度、气体浓度和

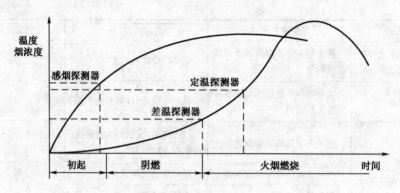

图 2-4 一般可燃物的起火过程

辐射光强等特征转换成电信号,并向消防控制器发送及报警。

以图 2-4 所示的火灾发展阶段为例,火灾探测器探测火灾的基本原理与过程如下:火灾的阴燃阶段是燃烧的开始阶段,此阶段产生大量的气溶胶和烟雾,但是环境空气温度并不太高,尚未达到蔓延和发展的程度,火灾容易扑灭,火灾探测应采用感烟探测,并且测量气溶胶比测量温度要更灵敏;火灾的第二个阶段是剧烈燃烧阶段,此阶段除产生浓烟以外,还有火焰发光并释放大量的热,火势凶猛蔓延迅速,感温和感光探测器会迅速地做出反应;火灾的第三个阶段是衰减熄灭阶段,此阶段室内可燃物逐渐燃尽而自行熄灭。

根据所探测的区域不同,火灾探测器可分为点型和线型两种类型。一般场合均采用点型火灾探测器,在探测区域为线形时采用线型火灾探测器;根据监测的火灾特性不同,火灾探测器可分为感烟、感温、感光、复合和可燃气体五种类型;每个类型根据其工作原理的不同又分为若干种,如表 2-2 所示。

火灾探测器分类 表 2-2

序　号	种　　类		
1	感烟探测器	点型	离子式
			双源型
			单源型
		光电式	散射型
			减光型
		电容式	
		半导体式	
	线型	红外光束式	
		激光式	

续上表

序　号	种　类			
2	感温探测器	点型	定温式	易熔合金型
				玻璃球膨胀型
				双金属型
				水银接点型
				热电偶型
				金属薄片型
				半导体型
			差温式	双金属型
				金属膜盒型
				半导体型
				热敏电阻型
			差定温式	金属膜盒型
				双金属动圈型
				半导体型
				热敏电阻型
		线型	定温式	可熔绝缘物型
				半导体型
			差温式	空气管型
				热电偶型
			差定温式	膜盒型
				双金属型
				热敏电阻型
				半导体型
3	感光探测器	紫外火焰型		
		红外火焰型		
4	可燃气体探测器	气敏半导体型		
		催化燃烧型		
		光电型		
		固定电解质型		
5	复合探测器	感温感烟型		
		感温感光型		
		感烟感光型		
		感温感烟感光型		
		分离式红外光束感温感烟型		

在本节中将首先介绍感烟、感温、火焰、可燃气体等多种典型的火灾探测器的工作原理、基本性能以及应用要点等,然后在此基础上介绍火灾探测器的选用基本准则,型号标注含义及其工程中如何确定火灾探测器的数量及安装位置。

2.2.1 感烟探测器

感烟火灾探测器是对可见的或不可见的烟雾粒子产生响应,将探测部位烟雾浓度的变化转换为电信号,从而实现报警的一种器件。感烟火灾探测器适用于火灾初期的阴燃阶段,产生大量的烟和少量的热,很少或没有火焰辐射的场所。感烟火灾探测器分为点型的离子感烟式和光电感烟式,以及线型的红外光束感烟式和激光感烟式等几种不同类型。

离子感烟探测器是利用烟雾粒子改变电离室电离电流的原理制成的。如图2-5所示,两个极板分别接在电源的正负极上,在电极之间含有少量放射性物质镅-241。镅-241持续不断地放射出 α 粒子,α 粒子以高速运动撞击极板间的空气分子使其电离。在电场作用下,正负离子有规则地运动形成离子电流。当火灾发生时,烟雾粒子进入电离室后,电离产生的正离子和负离子被吸附在烟雾粒子上,使正负离子相互中和的概率增加,这样就使到达电极的有效离子数减少;另一方面,由于烟雾粒子的作用,α 射线被阻挡,电离能力降低,电离室内产生的正负离子的数量也减少,当两级间空气导电性低于预定值时,探测器发出报警信号。

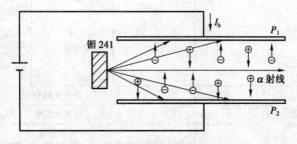

图 2-5 离子感烟探测器工作原理

光电感烟探测器由发光元件、受光元件、检测暗室和检测电路组成,其工作过程应用了起火时产生的烟雾能够改变光传播特性的原理。根据烟粒子对光线的遮挡或散射作用,光电感烟探测器又分为遮光型或散光型两种,分别如图2-6和图2-7所示。在正常情况下,受光元件接受发光元件发出的一定光量,在火灾发生时,探测器的检测室内进入大量烟雾,发光元件发射的光被烟雾遮挡或散射,使受光元件接受的光量减少,光电流降低,降低到一定值时,探测器发出报警信号。目前世界各国生产的点型光电火灾探测器多为散光型的。

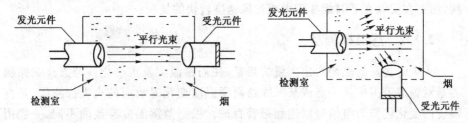

图 2-6　减光式光电感烟探测器工作原理　　　图 2-7　散光式光电感烟探测器工作原理

　　线型红外光束探测器采用红外线散射原理探测火灾,由红外发射器、红外接收器和检测电路组成。与前面两种点型感烟探测器的主要区别在于线型感烟探测器将光束发射器和光电接收器分为两个独立的部分,使用时分装相对的两处,中间是被监测的区域。红外光束感烟探测器又分为对射型和反射型两种,其光路示意图分别如图 2-8 和图 2-9 所示。

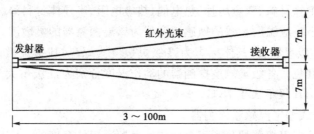

图 2-8　线型红外光束感烟探测器光路示意图

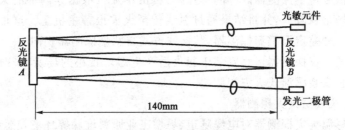

图 2-9　减光型红外光束感烟探测器光路示意图

　　这种探测器安装规定为:当顶棚高度不大于 5m 时,探测器的红外光束轴线至顶棚的垂直距离为 0.3m;当顶棚高度为 10～20m 时,光束轴线至顶棚的垂直距离可为 1.0m;相邻两组红外光束感烟探测器的水平距离不应大于 14m;探测器至墙水平距离不应大于 7m,且不应小于 0.5m,超过规定距离时探测烟的效果很差。为有利于探测烟雾,探测器的发射器和接收器之间的距离不宜超过 100m。

感烟火灾探测器适宜安装在发生火灾后产生烟雾较大或容易产生阴燃的场所,而不宜安装在平时烟雾较大或通风速度较快的场所。

2.2.2 感温探测器

火灾时物质的燃烧产生大量的热量,使周围温度发生变化。感温火灾探测器是对警戒范围中某一点或某一线路周围温度变化时响应的火灾探测器,是将温度的变化转换为电信号以达到报警目的。根据监测温度参数的不同,一般用于工业和民用建筑中的感温火灾探测器有定温式、差温式、差定温式等几种。当局部的环境温度升高到规定值以上时,才开始动作的探测器,称为定温火灾探测器。差温式为环境温度的温升速度超过一定值时响应的火灾探测器;差定温式为兼有定温、差温两种功能的火灾探测器。

感温探测器对火灾发生时温度参数的探测是由热敏元件完成的。热敏元件是利用某些物体的物理性质随温度变化而发生变化的敏感材料制成,例如:易熔合金或热敏绝缘材料、双金属片、热电偶、热敏电阻、半导体材料等。火灾探测器在火灾条件下响应温度参数的敏感程度称为感温探测器的灵敏度。感温探测器分为Ⅰ、Ⅱ、Ⅲ级灵敏度,具体标志为:Ⅰ级灵敏度为绿色,Ⅱ级灵敏度为黄色,Ⅲ级灵敏度为红色。各级灵敏度探测器的动作温度分别为:Ⅰ级不大于62℃,Ⅱ级不大于70℃,Ⅲ级不大于78℃。

(1)电子式差定温感温探测器

电子式差定温探测器是利用温度传感器探测现场温度的。由感温电阻将现场的温度信号传至探测器内部的单片机,再由单片机根据其内部的火灾特征曲线判断现场是否着火,并将结果通过总线传至火灾报警主机上。这也是现在普遍使用的一种差定温感温探测器,其接线方式与感烟探测器相同。

感温式火灾探测器适宜安装于起火后产生烟雾较小的场所,平时温度较高的场所不宜安装感温式火灾探测器。

(2)缆式线型火灾探测器

线型感温火灾探测器对电缆隧道、易燃工业原料堆垛等环境较恶劣场所,空气中粉尘大、有油烟、腐蚀气体、风速大而潮湿的环境可十分有利地进行早期火灾报警。

电缆着火前将有热散发,释放的燃烧产物会污染空气,损坏设备,对人身造成危害。电缆着火时,火灾传播速度可达20m/min,不仅对机器设备危害大,而且有毒烟气对人的生命将造成极大的威胁。缆式线型定温火灾探测器为减少电缆火灾发挥了一定的作用。

缆式线型火灾探测器由感温电缆、转换盒（微机控制器）、终端盒、温度补偿接线盒或中间接线盒（可选）四部分组成，如图 2-10a）所示。转换盒与一定长度的感温电缆和终端盒连接使用，转换盒内设信号处理电路。其中包括信号采集、信号放大转换电路、显示电路、环境温度测试电路等。转换盒对感温电缆及环境温度进行连续地监视，对于异常情况造成的温度升高和断线、短路进行报警。

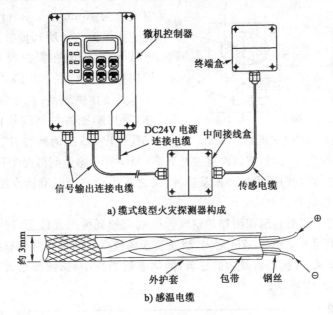

a) 缆式线型火灾探测器构成

b) 感温电缆

图 2-10　缆式线型火灾探测器

感温电缆实际上是一条热敏电缆，如图 2-10b）所示，热敏电缆由两根弹性钢丝、热敏绝缘材料、塑料色带及塑料外护套组成。在正常监视状态下，两根钢丝间呈绝缘状态。在每一热敏电缆中有一极微小的电流流动。当热敏电缆线路上任何一处的温度，升高到额定动作温度时，其绝缘材料熔化，两根钢丝互相接触，此时报警回路电流骤然增大，报警控制器发出声、光报警的同时，数码管显示火灾报警的回路信号和火警的距离。经人工处理后，热敏电缆可重复使用。探测器动作温度值稳定，响应时间适当，一致性好。

线型定温电缆通常截成 20～30m 的小段（最长不宜超过 200m），经输入模块，接到火灾报警控制器上。额定动作温度有 70℃、85℃、105℃、138℃四种，温度的误差范围在±10％以内，额定工作温度的选择根据使用环境决定。感温电缆应以连续的无抽头或无分支的连接布线方式安装，并严格按照设计要求进行施工，如确需中间接头时，必须使用专用的感温电缆中间接线盒。感温电缆的布设原则上应尽可能靠近防护对象,对于要求探测器在火灾发生以前或产生的热导致设备失灵之前,就能够检测出其温度逐步上升或过热的现象,则更应采用直接接触式布设。

(3)空气管式线型差温探测器

空气管式线型差温探测器是一种感受温升速率的火灾探测器,由敏感元件

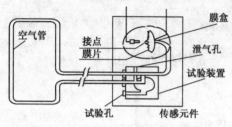

图 2-11 空气管式线型差温探测器

空气管为 $\phi 3mm \times 0.5mm$ 紫铜管(安装于要保护的场所)、传感元件膜盒和电路部分(安装在保护现场或装在保护现场之外)组成,如图 2-11 所示。

其工作原理是:当正常时,气温正常,受热膨胀的气体能从传感元件泄气孔排出,不推动膜盒片,动、静结点不闭合;当发生火灾时,灾区温度快速升高,使空气管感受到温度变化,管内的空气受热膨胀,膜盒内压力增加推动膜片,使之产生位移,动、静接点闭合,接通电路,输出报警信号。

空气管式线型差温探测器的空气管两端应接到传感元件上,同一探测器的空气管互相间隔应在 $5 \sim 7m$ 之内,当安装现场较高或热量上升后有阻碍以及顶部有横梁交叉、几何形状复杂的建筑,间隔要适当减小,探测器在天花板设置示意图,如图 2-12 所示。

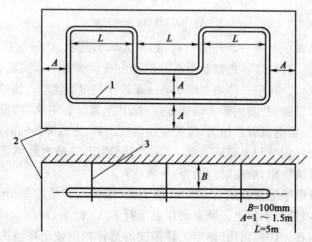

$B=100mm$
$A=1 \sim 1.5m$
$L=5m$

图 2-12 空气管式线型差温探测器天花板设置示意图
1-空气管;2-壁面;3-固定点

2.2.3 火焰探测器

物质燃烧时,在产生烟雾和放出热量的同时,也产生可见或不可见的光辐射。火焰探测器用于响应火灾的光特性,又称感光探测器,即探测扩散火焰燃烧的光照强度和火焰的闪烁频率的一种火灾探测器。根据火焰的光特性,目前使用的火焰探测器有两种:一种是对波长较短的光辐射敏感的紫外探测器;另一种是对波长较长的光辐射敏感的红外探测器。紫外火焰探测器是敏感高强度火焰发射紫外光谱的一种探测器,它使用一种固态物质作为敏感元件(如碳化硅或硝酸铝),也可使用一种充气管作为敏感元件;红外光探测器基本上包括一个过滤装置和透镜系统,用来筛除不需要的波长和将吸收进来的光能聚集在对红外光敏感的光电管或光敏电阻上。隔爆型红紫外复合火焰探测器外形图如图 2-13 所示。

图 2-13　隔爆型红紫外复合火焰探测器

感光式火灾探测器适用于无烟液体和气体火灾、产生烟的明火以及产生爆燃的场所。例如:航天工业、飞机库、飞机修理场、化学工业、公路隧道、弹药和爆炸品仓库、油漆工厂、石油化工企业、制药企业、发电站、印刷企业、易燃材料仓库等可燃物含碳物质的场合。

2.2.4 可燃气体探测器

可燃气体包括天然气、煤气、烷、醇、醛、炔等,可燃气体火灾探测器是一种能对空气中可燃气体含量进行检测并发出报警信号的火灾探测器。它通过测量空气中可燃气体爆炸下限以内的含量,以便当空气中可燃气体含量达到或超过报警设定值时,自动发出报警信号,提醒人们及早采取安全措施,避免事故发生。可燃气体探测器除具有预报火灾、防火防爆功能外,还可以起监测环境污染的作用,和紫外线火焰探测器一样,主要在易燃易爆场合中安装使用,也用于普通家庭中监测天然气及一氧化碳的浓度,以免天然气泄露或煤气中毒事件发生。

常用的可燃气体探测器的敏感元件有半导体可燃气体传感器、红外吸收式气敏传感器、接触燃烧式气敏传感器和热导率变化式气体传感器等。半导体可燃气体探测器采用一种对可燃气体高度敏感的半导体元件作为气敏元件,可以对空气中散发的可燃气体,如烷(甲烷、乙烷)、醛(丙醛、丁醛)、醇(乙醇)、炔(乙炔)等或气化可燃气体,如一氧化碳、氢气及天然气等进行有效的监测。

气敏半导体元件具有如下特点:灵敏度高,即使含量很低的可燃气体也能使半导体元件的电阻发生极明显的变化;可燃气体的含量不同,其电阻值的变化也不同,在一定范围内成正比变化;检测线路很简单,用一般的电阻分压或电桥电路就能取出检测信号;制作工艺简单、价廉、适用范围广,对多种可燃性气体都有较高的敏感能力,但选择性差,不能分辨混合气体中的某单一成分的气体。

图 2-14 是半导体可燃气体探测器的电路原理图。U_1 为探测器的工作电压,U_3 为探测器检测部分的信号输出,由 R_3 取出作用于开关电路,微安表用来显示其变化。探测器工作时,气敏半导体元件的一根电热丝先将元件预热至它的工作温度,无可燃气体时,U_3 值不能产生报警信号,微安表指示为零。在可燃气体接触到气敏半导体时,其阻值(A、B 间电阻)发生变化,U_3 亦随之变化,微安表有对应的气体含量显示,可燃气体含量一旦达到

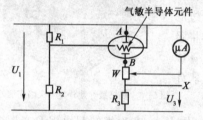

图 2-14　半导体可燃气体探测器的电路原理图

或超过预报警设定点时,U_3 的变化将使开关电路导通,发出报警信号。调节电位器 W_1 可任意设定报警点。

可燃气体探测器要与专用的可燃气体报警器配套使用,组成可燃气体自动报警系统。若把可燃气体爆炸含量的下限定为 100%,而报警值通常设在爆炸下限的 20%~25% 之间,即空气中可燃气体达到一定含量而未引起燃烧或爆炸,报警器就提前报警了。

2.2.5　复合式火灾探测器

在物质燃烧从阴燃到起火的整个过程中,要发热、发光和损失质量,从质能转换的角度讲,就是释放出能量。总释放能量等于热量、质量损失(如烟雾、气体)和其他形式能量(如光辐射)之和。对于不同的火灾,总释放能量各组成部分的比例是不一样的。这也就是使用单一传感方法的火灾探测器无法全面响应所有类型火灾,并且还可能会产生误报警的原因,因此采用多元传感技术已成为当今火灾探测的一个主要发展方向。

一般而言,同时具有多种探测元件的火灾探测器称为复合式火灾探测器,是一种能响应两种或两种以上火灾参数的火灾探测器。主要有感烟感温、感光感

温、感光感烟火灾探测器等。烟温复合探测器是由烟雾传感器件和半导体温度传感器件从工艺结构和电路结构上共同构成的多元复合探测器,由于感烟与感温的复合技术,使得部分复合探测器能够对国家标准试验火 SH3(聚氨酯塑料火)和 SH4(正庚烷火)的燃烧进行探测和报警,同时也能对酒精燃烧等有明显温升的明火探测报警,扩大了光电感烟探测器的应用范围。

一般的光电感烟探测器,在正常灵敏度范围内,对在火灾形成过程中产生的灰色烟雾有很高的灵敏度,但对某些化工原料在火灾形成过程中产生的黑色烟雾则灵敏度不高。这也就是一般所称的"窄谱"探测特性。绝大多数上述化工原料制成品在燃烧过程中都会释放出大量的热,可以用温度探测的方法加以补偿。正因为如此,烟温复合探测器可以用于几乎所有场合的火灾探测。烟温复合探测器在烟雾探测方面,采用光电感烟的方法,避免使用放射源,消除了对环境的污染。在温度探测方面,使用响应快、线性好、长期稳定性好的温敏二极管作为传感元件。因此在复合探测状态下,它的误报率是最低的。

烟温复合探测器结构如图 2-15 所示。进入迷宫所包围的烟雾敏感空间的烟雾粒子在红外发射管所发出的红外脉冲光束的照射下,产生光散射,散射光被红外光敏二极管接收,转换成电信号,此电信号代表烟雾的大小,放大后送给微处理器,这一部分与一般光电感烟探测器原理一样。在迷宫和外壳间,放置了两只温敏二极管。在火灾形成过程中,燃烧材料产生的热被温敏二极管检测到并转变成电信号。此电信号代表温度的高低,放大后送给微处理器。这一部分与一般的感温探测器相同。微处理器根据上述两部分的烟雾信号和温度信号进行计算,最后给出不同级别的报警信号,并通过二总线传送给控制器。最后,由控制器根据一定的逻辑关系和具体的保护要求给出火灾警报。

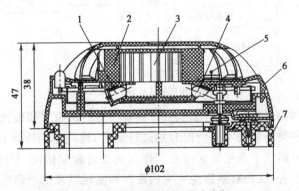

图 2-15 烟温复合探测器结构(尺寸单位:mm)

1-红外发射管;2-迷宫;3-烟雾敏感空间;4-红外接收管;5-温敏二极管;6-外壳;7-底座

2.2.6 智能型火灾探测器

智能型火灾探测器带有微处理器芯片,能够根据标准规定,对敏感元件探测的火灾信息进行分析处理,准确判定火灾类型。也能够自动检测和跟踪由灰尘积累而引起的工作状态漂移,当这种漂移超出给定范围时,自动发出故障信号。同时这种探测器跟踪环境变化,自动调节探测器的工作参数,因此可显著降低由灰尘积累和环境变化所造成的误报和漏报。空气采样烟雾探测器就是智能型火灾探测器的一个实例。

空气采样烟雾探测器是一种基于激光探测技术和微处理器控制技术的烟雾检测装置,具有许多其他烟雾检测系统不具备的特性。其设计思想是在火灾初期(过热、闷烧、低热辐射和无可见烟雾生成阶段)的探测与报警,报警时间比传统探测设备早数小时以上,可以在火灾生成初期消除火灾隐患,使火灾的损失降到最小。

空气采样探测器工作原理(如图 2-16):通过一个内置的风机及分布在被保护区域内的 PVC 采样管网,24h 不间断地主动采集空气样品,经过一个特殊的过滤装置滤掉灰尘后送至一个特制的激光探测器,空气样品在探测器中经分析,将空气中燃烧产生的微粒加以测定,由此给出准确的烟雾浓度值,并根据使用者事先确定的报警浓度值发出火灾警报。

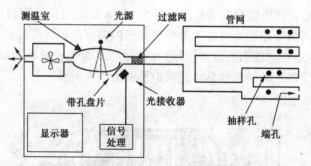

图 2-16 高灵敏度吸气式感烟探测器工作原理

空气采样烟雾探测器有许多优点。具有极高的灵敏度和极宽的灵敏度调节范围,可针对各类场所的不同情况分别进行设置,适应不同需求;提供极早期预警及多级报警,提供了充足的时间使工作人员及时采取措施,排除火灾隐患、疏散人群、保护设备,从而有效避免火灾的发展和蔓延以及由于恐慌导致的人员伤亡;采用主动采样探测方式,探测结果和响应时间不易受气流影响,非常适合在安装空调系统的环境中使用。

2.2.7　火灾探测器的应用准则

1)火灾探测器的标号及其含义

火灾探测器产品型号含义如下：

$$\boxed{1}\ \boxed{2}\ \boxed{3}\ \boxed{4}-\boxed{5}\ \boxed{6}-\boxed{7}-\boxed{8}$$

1——消防产品分类代号，J-火灾报警设备。

2——T-火灾探测器代号。

3——火灾探测器分类代号：W-感温，Y-感烟，G-感光，F-复合式，Q-可燃气体。

4——应用范围特征代号，表示火灾探测器的适用场所：B-防爆型，省略为非防爆型（普通型），C-船用型，省略为陆用型。

5——感烟、感温及复合式火灾探测器，敏感元件特征代号：M-膜盒，S-双金属，Q-玻璃球，G-空气管，J-易熔合金，L-热敏元件，O-热电偶，B-半导体，Y-水银接点，Z-热敏电阻，LZ-离子，GD-光电，DR-电容，ZW-紫外线，HS-红外光束，HW-红外线，GW-感光感温，GY-感光感烟，YW-感烟感温，YW—HS-红外光束感烟感温。

6——感温探测器的敏感方式：D-定温，C-差温，CD-差定温。

7——灵敏度代号：I-Ⅰ级，Ⅱ-Ⅱ级，Ⅲ-Ⅲ级。

8——厂家产品系列编号，例如 JTY-LZ-F732 为离子感烟探测器，JTW-MC-ZA302 为膜盒差温探测器。

2)火灾探测器的选用要求及安装位置

根据火灾的特点选用探测器时，应符合下述要求：

(1)对火灾初期的阴燃阶段，产生大量的烟和少量的热，很少或没有火焰辐射的，应选用感烟探测器。

(2)对火灾发展迅速，产生大量热、烟和火焰辐射的场所，可选感烟探测器、感温探测器、火焰探测器或它们的组合。

(3)对火灾发展迅速，有强烈的火焰辐射和少量烟、热的，应选用火焰探测器。

(4)对火灾初期可能产生一氧化碳气体且需要早期探测的场所，宜选择一氧化碳火灾探测器。

(5)对于使用、生产或聚集可燃气体或可燃液体蒸汽的场所，应使用可燃气体探测器。

(6)对火灾形成特征不可预料的场所，可根据模拟试验的结果选择探测器。

(7)对设有联动装置、自动灭火系统以及用单一探测器不应有效确认火灾的场合，宜采用同类型或不同类型的探测器组合。

(8)对于需要早期发现火灾的特殊场所,可以选择高灵敏度的吸气式感烟火灾探测器,且应将该探测器的灵敏度设置为高灵敏度状态;也可根据现场实际分析早期可探测的火灾参数而选择相应的探测器。

对不同高度的房间,火灾探测器的选择,应符合表 2-3 的要求。房间高度大于 12m 时,不宜选择感烟探测器;房间高度大于 8m 时,不宜选择 A1 类感温探测器;房间高度大于 6m 时,不宜选择 A2、B、C、D、E、F、G 类感温探测器。

对不同高度的房间点型火灾探测器的选择　　　　　　表 2-3

房间高度 h (m)	感烟探测器	感温探测器		火焰探测器
		A1	A2、B、C、D、E、F、G	
12<h≤20	不适合	不适合	不适合	适合
8<h≤12	适合	不适合	不适合	适合
6<h≤8	适合	适合	不适合	适合
h≤6	适合	适合	适合	适合

各种火灾探测器的应用场合如表 2-4 所示。

火灾探测器的应用场合　　　　　　表 2-4

序号	探测器	适宜或不宜应用场合
1	点型感烟探测器	适宜应用场所: (1)饭店、旅馆、教学楼、办公楼的厅堂、卧室、办公室等; (2)电子计算机房、通信机房、电视电影放映室等; (3)书库、档案库等; (4)楼梯、走廊、电梯机房等; (5)有电气火灾危险的场所; (6)污物较多且必须安装感烟火灾探测器的场所,应选择间断吸气的点型吸气式感烟火灾探测器。 离子感烟探测器不宜应用场所: (1)相对湿度经常大于 95%; (2)气流速度大于 5m/s; (3)有大量灰尘、细粉尘或水蒸气滞留; (4)可能产生腐蚀气体; (5)厨房及其他正常情况下有烟滞留; (6)产生醇类、醚类、酮类等有机物质。 光电感烟探测器不宜应用场所: (1)可能产生黑烟; (2)大量积聚灰尘和污物; (3)可能产生蒸汽和油污; (4)工艺过程产生烟; (5)存在高频电磁干扰

续上表

序号	探 测 器	适宜或不宜应用场合
2	感温探测器	适宜应用场所： (1)相对湿度经常高于95％； (2)可能发生无烟火灾； (3)有粉尘污染； (4)在正常情况下有烟和蒸汽； (5)厨房、锅炉房、发电机房、茶炉房、烘干车间、汽车库等； (6)吸烟室、小会议室； (7)其他不宜安装感烟探测器的厅堂和公共场所。 不宜应用场所： (1)房间净高大于8m； (2)有可能产生阴燃火； (3)火灾危险性大，必须早期报警； (4)温度在0℃以下(不宜选用定温探测器)； (5)正常情况下温度变化较大的场所，不宜选择 R 型探测器。对可靠性要求高，安装自动灭火系统，需要有自动联动装置者，宜采用感温、感烟探测器的组合
3	火焰探测器	适宜应用场所： (1)火灾时产生极少量的烟而有强烈的火焰辐射； (2)液体燃烧火灾等无阴燃阶段的火灾； (3)需对火焰做出快速反应。 不宜应用场所： (1)可能发生无焰火灾； (2)在火焰出现前有浓烟扩散； (3)探测器镜头易被污染； (4)探测器的"视线"易被遮挡； (5)探测区域内的可燃物是金属和无机物时，不宜选择红外火焰探测器； (6)探测器易受阳光、白炽灯等光源直接或间接照射场所，不宜选择单波段红外火焰探测器； (7)探测区域内正常情况下有高温黑体的场所，不宜选择单波段红外火焰探测器，但日光盲的红外火焰探测器除外； (8)正常情况下有阳光、明火作业及易受 X 射线、弧光和闪电等影响，不宜选择紫外火焰探测器； (9)探测器视线易被油雾、烟雾、水雾和冰遮挡的场所
4	可燃气体探测器	宜应用场所： (1)使用管道煤气或者天然气的场所； (2)煤气站或者煤气表房以及存储液化石油气罐的场所； (3)其他散发可燃气体或者可燃蒸汽的场所； (4)有可能产生一氧化碳气体的场所，宜选择一氧化碳气体探测器

序号	探 测 器	适宜或不宜应用场合
5	红外光束感烟探测器	适宜应用场所： 无遮挡的大空间或者有特殊要求的场所。 不宜应用场所： (1)有大量粉尘、水雾滞留； (2)可能产生蒸汽和油雾； (3)在正常情况下有烟滞留； (4)探测器固定的建筑结构由于振动等会产生较大位移的场所
6	缆式线型定温探测器	适宜应用场所： (1)电缆隧道、电缆竖井、电缆夹层和电缆桥架等； (2)配电装置、开关设备、变压器等； (3)各种皮带传输装置
7	线型感温火灾探测器	适宜应用场所： (1)公路隧道、铁路隧道等； (2)不易安装点型探测器的夹层、闷顶； (3)其他环境恶劣不适合点型探测器安装的危险场所
8	空气管式或线型光纤感温火灾探测器	适宜应用场所： (1)存在强电磁干扰的场所； (2)除液化石油气外的石油储罐等； (3)需要设置线型感温火灾探测器的易燃易爆场所； (4)需要监测环境温度的电缆隧道、地下空间等场所宜设置具有实时温度监测功能的线型光纤感温火灾探测器。 线型光纤感温火灾探测器不宜应用场所： 要求对直径小于10cm的小火焰或局部过热处进行快速响应的电缆类火灾场所
9	图像式火灾探测器	适宜应用场所： (1)火灾初期有阴燃阶段,产生大量的烟和少量的热,很少或没有火焰辐射的场所可选择图像式感烟火灾探测器； (2)火灾发展迅速,有强烈的火焰辐射和少量的烟、热的场所,可选择图像式火焰探测器
10	一氧化碳火灾探测器	在火灾初期产生一氧化碳的下列场所适宜选用： (1)点型感烟、感温和火焰探测器不适宜的场所； (2)烟不容易对流、顶棚下方有热屏障的场所； (3)在房顶上无法安装其他点型探测器的场所； (4)需要多信号复合报警的场所

序号	探测器	适宜或不宜应用场合
11	吸气式感烟火灾探测器	适宜应用场所： (1)具有高空气流量的场所； (2)点型感烟、感温探测器不适宜的大空间或有特殊要求的场所； (3)低温场所； (4)需要进行隐蔽探测的场所； (5)需要进行火灾早期探测的关键场所； (6)人员不宜进入的场所
12	允许不设火灾探测器的场所	(1)厕所、浴室等； (2)不能有效探测火灾的场所； (3)不便维修、使用(重点部位除外)的场所

3)火灾探测器数量的确定

在实际工程中，房间大小及探测区大小不一，房间高度、顶棚坡度也各异，那么怎样确定探测器的数量呢？规范规定，探测区域内每个房间应至少设置一只火灾探测器。一个探测区域内所设置探测器的数量应按下式计算：

$$N \geqslant \frac{S}{kA}$$

式中：N——探测区域内所设置的探测器的数量，N 应取整数（即小数点进位取整）；

$\quad S$——探测区域的地面面积（m^2）；

$\quad A$——探测器的保护面积（m^2），指一只探测器能有效探测的地面面积；

$\quad k$——安全修正系数，对于重点保护建筑，k 取 0.7~0.9；对于非重点保护建筑，k 取 1。

由于建筑物房间的地面通常为矩形，因此所谓"有效"探测的地面面积实际上是指探测器能探测到的矩形地面面积。探测器的保护半径 R（m）是指一只探测器能有效探测的单向最大水平距离；安全修正系数 k 选取时还应根据设计者的实际经验，并考虑一旦发生火灾对人身和财产的损失程度、火灾危险性大小、疏散及扑救火灾的难易程度及对社会的影响大小等多种因素。

对于一个探测器而言，其保护面积和保护半径的大小与其探测器的类型、探测区域的面积、房间高度及屋顶坡度都有一定的联系。感烟探测器、感温探测器的保护面积和保护半径，可以根据产品说明标志或者按照表 2-5 确定。

感烟探测器、感温探测器的保护面积和保护半径　　　表 2-5

火灾探测器的种类	地面面积 S (m²)	房间高度 h (m)	一只探测器保护的面积 A(m²)和保护半径 R(m)					
			屋顶的坡度 θ					
			θ≤15°		15°<θ≤30°		θ>30°	
			A	R	A	R	A	R
感烟探测器	S≤80	h≤12	80	6.7	80	7.2	80	8.0
	S>80	6<h≤12	80	6.7	100	8.0	120	9.9
		h≤6	60	5.8	80	7.2	100	9.0
感温探测器	S≤30	h≤8	30	4.4	30	4.9	30	5.5
	S>30	h≤8	20	3.6	30	4.9	40	6.3

关于在有梁的顶棚上设置感烟探测器、感温探测器的设计及安装要求。按照梁间区域面积确定一只探测器保护的梁间区域的个数如表 2-6 所示。

按照梁间区域面积确定一只探测器保护的梁间区域的个数　　表 2-6

探测器的保护面积		梁隔断的梁间区间面积 Q(m²)	一只探测器保护的梁间区间的个数
感温探测器	20	Q>12	1
		8<Q≤12	2
		6<Q≤8	3
		4<Q≤6	4
		Q≤4	5
	30	Q>18	1
		12<Q≤18	2
		9<Q≤12	3
		6<Q≤9	4
		Q≤6	5
感烟探测器	60	Q>36	1
		24<Q≤36	2
		18<Q≤24	3
		12<Q≤18	4
		Q≤12	5
	80	Q>48	1
		32<Q≤48	2
		24<Q≤32	3
		16<Q≤24	4
		Q≤16	5

2.3 火灾报警控制器

2.3.1 定义、功能与性能要求

火灾报警控制器是火灾自动报警系统的重要组成部分。在火灾自动报警系统中,火灾探测器是系统的"感觉器官",随时监视周围环境的情况,而火灾报警控制器,则是该系统的"躯体"和"大脑",是系统的核心。

根据国家标准《火灾报警设备专业名词术语》(GB/T 4718—2006)的定义,火灾报警控制器是可向探测器供电,并具有下述功能的设备:①能接收探测信号,转换成声、光报警信号,指示着火部位和记录报警信息;②可通过火警发送装置启动火灾报警信号或通过自动消防灭火控制装置启动自动灭火设备和消防联动控制设备;③自动监视系统的正确运行和对特定故障给出声光报警(自检)。

由此可见,火警报警控制器的作用是向火灾探测器提供高稳定度的直流电源;监视连接各火灾探测器的传输导线有无故障;能接受火灾探测器发送的火灾报警信号,迅速、正确地进行转换和处理,并以声、光等形式指示火灾发生的具体部位,进而发送消防设备的启动控制信号。

火灾报警控制器具有如下基本功能:火灾报警功能及声光信号、故障报警功能及声光信号、自检功能、火灾优先功能、记忆功能及打印功能、消音复位功能、主—备电转换功能及电源指示功能(含两路交流供电的转换及交流直流备电的转换)、CRT显示、区域报警控制器应具有火灾报警、故障报警(含声光报警信号)、报警地址以及消音复位等功能。

火灾自动报警系统发展至今,大致可以分为三个阶段:①多线制开关量探测报警系统,这是第一代产品,目前国内除极少数厂家生产外,它已经处于被淘汰的状态。②总线制可寻址开关量式火灾探测报警系统,这是第二代产品,尤其是二总线制开关量探测报警系统还被大量采用。③模拟量传输式智能火灾报警系统,这是第三代产品。目前我国已经从传统的开关量式的火灾探测报警技术进入到具有先进水平的模拟量传输式智能火灾报警系统。市场上两种系统并存,但是在不久的将来,模拟量传输式将居于主导地位。

火灾报警控制器的主要功能如下:

(1)主备电源。在控制器中设置有浮充备用电池,当控制器投入使用时,应将电源盒上方的主、备电源开关全打开。在主电网有电时,控制器自动利用主电网供电,同时对电池充电;在主电网断电时,控制器会自动切换为电池供电,以保证系统的正常运行。主电供电时,面板主电指示灯亮,时钟正常显示时分值。备

电供电时,备电指示灯亮,时钟只有秒点闪烁,无时分显示,这是节省模式,其内部仍在正常走时。当有故障或火警时,时钟重又显示时分值,且锁定首次报警时间。在备电供电期间,控制器报备电工作和主电故障。此外,当电池电压下降到一定数值时,控制器还要报电池电压低故障。当备电低于 20V 时关机,以防电池过放而损坏。

(2)火灾报警。当接收到探测器、手动报警开关、消火栓报警开关及输入模块所配接的设备发来的火警信号时,均可在报警器中报警,火灾指示灯亮并发出火灾警笛声,同时显示首次报警地址号及总数。

(3)故障报警。系统在正常运行时,主控单元能对现场所有的设备(如探测器、手动报警开关、消火栓报警开关等)、控制器内部的关键电路及电源进行监视,一有异常立即报警。报警时,故障灯亮并发出长音故障音响,同时显示报警地址号及类型号。

(4)时钟锁定,记录着火时间。系统中时钟走时是软件编程实现的,有年、月、日、时、分。当有火警或故障时,时钟显示锁定,但内部能正常走时,火警或故障一旦恢复,时钟将显示实际时间。

(5)火警优先。在系统存在故障的情况下出现火警,则报警器能由报故障自动转变为报火警,而当火警被清除后又自动恢复报原有故障。当系统存在某些故障而又未被修复时,会影响火警优先功能,如下列情况下:①电源故障;②当本部位探测器损坏时本部位出现火警;③总线部位故障(如信号线对地短路、总线开路与短路等)均会影响火警优先。

(6)调显火警。当火灾报警时,显示器显示首次火警地址,通过键盘操作可以调显其他的火警地址。

(7)自动巡检。报警系统长期处于监控状态,为提高报警的可靠性,控制器设置了检查键,供用户定期或不定期进行电模拟火警检查。处于检查状态时,凡是运行正常的部位均能向控制器发回火警信号,只要控制器能收到现场发回来的信号并有反应而报警,则说明系统处于正常的运行状态。

(8)自动打印。当有火警、部位故障或有联动时,打印机将自动打印记录火警、故障或联动的地址号,此地址号同显示的地址号一致,并打印出故障、火警、联动的时刻(月、日、时、分)。当对系统进行手动检查时,如果控制正常,则打印机自动打印正常(OK)。

(9)测试。控制器可以对现场设备信号电压、总线电压、内部电源电压进行测试。通过测量电压值,判断现场部件、总线、电源等的正常与否。

(10)部位的开放及关闭。部位的开放及关闭有以下几种情况:

①子系统中空置不用的部位(不装现场部件),在控制器软件制作中即被永久关闭。如需开放新部位,应与制造厂联系;

②系统中暂时空置不用的部位,在控制器第一次开机时需要手动关闭;

③系统运行过程中,已被开放的部位其部件发生损坏后,在更新部件之前应暂时关闭,在更新部件之后将其开放。部位的暂时关闭及开放有以下几种方法:

a.逐点关闭及逐点开放:在控制器正常运行中,将要关闭(或开放)的部位的报警地址显示号用操作键输入控制器,逐个将其关闭或开放。被关闭的部位如果安装了现场部件则该部件不起作用,被开放部位如果未安装现场部件则将报出该部位故障。对于多部件部位(指编码不同的部件具有相同的显示号),进行逐点关闭(或开放),是将该部位中的全部部件实现了关闭(或开放)。

b.统一关闭及统一开放:统一开放关闭是在控制器报警(火警或故障)的情况下,通过操作键将当时存在的全部非正常部位进行关闭;统一开放是在控制器运行中,通过操作键将所有在运行中曾被关闭的部位进行开放。当部位是多部件部位时,统一关闭也只是关闭了该部位中的不正常部件。系统中只要有部位被关闭了,面板上的"隔离"灯就被点亮。

(11)显示被关闭的部位。在系统运行过程中,已开放的部位在其部件出现故障后,为了维持整个系统正常运行,应将该部位关闭。但应能显示出被关闭的部位,以便人工监视部位的火情并及时更换部件。操作相应的功能键,控制器便顺序显示所有在运行中被关闭的部位。当部位是多部件部位时,这些部件中只要有一个是关闭的,它的部位号就能被显示出来。

(12)输出。①控制器中有 V 端子、VG 端子间输出 DC24V、2A。向本控制器所监视的某些现场部件和控制接口提供 24V 电源。②控制器有端子 L1 和 L2,可用双绞线将多台控制器连接组成多区域集中报警系统,此时系统中有一台视为集中报警控制器,其他视为区域报警控制器。③控制器有 GTRC 端子,用来同 CRT 联机,其输出信号是标准 RS232 信号。

(13)联机控制。可分"自动"联动和"手动"启动两种方式,但都是总线联动控制方式。在联动方式时,先按 E 键与自动键,"自动"灯亮,使系统处于自动联动状态。当现场主动型设备(包括探测器)发生动作时,满足既定逻辑关系的被动型设备将自动被联动。联动逻辑因工程而异,出厂时已存储于控制器中。手动启动在"手动允许"时才能实施,手动启动操作应按操作顺序进行。

无论是自动联动还是手动启动,应该动作的设备编号均应在控制板上显示,同时启动灯亮。已经发生动作的设备的编号也在此显示,同时回答灯亮。启动与回答能交替显示。

(14)阈值设定。报警阈值是指提前设定的报警动作值,对于不同类型的探测器其大小是不一样的,通常应用控制器的软件进行设定。这样控制器不仅具有智能化、高可靠的火灾报警,而且可以按各探测部位所在应用场所的实际情况不同,灵活方便地设定报警阈值。

火灾报警控制器的主要技术性能有:

(1)容量。容量是指能够接收火灾报警信号的回路数,以"M"表示。一般区域报警器 M 的数值等于探测器的数量。对于集中报警控制器,则容量数值等于 M 乘以区域报警器的台数 N,即 $M \times N$。

(2)工作电压。工作时,电压可采用 220V 交流电和 24～32V 直流电(备用),备用电源应优先选用 24V。

(3)输出电压及允差。输出电压即指供给火灾探测器使用的工作电压,一般为直流 24V,此时输出电压允差不大于 0.48V,输出电流一般应大于 0.5A。

(4)空载功耗。即指系统处于工作状态时所消耗的电源功率,空载功耗表明了该系统的日常工作费用的高低,因此功耗应是愈小愈好;同时要求系统处于工作状态时,每一报警回路的最大工作电流不超过 20mA。

(5)满载功耗。满载功耗指当火灾报警控制器容量不超过 10 路时,所有回路均处于报警状态所消耗的功率;当容量超过 10 路时,20% 的回路(最少按 10 路计)处于报警状态所消耗的功率。使用时要求在系统工作可靠的前提下,尽可能减小满载功耗;同时要求在报警状态时,每一回路的最大工作电流不超过 200mA。

(6)使用环境条件。使用环境条件主要指报警控制器能够正常工作的条件,即温度、湿度、风速、气压等项。要求陆用型环境条件为:温度 -10～50℃,相对湿度≤92%(40℃),风速<5m/s,气压 85～106kPa。

2.3.2 火灾报警控制器类型

火灾报警控制器的分类方法很多,可以按结构要求、设计使用要求、技术性能要求及使用环境要求等标准进行分类,如图 2-17 所示。

1)按照结构形式的分类

(1)壁挂式火灾报警控制器。其连接探测器回路数较少,控制功能较简单,一般区域火灾报警控制器常采用这种结构。

(2)台式火灾报警控制器。其连接探测器回路数较多,联动控制较复杂,操作使用方便,常见于集中火灾报警控制器。

(3)柜式火灾报警控制器。与台式火灾报警控制器基本相同,内部电路结构多设计成插板组合式,易于功能扩展。

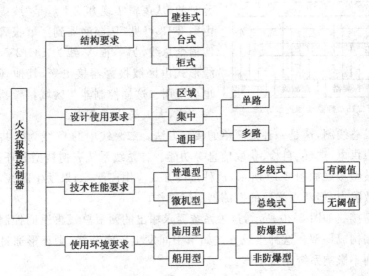

图 2-17 火灾报警控制器分类

2)按照连接线制的分类

探测器根据其适用环境、保护面积及有关规范进行布置后,通过其底座与系统进行连接。对于不同厂家生产的不同型号的探测器,其接线形式也不一样,有多线制和总线制之分,总线制又有有极性和无极性之分。目前市场上的产品均为总线制,但是在用工程中还有很多为多线制系统。

(1)多线制系统,也称 $n+1$ 线制,即一条公用地线,另一条承担供电、通信与自检的功能。探测器采用两线制时,可完成电源供电故障检查、火灾报警、断线报警(包括接触不良、探测器被取走)等功能。

(2)总线制系统,其采用地址编码技术,整个系统只用几根总线,建筑物内布线极其简单,给设计、施工及维护带来了极大的方便,因此被广泛采用。值得注意的是,一旦总线回路中出现短路问题则整个回路失效,甚至损坏部分控制器和探测器,为了保证系统正常运行和免受损失,必须采取短路隔离措施,如分段加装短路隔离器。短路隔离器用在传输总线上,对各分支作短路时的隔离作用,现在有些探测器本身也具有短路隔离器的作用。总线制有如下几种常见的线制。

①四总线制,其连接方式如图 2-18 所示。四条总线为:P 线给出探测器的电源、编码、选址信号;T 线给出自检信号,以判断探测部位或传输线是否有故障;控制器从 S 线上获得探测部位的信息;G 为公共地线。P、T、S、G 均为并联

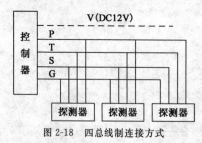

图 2-18　四总线制连接方式

方式连接,S 线上的信号对探测部位而言是分时的,从逻辑实现方式上看是"线或"逻辑。由图 2-18 可见,从探测器到区域报警器只用四根全总线,另一根 V 线为 DC12V,也以总线形式由区域报警器接出来,其他现场设备也可使用。这样控制器与区域报警器的布线为 5 线,大大简化了系统。

②二总线制,这是一种最简单的接线方法。二总线中的 G 线为公共地线,P 线则完成供电、选址、自检、获取信息等功能。二总线系统有树枝型和环型两种。

树枝型接线如图 2-19 所示,这种接线方式应用广泛,如果发生断线,可以报出断线故障点,但断点之后的探测器不能工作。

环型接线如图 2-20 所示,这种系统要求输出的两根总线再返回控制器另两个输出端构成环型。这种接线方式如果中间发生一次断线,则环形通过变为两个支形而不影响系统正常工作。

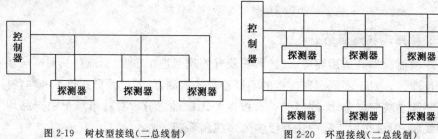

图 2-19　树枝型接线(二总线制)　　　　图 2-20　环型接线(二总线制)

早期的火灾报警系统使用多线制,现在还有极少数厂家在进行生产,但是在工程应用中已经比较少见,而总线制,已经获得广泛的应用,特别是二总线制应用最多,目前新一代的智能火灾报警系统也建立在二总线制的基础上。总线制的另外一个巨大优势就是,在火灾自动报警系统与消防联动控制设备组合应用中更具明显优势。

传统型火灾报警控制系统的探测器作为一个火灾触发器使用,根据火灾探测器的参数是否达到某一个设定值(阈值)来确定是否报警,当超过阈值时就产生一个报警信号(开关量信号);智能型火灾报警控制系统的探测器仅相当于一个传感器的作用,产生(或者向控制器发出)一个与火灾现象成正比的测量值,比如烟的浓度、温度的高低,是否产生火警则是由控制器进行评估和判断。

在较早的传统型系统中,主机承担了探测器巡检、分析处理与判断、人机交互等诸多功能,而导致主机系统程序复杂、系统可靠性低、使用维护不便。但是最近几年,随着最新的单片机和 DSP 技术的发展,探测器本身已经具有相当的智能,形成了分布式智能(又称全智能系统),探测器对火灾特征信号进行直接分析和智能处理、做出恰当的智能判决,然后将这些信息传输到控制器中,这样一来主机的负担就相对轻一些。

2.3.3 典型火灾报警控制器简介

1)JB-3102 型火灾报警控制系统

JB-3102 型火灾报警控制系统是上海某电子仪器厂开发的新一代智能火灾报警控制系统。其主要特点为:全总线制、联动型、局域网络化(对等结构式)。控制器集火灾报警和联动控制于一体,系统采用全总线通信技术,报警与联动控制共线,模拟量与开关量兼容。控制器单机最大容量为 24 回路,每回路 200 点,总共 4800 点(其中总线联动控制≤1024 点)。多线联动点最大容量为 64 点,最多可配备火灾显示盘 63 台。可接入 ZY-4A 型气体灭火单元,最多为 8 套 32 个灭火区。可通过 CAN 总线将 16 台控制器联网构成火灾报警控制局域网系统,无需集中控制器,局域网系统的报警、联动最大容量可达 7 万多点。

该系统总线上可带各种性能的模拟量和开关量探测器以及各种输入、输出模块,配置灵活方便。模拟量智能型探测器采用新型微功耗 MPU(带 A/D 转换),固化有预处理智能程序,能自行处理模拟量传感器的信息数据并将其模数转换传输给控制器。控制器引入智能化算法,可自动对本底进行补偿及对灵敏度进行调整,提高报警的可靠性。系统采用大屏幕 LCD 彩色液晶显示器和高清晰 VFD 显示器,可显示系统运行的各种状态信息和模拟量探测器的运行曲线,并辅之热敏打印机,可打印系统运行的各种相关信息。控制器对模拟量探测器具有异常判断功能,判断其受污染或某器件失效情况,以提示用户及时保养维护。系统的现场键盘编程操作,汉字输入在原有的区位输入法同时增加了拼音输入法,键的排列及输入方法与日常使用的手机相似,非常方便。

JB-3102 型火灾报警控制局域网系统,是基于 CAN 总线的对等式系统。其中每台控制器作为网络上的一个节点,任意时刻都可主动地以点对点、点对多点、点对网络的方式从 CAN 总线上发收信息,可获取系统中任一点的相关信息并实施相应的控制,实现了火灾报警控制系统的远程监控和信息共享的网络化通信管理,通信距离最远可达 10km。

2)JB-QG/T-GST9000 火灾报警控制器(联动型)

JB-QG/T-GST9000 火灾报警控制器(联动型)(简称为 GST9000 控制器)

是海湾公司生产的火灾报警控制器,采用模块化设计,具有全面的现场编程能力,可与该公司生产的各类火灾探测器和控制模块和多线制控制盘连接,以及与其他火灾报警控制器和通信控制器构成一个集总线、多线于一身的报警联动一体化控制系统,适合于大中型消防工程应用。GST9000 控制器主要特点如下:

(1)容量大、可靠性高。控制器采用多微处理器并行处理,最多可以管理 58 个总线制监控点回路,共计 14000 个总线制报警联动点。多总线大容量方式设计使外部总线和总线设备发生故障后对系统的影响减少到最低限。不论对联动类还是报警类总线设备,控制器都设有不掉电备份,保证系统调试完成时注册到的设备全部受到监控。

(2)图形化彩色显示界面。控制器采用图形化彩色显示界面,不同信息采用不同窗口显示,窗口颜色不同,界面清晰易懂、方便直观,通过简单的操作(通过键盘的数字键或方向键或通过触摸屏操作)就可实现系统提供的多种功能。

(3)灵活的模块化结构和多种功能配置选择。控制器主控部分由接口统一的各类功能模块组成,配置灵活方便,通过调整接入的回路板数实现总线设备从 1 点到 14000 点间的任意配置,若接入通信板、CRT 板和火警传输接口板,系统还可以提供与火灾显示盘、CRT 和火警传输设备连接所需的标准接口。

(4)配备智能化手动消防启动盘。控制器配接智能化手动消防启动盘,手动消防启动盘上的每一个启/停键均可通过定义与系统所连接的任意一个总线设备关联,完成对该总线制联动设备的启/停控制,方便报警联动一体化系统的工程布线、设备配置及安装调试。

(5)具备全面自检功能的多线制控制盘。控制器配备多线制控制盘,可对消防泵、排烟风机、送风机等重要设备进行直接控制。控制盘具有输出线断路、短路和接反故障检测以及指示灯检测功能,这些检测功能可最大限度地保障控制盘本身及其与重要设备之间连接的可靠性。

(6)可配接汉字式火灾显示盘。控制器可配接该公司生产的汉字式火灾显示盘,汉字信息无需下载,并可以通过对火灾显示盘的设备定义灵活地实现火灾显示盘的分楼区及分楼层显示功能。

(7)模块式开关电源。模块式开关电源可在宽主电电压范围内高效节能运行,合理的充电电路和可靠的多级保护延长了电池的使用寿命。

GST9000 系列控制器的典型配置包括一台控制器主机、两块手动消防启动盘、一块多线制控制盘、一块智能电源盘及主机电源、两组蓄电池等。

控制器主机分为操作显示部分、控制部分两个单元,两者之间通过导线相连。主控面板包括液晶屏、指示灯区、键盘区及打印机等部分,提供系统输入输出的人机界面。控制部分包括主板、母板、转换板、回路板、485 通信板、232 通信板、火警传输接口板和 DC-DC 变换模块等板卡,是控制器的报警控制中枢。

手动消防启动盘的每一单元均有一个按键、两只指示灯和一个标签。其中,按键为启/停控制键,如按下某一单元的控制键,则该单元的命令灯亮(红色),并有控制命令发出,如被控设备响应,则回答灯亮(红色)。用户可将各按键所对应的设备名称书写在设备标签上面,然后与膜片一同固定在手动盘上。

多线制控制盘用于对消防泵、排烟风机、送风机等重要设备进行直接控制。多线制控制盘满足国标《消防联动控制系统》(GB 16806—2006)中的各项要求,每路输出具有短路、断路和接反故障检测功能,并有相应的灯光指示,每路输出均有相应的手动直接控制按键,整个多线制控制盘具有手动允许控制锁,只有手动锁处于允许状态,才能使用手动直接控制按键。控制器每个回路最多可以配接 4 块多线制控制盘,每块多线制控制盘具有 14 路输出;每路输出可分别控制1 个被控设备,如果是控制启、停双动作设备,占用 2 路输出,1 路启动,另一路停动。

智能电源盘提供联动 DC24V 电源,用于向外接模块或相应的被控设备供电。

GST9000 系列控制器联网功能强大。GST9000 控制器通过与不同功能的网卡连接可以实现 GST 系列控制器间的联网;通过公用电话网完成与远程监控设备(如 JK-TX-GST6000 火灾报警网络监控器)的连接实现城市火灾报警监控网络;也可与建筑内中央监控中心的 CRT 显示系统连接完成图形化监控即系统集成控制等功能。控制器对通信卡运行状态进行实时监测,实现即插即用。

GST 网络系统采用主从式的网络结构,网络拓扑结构如图 2-21 所示。每台控制器均可以组建多条网络,每条网络最多可实现 32 台控制器联网。

GST 网络系统可完成网络中各控制器间的信息交换,这些信息包括:系统内的任一控制器所连接的外部设备发生的火警、反馈、故障等信息;任一控制器对网络中所连接设备发出的启动、停动等控制命令信息。因此,网络中的每一台控制器均可完成对网络信息的显示和对网络中任意设备的控制。网络控制器对网络现场设备的控制包括两种方式:一种是手动启动方式,一种是自动联动方式。手动启动方式即通过任意一台控制器的手动盘或控制键盘均可启动网络中的任意一个现场设备;自动联动方式即当网络中的火警信息满足任意一台控制器所存储的联动公式时,该控制器将发出自动启动对应现场设备的控制命令。

JK-TX-GST6000 火灾报警网络监控器是用于构建多级大规模火灾报警系统的重要设备之一(详细内容见 6.4.2 节)。它的主要特点是:提供 RS232、

RS485、开关量等多种接口方式与建筑消防设施连接;采用 32 位工业级 ARM 微处理器设计;火警具有最高的优先级别,提供多种火警确认方式;随机查询值班人员在岗状态;提供视频联动接口,提供其他联动信号;具有与监控管理中心的对讲功能;实时监测通信线路,线路故障现场报警并记录;大屏幕液晶显示;支持键盘、串口和远程遥控编程操作;黑匣子存储各类事件信息,存储报警过程;自动与监控中心对时等多种功能。

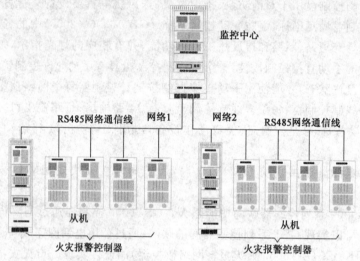

图 2-21　主从式 GST 网络系统拓扑结构

2.4　电气火灾报警系统

随着建筑物内电气设备和用电容量的增多,发生电气火灾的危险性也在逐渐增大。电气线路或用电设备引起的火灾主要是由于线路漏电、短路、过流、接触电阻过大或绝缘击穿造成高温、电火花和电弧等所造成的。因此,电气火灾报警系统近年来得到了越来越多的重视。

2.4.1　漏电火灾报警系统

根据消防部门和专家对电气火灾现场勘察分析,在电气火灾中由于漏电导致接地故障引起的火灾已占电气火灾的 60% 以上。漏电是造成电气火灾的重大隐患,还会造成人身伤亡和电能浪费。

1)漏电火灾监控系统组成及功能

漏电火灾监控系统主要针对漏电流故障发生时,用于监测、预警和控制,及时排除火灾隐患,把可能产生的火灾消除在萌芽状态。与传统火灾报警系统相比,漏电火灾监控系统从本质上是立足预防、专门针对电气线路故障和漏电故障的前期预警系统。而火灾报警系统主要是针对已经发生的火情的后期报警灭火系统。漏电火灾监控系统主要由监控设备、剩余电流式探测器和测温式探测器组成,并形成网络化探测报警控制网络,如图 2-22 所示。

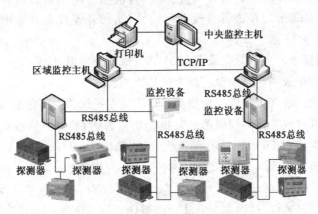

图 2-22 电气火灾监控系统示意图

漏电火灾监控设备是"能接收来自电气火灾监控探测器的报警信号,发出声、光报警信号和控制信号,指示报警部位,记录并保存报警信息的装置"。其基本功能如下:

(1)探测功能。探测漏电电流、过电流、短路、过载、过压、欠压等信号。

(2)报警功能。接收来自探测器的监控报警信号,并在 30s 内发出声、光报警信号,指示故障线路地址,监视故障点的变化,记录报警时间,并予以保持,直至手动复位;报警声信号应能手动消除,当再次有报警信号输入时,应能再次启动。

(3)远程控制功能。通过 I/O 总线接口,实现火灾报警控制器与数字监控终端的通信和控制,实现数字监控终端的分、合闸操作,切断漏电线路上的电源,并显示其状态。

(4)显示功能。指示报警部位,显示系统电源状态。

(5)信息存储查询功能。包括存储历史报警记录、历史操作记录和故障类别记录。存储时间至少一年以上。实现对每个数字监控终端当前和历史信息的查询,可以修改数字监控终端历史信息和维修信息。

(6)故障报警功能。当监控设备发生与探测器之间的连接线断路或短路、主电源欠压、给备用电源充电的充电器与备用电源间连接线的断路或短路、备用电源与其负载间连接线的断路或短路等故障时,应能在100s内发出与监控报警信号有明显区别的声光故障信号。故障报警声音信号应能手动消除,再有故障信号输入时,应能再次启动;故障光信号应保持至故障排除。故障期间,非故障回路的正常工作不应受影响。

(7)自检功能。对本机进行功能检查(自检),指示系统通信故障类别和地址,并显示维修请求。在执行自检期间,受控制的外接设备和输出接点均不应动作。

(8)通用要求。主电源应采用220V、50Hz交流电源,应具有主、备电源自动转换装置。操作级别应至少设有两个操作级别。

剩余电流式电气火灾监控探测器是探测被保护线路中可能引发电气火灾危险的剩余电流参数变化的探测器。其报警功能为:当被保护线路剩余电流达到报警设定值时,应在60s内发出报警信号;报警值为20~1000mA,且报警值应在报警设定值的80%~100%之间。对于独立式探测器,应有工作状态指示灯和自检功能;在报警时应发出声、光报警信号,并予以保持,直至手动复位。独立式探测器可以单独设置,而非独立式探测器则必须与电气火灾监控设备联用。

测温式电气火灾监控探测器是探测被保护设备或线路中可能引发电气火灾危险的温度参数变化的探测器。其报警功能为:当被监视部位温度达到报警设定值时,探测器应在40s内发出报警信号;报警值应在55~140℃的范围内;设定报警值与实际报警值的误差不应大于±10%;独立式探测器,应有工作状态指示灯和自检功能;在报警时应发出声、光报警信号,并予以保持,直至手动复位。

2)漏电火灾监控系统设计

漏电火灾监控系统应从我国的实际情况出发,根据建筑物性质、发生电气火灾危险性、保护对象等级来设置。高层建筑内火灾危险性大、人员密集等场所宜设置漏电火灾报警系统。

一个完整的漏电火灾监控系统应包括:电气火灾监控设备(监控主机),若干个分布于建筑物配电系统各关键点的监控探测器(剩余电流式和测温式),连接监控主机与各探测器的通信网络(接口、通信总线及分支线、护线管槽),确保系统信息正确传递的中继器件。

并非任何场所的电气火灾监控系统都必须齐备上述所有部分。在总线敷设路径简单且距离不长的较小系统中,中继器件不是必需的。在监控点少于8个且场所面积小于1500m²的独立区域,则可以只设置能控制断路器分闸的独立式探测器而不一定要连结成系统。漏电火灾监控探测器数量超过8个,或场所面积大于1500m² 时,应将其连接成系统并设置电气火灾监控设备。

电气火灾监控设备应设置在消防控制室内或有人值班的场所。电气火灾监控设备输出的报警信息和故障信息可以接入消防控制室内的火灾报警系统显示装置集中显示;此时火灾报警系统的软件设置应作相应匹配,使该类信息的显示与火灾报警信息有明显区别。绝大多数情况下,电气火灾监控主机与火灾报警系统主机同室并列放置。

在设计阶段,应对网络拓扑、线路走向、集线器接入点、导线型号、敷设方式等及早作出规定,并参照监控主机(及系统)技术说明书,对施工提出明确要求,严格按设计施工。

2.4.2 空气采样式烟雾探测报警系统

1)空气采样式烟雾探测报警方法

随着微电子技术的发展,电子产品的体积变得越来越小,需要的空间也相应减少,但是数字化电子产品硬件的散热量不但没有降低,反而更高了。如此高的热负荷需要通过计算机房的空调系统进行全面冷却,以消除机箱内产生的热量,冷却系统故障会使设备过热,产生火灾隐患。机械冷却和气流运动是火灾探测设计的基本参数。

数据中心内产生的各种烟雾和气流运动为消防工程师设计高效的火灾探测系统带来了挑战。消防系统中最重要的部分就是烟雾探测,探测系统的基本功能是向建筑内的人员发出火灾警报,并用来联动控制其他系统,如机械排气系统以及水、气体等灭火系统。

传统的烟雾探测器,即早期报警烟雾探测器和传统的点式探测器都是离子式或光电式的。离子式适用于探测易燃液体等产生的极小颗粒,而光电式的探测对象则是PVC等非天然材料产生的较大颗粒。这说明光电式探测器更适合于探测计算机设施内常见的火灾早期迹象。

探测器可分为早期烟雾探测报警与极早期烟雾探测预警。早期烟雾探测报警系统是在建筑内的人员受到威胁之前探测到火灾,此时通常已经能够觉察到烟雾。办公室里的纸篓引起的火灾示例如下:在纸张起火几秒钟之后产生烟雾,并向屋顶上升,这股明显的热烟雾很快会进入烟雾探测腔触发警报,向人们发出火灾通知。与此相反,如果同一个房间内的计算机终端内部的电子元件因故障而发热,则会潜伏几小时之后才发展为明火,此潜伏阶段称为火灾的初级阶段。肉眼在此阶段看不到烟雾颗粒,只能闻到气味。早期烟雾探测报警系统的灵敏度不足以在电气火灾的初级阶段探测到烟雾,只有极早期烟雾探测预警系统能探测到初级火灾,所以才有"极早期预警"的术语。火灾的初级阶段可能持续几小时甚至几天。

点式烟雾探测器是"被动式"的探测器。它们被动地等待烟雾,因而需要依靠气流向它们传送烟雾,其性能会受到强气流的影响。由于火灾潜伏期的烟雾产生的速度相对较低,而房间内换气率又相当高,因此烟雾运动被机械系统产生的气流所控制。此外,初级阶段产生的烟雾温度不够高,产生的温升几乎无法使烟雾运动到装有点式探测器的天花板。相反,空气采样式烟雾探测系统是主动地从环境空气中连续采样,不用依赖热能向探测器传送烟雾。极早期烟雾探测非常重要,因为对计算机设施连续运行威胁最大的是烟雾对电气设备的破坏,而非火灾的破坏。

产生于 PVC 材料和数字电路板的烟雾副产品有 HCl 等气体,它们会腐蚀 IT 设备。计算机房内粒子的增多对设备会造成破坏,即使是只有 $16mg/cm^3$ 的粒子,也会给电子元件带来缓慢的和长期性的腐蚀,而 $30\mu g/cm^3$ 的粒子所造成的腐蚀则是活跃且短期内就能产生作用的。因此设备受到损伤,将影响到设备的性能。

空气采样式烟雾探测系统与传统的点式烟雾探测器不同。该系统通常由许多带有小孔的采样管构成,它们以几米的间距平行铺设在天花板上方或下方,每根采样管上都间隔若干米钻孔,这些小孔(即采样点)形成一个矩阵,平均分布于天花板层面。空气或烟雾通过小孔被吸入采样管,并利用吸气泵的压力继续向前运动,进入安装于附近的高灵敏烟雾探测器。

空气采样吸气式烟雾探测器也是一种空气污染监测器,灵敏度约为传统烟雾探测器的几百倍,而各种独立调查均显示,其误报发生率非常低,这种可靠性归功于它不受误报的主要诱因——灰尘、气流和电气干扰等的影响。因此可以在发生火灾几小时前,就检测到整个被保护区内材料过热的早期征兆,从而提供充足的时间采取人为措施或自动措施(比如通过电路断路器的动作断开引起发热的电路)。吸气式烟雾探测的主要作用是预防火灾。

烟雾探测器灵敏度以遮光率命名,遮光率是烟雾使能见度降低的程度。烟雾越浓,则能见度越低,遮光率也就越高。可以通过在受控房间内燃烧一定长度的电线来判定烟雾浓度的遮光率(obs/m)。例如,在面积为 $1000m^2$、天花板高度为 4.5m 的房间内,燃烧一根长约 480m 的 18AWG(美制电线标准,外径约 2.02mm)电线的绝缘层,整个室内将产生 13%obs/m 的烟雾浓度。而如果只燃烧 0.3m 同样的绝缘层,则整个房间产生的烟雾浓度约为 0.0156%obs/m,即使如此低的水平,极早期烟雾探测系统也能探测得到。

不同烟雾探测器的标准烟雾探测级别分别是：离子式为 3.0%～11%obs/m，光电式为 6.0%～15%obs/m，对射式为 3.0%obs/m，极早期式（VESDA）为 0.005%～20%obs/m。

空气采样系统最令人满意的特性是其灵敏度设置非常灵活，探测器发出报警的烟雾浓度范围为 0.005%～20%obs/m。设置 0.03%、0.06%、0.12% 和 10%obs/m 四个烟雾浓度报警阈值，前三个报警阈值是针对相对清洁的环境的标准设置，分别命名为"警告"、"行动"和"火警 1"；最后一个报警阈值命名为"火警 2"，是确认已发生严重火灾，烟雾浓度达到该值时就要选择启动灭火系统。

规定这些报警级别是为了启动极早期报警并采取相应措施。例如，"警告"（第一级报警）状态仅用于召集值班工作人员调查异常状况，一旦烟雾继续增加，就会达到"行动"（第二级报警）阈值，这会启动烟雾控制程序，通过疏散系统启动报警，并通过广播或手机短信向更多的工作人员发出报警信号。"火警 1"（第三级报警）说明火灾已迫近或已经起火，在此阶段，建筑内的人员已疏散，火灾报警控制器上的"区域"已激活，报警信号已传送到当地的消防监管部门。一旦烟雾浓度充分证明火灾已开始，就会激发"火警 2"报警阈值，灭火系统也将启动。

火灾期间产生的烟雾量和颜色取决于燃烧材料的类型和数量。印刷电路板在燃烧潜伏期的放热率可能为 1～2kW，单个电阻低于 10W，相比之下，纸篓起火会产生 2～4kW。如果对极早期烟雾探测预警系统进行性能评估，则它所能探测到的资料中心的火势必须小于或等于 1.0kW。

目前，在电信设施和计算机房内进行的测试中采用了现场实际应用的方法，以确定火灾探测系统的性能。过去，系统测试是将一罐烟雾喷入管网末端或点式探测器，以确认系统是否正常运行。这种测试并不能检查系统在小型火灾中的性能，而极早期烟雾探测预警系统的基准正在于此。

目前常用的测试方法是英国 BS6266《电子数据处理装置的消防应用规范》。测试方法是给一根很短（1m）的带 PVC 涂层的电线加电过载，电线即会产生少量几乎觉察不到的灰色烟雾，以此模拟远低于 2.0kW 的尚处于潜伏期火灾。

一般在调试期间进行室内测试，极早期烟雾探测预警系统应当在 60～120s 或任何设计值之内发出警报。从理论上讲，消防工程师用来确定高气流环境中火灾影响的流体力学计算模型应该能够计算出此类火灾造成的破坏程度。假设计算机房内产生的任何烟雾都因强气流而充分混合，则可以运用消防工程分析确定任何规模火灾的破坏程度（每立方米的颗粒质量），这对估计 IT 设备在各种火灾状态下受到的破坏程度非常有用，IT 设备遭到火灾破坏后更容易发生故障。

2)空气采样式烟雾探测报警系统设计

消防系统的设计都是基于消防技术规范要求的性能化设计,是通过对功能、风险因素、特定环境条件的测评,确定最佳的消防系统。

设计者在设计极早期火灾探测预警系统时,必须考虑到以下因素:①室内气流情况及换气率。②每台探测器或每个采样点的覆盖面积。③每个采样点的灵敏度要求。④房间尺寸及特征,架空地板、高天花板等。⑤向应急系统发出信号。⑥启动机械控制系统,包括通风和灭火等系统。

探测系统的设计必须在空气处理系统开启或关闭的条件下都能起效,此概念被称为"主烟雾探测与辅烟雾探测"。主探测系统作用于空调系统开启时的烟雾运动区域,辅探测系统作用于空调系统关闭时的烟雾运动区域。

低天花板、小面积的房间适合于对天花板上和地板下的采样管采用辅探测,对回风路径中烟雾的采样管探测采用主探测。换气率高的大房间最好结合天花板探测、地板下探测和回风口探测。

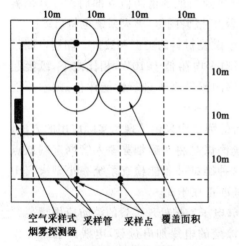

图 2-23 空气采样式烟雾探测器的格栅图

(1)覆盖面积

覆盖面积是探测器设计的重要数据,其重要性在性能和高性价比方面体现得尤其突出。图 2-23 是一个 $2000m^2$(这是规范允许的最大区域)房间中空气采样式烟雾探测器的格栅图。空气采样式烟雾探测器的采样点与点式探测器的采样点一样,都是按照消防技术规范的规定,以相同的方法设定的。从图中可以看出,每个采样点的有效覆盖面积是它周围的圆形区域或附近 $10m \times 10m = 100m^2$ 的方形区域(图 2-23 系根据澳大利亚

AS1670 设计,适合低气流的环境)。当空气采样式烟雾探测器用于高气流环境中时,可以增加采样孔、缩短采样管间距,以减小每个采样点的覆盖区域。

现有的相关设计规范和标准已对天花板探测技术作出了规定,如美国消防协会规范规定"空间中安装的每个传感器和采样点的覆盖面积都不应超过 $18.58m^2$,除非传感器或采样点有高、低两种级别,则各级别的每个采样点或传感器的覆盖面积可以在 $37.16m^2$ 以内"。在换气率为 60 次/h 的高气流环境中,每台点式探测器的覆盖面积应降为 $12.5m^2$。英国标准规定:"从自动火灾探测

的角度来看,电子数据处理区域与其他很多场所受到的火灾危险有很大的差异。这类区域贵重设备集中,一点微弱的火星或烟雾都很容易对其造成破坏,潜在损失又特别高,因此采用较小的探测器间距非常重要。探测器的密度应足够大,既能快速探测到最小的火灾,又不会增加误报的风险。探测器密度高于正常水平是因为空调系统会稀释火灾产生的烟雾"。

(2)吸气式烟雾探测的灵敏度

尽管缩小探测器间距能更加可靠地对烟雾进行探测,但并不能确定产生的烟雾浓度是否足以触发报警,因此系统灵敏度在空气采样的设计中也非常重要。吸气式探测系统采样点的灵敏度对保证分区内持续、灵敏的探测格外重要,但设计规范和标准并未将该系统在环境中累计空气采样的能力考虑在内。

累计空气采样是指吸气式烟雾探测器利用采样点网络进行烟雾采样的方法,其中的每个采样点都能对传送到探测器的烟雾起作用。在高气流的环境中,烟雾粒子遍布整个房间,累计采样能够发挥作用,这种功能就变得非常有效。举例说明:一个天花板上安装了 10 个采样点,房间面积为 200m²。如果探测器的灵敏度设置为 0.1%obs/m,这就要保证每个采样点的灵敏度为 0.1×10＝2.0%obs/m,即当只有一个采样点暴露于烟雾中时,2.0%obs/m 的灵敏度就达到触发警报的要求。这是因为计算机模型的流体力学原理已将其他采样孔的烟雾稀释考虑在内。如果烟雾进入三个采样孔,则触发警报的有效灵敏度为0.1×10/3＝0.33%obs/m,由此可知累计探测是如何为提供极早期预警发挥作用的。如果同一个房间设计使用早期烟雾探测,每台探测器的灵敏度为 5%obs/m,则只有当整个房间或一整台探测器的烟雾浓度达到该点时才会触发警报。

2.5 室内消火栓系统的联动控制

2.5.1 室内消火栓系统

室内消火栓系统是建筑物应用最广泛的一种消防设施,消火栓灭火也是最常用的灭火方式。室内消火栓系统主要由消防水箱、加压送水装置、水枪、水龙带、消火栓、消防管道等给水设备和启泵按钮、消防中心启泵装置、消防控制柜等构成,如图 2-24 所示。消防水箱的作用是供给建筑物扑灭初期火灾的消防用水量,并保证相应的水压要求。在没有火灾的情况下,规定高位水箱的蓄水量应能提供火灾初期消防水泵投入前 10min 的消防用水。10min 后的灭火用水要由消防水泵从低位蓄水池或市区供水管网将水注入室内消防管网。消防水箱应设置在屋顶,宜与其他用水的水箱合用,使水处于流动状态,以防消防用水长期静止

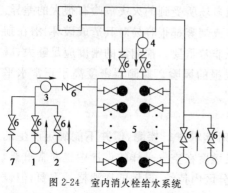

图 2-24 室内消火栓给水系统

1-消火栓泵;2-消火栓泵;3-中途泵;4-顶层消防泵;
5-消火栓;6-单向阀;7-消防接合器;8-生活水箱;
9-消防水箱

而使水质变坏发臭。

水枪喷嘴口径有 13mm、16mm 和 19mm,水龙带长度可为 20m 或 25m,消火栓直径一般为 65mm。为保证喷水枪在灭火时具有足够的水压,需要采用加压设备,常用的加压设备有两种:消防水泵和气压给水装置。采用消防水泵时,在每个消火栓内设置消防按钮,灭火时用小锤击碎按钮上的玻璃小窗,按钮不受压而复位,从而通过控制电路启动消防水泵,水压增高后,灭火水管有水,用水枪喷水灭火。

采用气压给水装置时,由于采用了气压水罐,并以气水分离器来保证供水压力,所以水泵功率较小,可采用电接点压力表,通过测量供水压力来控制水泵的启动。

2.5.2 室内消火栓系统控制

消火栓设备的电气控制包括水池的水位控制和加压水泵的启动控制。水位控制应能显示出水位的变化情况和高、低水位报警,水泵的启停控制要满足消防给水的需要。如图 2-25 所示,消防水泵的基本控制原理为:应用水压力传感器监测到管网水压,当发生火灾时,消火栓喷水灭火,管网水压降低,采用 PID 控制方法,通过水泵控制电路启动消防水泵,向室内管网提供消防用水,从而维持消火栓喷水灭火持续进行;当消火栓停止灭火,管网水压过高时,停止消防泵运行。

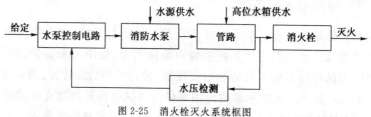

图 2-25 消火栓灭火系统框图

控制消防水泵启停的方法有三种:一是由消防按钮控制,当火灾发生时,用小锤击碎消防按钮的玻璃罩,按钮盒中按钮自动弹出,接通消防泵电路,启动消防泵,此时所有消火栓按钮的启泵显示灯全部点亮;二是由水流报警启动器控制,当发生火灾时,高位箱向管网供水时,水流冲击水流报警启动器,于是既可发出火灾报警,又可快速发出控制消防泵启动信号;三是由消防控制室自动/手动控制,当发生火灾时,火灾探测器将火灾信号送至消防控制室报警控制器,由报警控制器通过输出模块自动/手动控制消防水泵启动。

消火栓灭火系统联动控制的具体要求如下:

(1)消防按钮必须选用打碎玻璃才能启动的按钮,为了便于平时对断线或接触不良进行监视和线路检测,消防按钮无论采用串联或并联接法,均应连接常闭触点。

(2)消防按钮启动后,消火栓泵立即自动投入运行,同时在建筑物内部发出声光报警,在控制室的信号盘上也应有声光报警,显示火灾地点和消防泵的运行状态。

(3)为了防止消防泵误启动使管网水压过高而导致管网爆裂,需加设管网压力监视保护继电器。一旦水压达到设定压力时,压力继电器立即动作,使消火栓泵自动停止运行。

(4)消火栓泵发生故障需要强投时,应使备用泵自动投入运行,也可以手动强投。

(5)泵房应设有检修用开关和启动、停止按钮,检修时,将检修开关接通,切断消火栓泵的控制回路以确保维修安全,并设有开关信号灯。

2.6 自动喷水灭火系统及其联动控制

自动喷水灭火系统是目前国内外在高层建筑及建筑楼群中广泛采用的一种固定式消防灭火设备,主要用来扑灭初期的火灾并防止火灾蔓延。据统计,灭火成功率在96%以上,有的已达99%。在一些发达国家的消防规范中,几乎所有的建筑都要求安装自动喷水灭火系统。有的国家(如美、日等)已将其应用在住宅中。自动喷水灭火系统从喷头的开启形式可分为闭式喷头系统和开式喷头系统;从报警阀的形式可分为湿式系统、干式系统、干湿两用系统、预作用系统和雨淋系统。

2.6.1 湿式自动喷水灭火系统

在自动喷水灭火系统中,湿式系统是应用最广泛的一种。湿式自动喷水灭火系统是充满水的管道系统上安装有自动喷水闭式喷头,并与至少一个自动给水装置相连,当喷头受到来自火灾释放的热量驱动打开后,立即开始喷水灭火;或者是准工作状态时管道内充满有压水的自动喷水灭火系统。

　　湿式自动喷水灭火系统采用湿式报警阀,报警阀的前后管道内均充满压力水。该系统包括闭式喷头、水流指示器、湿式报警阀、控制阀和至少一套自动供水系统,以及消防水泵结合器等。自动供水是指自动喷水灭火系统动作时水能自动满足系统设计的需水量,即通常所指满足系统供水压力和水量的城市自来水、高压水塔(水箱)、气压水罐、水力自动控制的消防给水泵等。湿式自动喷水灭火系统的组成如图 2-26 所示。

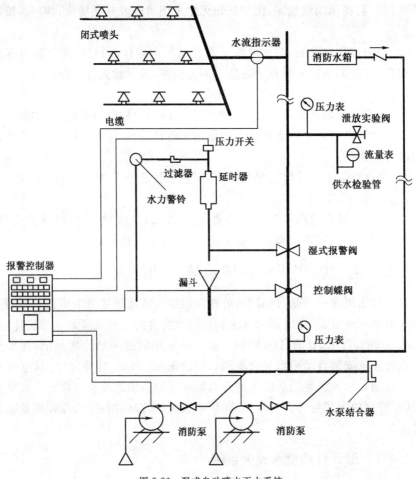

图 2-26　湿式自动喷水灭火系统

　　湿式自动喷水灭火系统具有自动监测、报警和喷水功能。这种系统由于其供水管路和喷头内始终充满着有压水,故称为湿式自动喷水灭火系统。

　　湿式自动喷水灭火系统的工作原理:当发生火灾时,随着火灾部位温度的升高,火焰或高温气体使闭式喷头的热敏元件达到预定的动作温度范围时,自动喷洒系统喷头上的玻璃球爆裂(或易熔合金喷头上的易熔金属片熔化脱落),喷头开启,喷水灭火;此时管网中的水由静止变为流动,水流推动水流指示器的桨片,使其电触点闭合,接通电路,输出电信号至消防中心,在报警控制器上指示某一区域已在喷水。由于开启持续喷水泄压造成湿式报警阀上部水压低于下部水压,在压力差的作用下,原来处于关闭状态的湿式报警阀就自动开启。此时压力水流经报警阀进入延迟器,经延迟后,又流入压力开关使压力继电器动作,报警阀压力开关动作后,或由系统管网的低压压力开关直接自动启动自动喷水给水泵,向系统加压供水,达到喷水灭火的目的。在压力继电器动作的同时,启动水力警铃,发出报警信号,同时当支管末端放水阀或试验阀动作时,也将有相应的动作信号送入消防控制室。这样的工作方式既保证了火灾时动作无误,又方便平时维修检查。湿式报警阀接线图如图 2-27 所示。

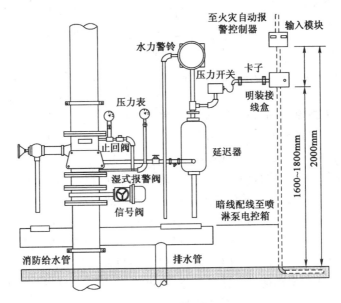

图 2-27　湿式报警阀接线图

湿式自动喷水灭火系统的工作原理如图 2-28 所示。

2.6.2　干式自动喷水灭火系统

干式自动喷水灭火系统是为了满足寒冷地区和高温场所安装自动喷水灭火系统的需要,在湿式自动喷水灭火系统上发展起来的。由于其管路和喷头内平

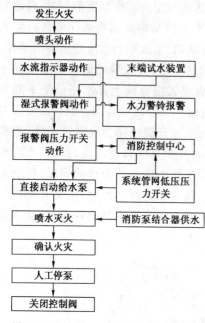

图 2-28 湿式自动喷水灭火系统工作原理

时没有水,只处于充气状态,故称之为干式自动喷水灭火系统。该系统适用于室内温度低于 4℃ 或者高于 70℃ 的建筑物、构筑物内。

干式自动喷水灭火系统包括闭式喷头、管道系统、充气设备、干式报警阀、报警装置和供水设备等。干式自动喷水灭火系统的组成如图 2-29 所示。

干式自动喷水灭火系统的工作原理是:平时干式报警阀(与水源相连一侧)的管道内充以有压水,干式报警阀后的管道内充以有压气体,报警阀处于关闭状态。当发生火灾时,闭式喷头热敏元件动作,喷头开启,管道中的压缩空气从喷头喷出,使干式阀出口侧压力下降,造成干式报警阀前部水压力大于后部水压力,干式报警阀被自动打开,压力水进入供水管道,剩余的压缩空气从系统高处的自动排气阀或已经打开的喷头喷出,然后喷水灭火;在干式报警阀被打开的同时,通向水力警铃和压力开关的通道也被打开,水流冲击水力警铃和压力开关,压力开关或系统管网低压压力开关直接自动启动自动喷水给水泵加压供水。干式自动喷水灭火系统的工作原理如图 2-30 所示。

干式自动喷水灭火系统的主要工作过程和湿式自动喷水灭火系统无本质的区别,只是在喷头动作后有一个排气过程,这将影响灭火速度和效果。对于管网容积较大的干式自动喷水灭火系统,设计时这种不利影响不能忽视,通常要在干式报警上,附加一个"排气加速器"装置,以加快报警阀处的降压过程,让报警阀快些启动,使压力水迅速进入充气管道,缩短排气时间,及早喷水灭火。

湿式、干式自动喷水灭火系统的喷头动作后,应有压力开关直接联锁自动启动喷水给水泵,在喷头动作后立即自动启动供水泵。为保证系统可靠,工作实践中通常还在报警阀前的管道上设置低压压力开关,直接自动启动自动喷水给水泵。

消防控制室应能显示水流指示器、压力开关、信号阀、水泵、消防水池及水箱水位、有压气体管道气压,以及电源和备用动力等是否处于正常状态的反馈信号,并应能控制水泵、电磁阀、电动阀等的操作。

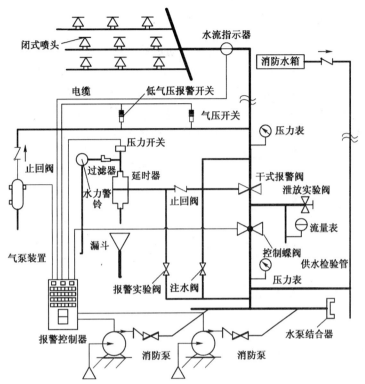

图 2-29　干式自动喷水灭火系统

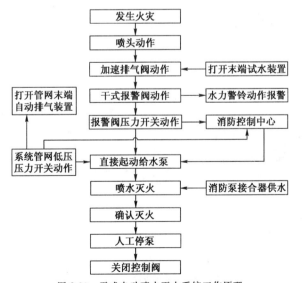

图 2-30　干式自动喷水灭火系统工作原理

2.6.3　预作用自动喷水灭火系统

预作用自动喷水灭火系统将火灾自动报警系统及其控制的带预作用阀的闭式自动喷水灭火系统有机结合起来,对对象起到了双重保护作用。这种系统适用于不允许有水渍损失的建筑物、构筑物内。它兼有湿式系统和干式系统的优点,系统平时是干式;火灾时由火灾自动报警系统自动开启预作用阀,使管道内呈临时湿式系统。系统的转变过程包含着预备动作的功能,故称为预作用自动喷水灭火系统。预作用自动喷水灭火系统的组成如图 2-31 所示,工作原理如图2-32 所示。

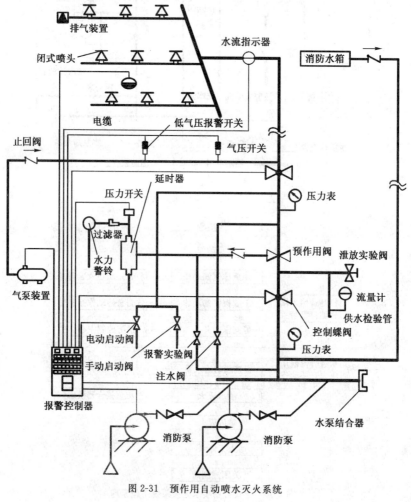

图 2-31　预作用自动喷水灭火系统

预作用自动喷水灭火系统的工作原理是:该系统在预作用阀后的管道内平时无水,充以有压或无压气体。当发生火灾时,与喷头一起安装在同一保护区的火灾探测器,首先发出火警报警信号,报警控制器在接到报警信号后延迟 30s 证实无误后,做声光显示的同时即自动启动预作用报警阀的电磁阀将预作用阀打开,使有压水迅速充满管道,把原来呈干式的系统迅速自动转变成湿式系统,完成预作用过程。闭式喷头开启后,立即喷水灭火。

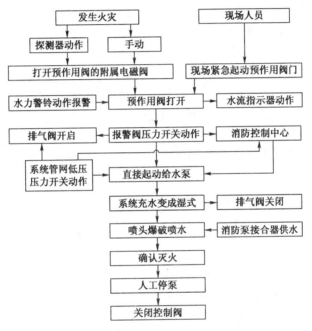

图 2-32　预作用自动喷水灭火系统工作原理

预作用自动喷水灭火系统在管路中充气的作用是为了监视管路的工作状态,即监视管路是否损坏和泄漏。在正常状态下气压可以有压力开关、控制器和微型空压机组成的自动充气装置来维持。当管路有破损时,微型空压机的充气能力已经维持不了原定空气压力值,管网气压的不断下降最终会使压力开关送出故障报警信号,实现故障自动监控的目的。

对预作用系统的监视控制要求为:①监视电源及备用动力的状态;②监视系统的水源、水箱及信号阀的状态;③可靠控制水泵的启动并能显示反馈信号;④可靠控制雨淋阀、电动阀、电磁阀的开起并显示反馈信号;⑤监视压力开关的动作和复位状态;⑥可靠控制补气装置,并显示气压;⑦定期启动监视喷水泵的供电和运转情况。

2.6.4　水喷雾灭火系统

水喷雾灭火系统是利用水雾喷头在一定水压下将水流分解成细小水雾滴进行灭火或防护冷却的一种固定式灭火系统。

水喷雾灭火系统的灭火机理主要为表面冷却、窒息、冲击乳化和稀释。从水雾喷头喷出的雾状水滴,粒径细小,表面积很大,遇火后迅速汽化,带走大量的热量,使燃烧表面温度迅速降到燃点以下,使燃烧体达到冷却目的。当雾状水喷射到燃烧区遇热汽化后,形成比原体积大 1700 倍的水蒸气,包围和覆盖在火焰周围,因燃烧体周围的氧浓度降低,使燃烧因缺氧而熄灭。对于不溶于水的可燃液体,雾状水冲击到液体表面并与其混合,形成不燃性的乳状液体层,从而使燃烧中断。对于水溶性液体火灾,由于雾状水能与水溶性液体很好融合,使可燃性液体浓度降低,降低燃烧速度而熄灭。水喷雾灭火系统结构如图 2-33 所示。

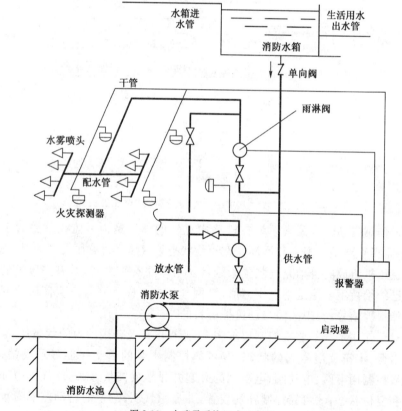

图 2-33　水喷雾系统组成示意图

水喷雾灭火系统的组成与雨淋自动灭火系统相似,主要由水源、供水设备、供水管道、雨淋阀组、过滤器和水喷雾喷头组成。两者的区别在于喷头的结构和性能不同:水喷雾喷头一般可分为中速水喷雾喷头和高速水喷雾喷头;雨淋阀的控制可分为湿式控制、干式控制和电气控制三种。水喷雾灭火系统则应具有自动控制、手动控制和应急控制三种启动方式。

水喷雾灭火系统响应时间不大于 60s 时,应采用自动控制方式;响应时间大于 60s 时,可采用手动控制和应急操作两种控制方式。响应时间是由火灾自动报警系统发出火灾信号起,至系统中最不利点喷头喷出水雾的时间,它是评价系统在保护对象发生火灾时动作快慢的参数。

水喷雾灭火系统具有安全可靠、经济适用的特点,可用于扑救固体火灾、闪点高于 60℃ 的液体火灾和电气火灾,也可用于可燃气体和甲、乙、丙类液体的生产、储存装置或装卸设施的防护冷却,但不得用于扑救遇水发生化学反应造成燃烧、爆炸的火灾和水雾对保护对象造成严重破坏的火灾。

目前,粒径太大是制约水喷雾灭火系统广泛应用的主要因素。水喷雾灭火系统不能用于保护纸张、木材等可燃物,是因为雾状水会使上述可燃物产生水渍,损失严重;水喷雾灭火系统不能用于保护大、中型电子计算机等贵重设备,是因为大粒径的雾状水喷射到带电设备上时,容易导致电气设备损失和机壳导电。

2.7 气体灭火系统及其联动控制

一些特殊建筑中,如图书档案室、计算机房、变配电室、通信机房等场所,因为这些场所不允许遭水渍,不能用常规的喷水灭火方式去扑灭火灾,因此一旦发生火灾,只能采用既不导电又防止水渍的气体灭火系统。气体灭火系统是以某些在常温、常压下呈气态的物质作为灭火介质,通过这些气体在整个防护区内或保护对象周围的局部区域建立起灭火浓度实现灭火。

2.7.1 气体灭火系统原理

根据灭火使用的灭火介质不同,常用的气体灭火系统有二氧化碳(CO_2)气体灭火系统、惰性气体(IG-541)气体灭火系统、七氟丙烷(FM-200)灭火系统和卤代烷灭火系统等。

CO_2 气体灭火系统是以 CO_2 作为灭火介质,由于二氧化碳灭火剂易于制造、价格低廉,所以在很多场合得到应用。相对于卤代烷灭火系统来说,CO_2 灭火剂用量大,相应的系统规模较大,投资较大,灭火时的毒性危害较大。另外,CO_2 会产生温室效应,对环境有影响,所以该系统不宜广泛使用。

IG541 气体灭火系统是以 N_2、Ar、CO_2 三种惰性气体的混合物作为灭火介质。由于其纯粹来自于自然，是一种无毒、无色、无味、惰性及不导电的纯"绿色"压缩气体，又称为洁净气体灭火系统。IG-541 系统压力高，对装置要求高，用量大，储瓶间需要面积大，系统整体造价高。

FM-200 气体灭火系统以七氟丙烷作为灭火介质。七氟丙烷灭火剂是无色、无味、不导电、对设备无污染，符合环保要求，同时具有毒性小、使用期长、喷射性能好、灭火效能高等优点，且灭火后，及时通风迅速排除灭火剂，即可很快恢复正常情况。七氟丙烷气体自动灭火系统属于全淹没系统，可以扑救 A（表面火）、B、C 类和电器火灾，可用于保护经常有人的场所。七氟丙烷自动灭火装置有自动、电气手动和机械应急手动操作三种方式，控制方便灵活。

卤代烷气体灭火剂 1211（CF_2ClBr）、1301（CF_3Br）虽然具有优良的灭火性能，但是由于对大气臭氧层有严重的破坏作用而遭到禁用。我国已于 2005 年停止了卤代烷 1211 灭火剂生产，并于 2010 年停止生产卤代烷 1301。

气体灭火系统按灭火方式分类可分为全淹没系统和局部应用系统。全淹没气体灭火系统指喷头均匀布置在保护房间的顶部，喷射的灭火剂能在封闭空间内迅速形成浓度比较均匀的灭火剂气体与空气的混合气体，并在灭火必需的"浸渍"时间内维持灭火浓度，即通过灭火剂气体将封闭空间淹没实施灭火的系统形式。局部应用气体灭火系统指喷头均匀布置在保护对象的周围，将灭火剂直接而集中地喷射到燃烧着的物体上，使其笼罩整个保护物外表面，在燃烧物周围局部范围内达到较高的灭火剂气体浓度的系统形式。

气体灭火系统一般由灭火剂储存瓶组、高压软管、灭火剂单向阀、灭火剂检漏装置、汇集管、安全阀、选择阀、压力开关、管网、喷头、启动（驱动）瓶组、启动（驱动）管道、启动（驱动）气体单向阀及火灾探测自动灭火控制器等部件组成，如图 2-34 所示。

2.7.2　气体灭火系统的联动控制

气体灭火系统的工作过程：防护区一旦发生火灾，首先感烟探测器先探测到火灾信号并送至报警控制器，报警控制器显示报警部位并伴有声光指示，同时报警控制器启动报警部位的火灾警铃发出报警。如果火势继续发展使报警控制器接收到感温探测器报警，则火灾被确认，启动 30s 延时并启动声光报警器，提醒保护区内的人员撤离。在延时期间，联动控制器关闭保护区内的空调、通风机、防火阀、防火门、窗等，并打开泄压孔。延时时间到了以后，联动控制器控制打开相应保护区电磁阀，启动选择阀，开启瓶头阀，利用气瓶中的高压氮气将灭火剂储存容器上的容器阀打开,灭火剂经管道输送到喷头喷出实施灭火,灭火期间保护区门上的喷洒指示灯闪亮。

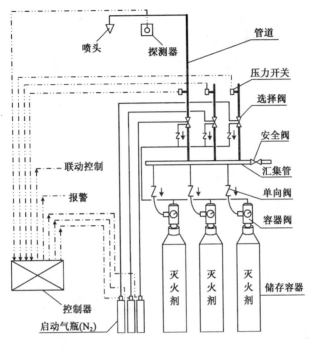

图 2-34 气体灭火系统示意图

压力开关用于监测系统是否正常工作,若启动指令发出,而压力开关的信号迟迟不返回,说明系统故障,值班人员听到事故报警,应尽快到储瓶间,手动开启储存容器上的容器阀,实施人工启动灭火。

当人为判断火灾确已熄灭后,人为复位电磁阀、选择阀、瓶头阀和报警控制器,使系统回到初始状态。气体灭火系统灭火过程如图 2-35 所示,系统联动控制过程如图 2-36 所示。

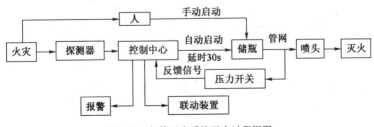

图 2-35 气体灭火系统灭火过程框图

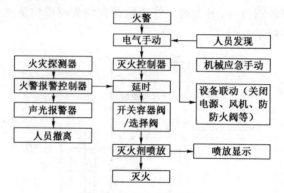

图 2-36　气体灭火的系统图

以某工程气体灭火的系统为例,系统框图如图 2-37 所示,平面图如图 2-38 所示。

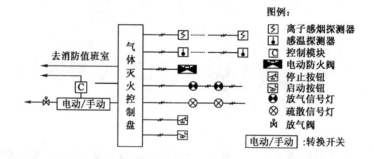

图 2-37　气体灭火系统

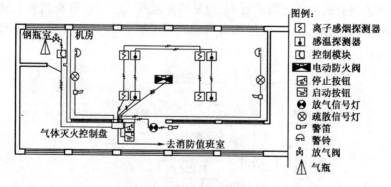

图 2-38　气体灭火设备平面图

该气体灭火装置的系统接线如图 2-39 所示。

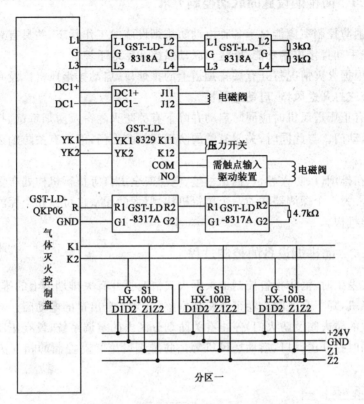

图 2-39　气体灭火装置的系统接线示意图

2.8　防排烟系统及其联动控制

防烟设备的作用是防止烟气侵入疏散通道；而排烟设备的作用是消除烟气大量积累，并防止烟气扩散到疏散通道。以防烟楼梯间及其前室为例，在无自然防烟、排烟的条件下，走廊作机械排烟，前室作送风、排烟，楼梯间作正压送风，其压力要符合通风规范的要求。

防排烟设备包括正压送风机、排烟风机、送风阀、排烟阀、送风口、排烟口、防火阀，以及防火卷帘门、防火门等。防排烟方式有自然排烟、机械排烟、自然与机械排烟并用或机械加压送风等。一般应根据暖通专业的工艺要求进行电气控制设计，消防控制室能显示各种电动防排烟设备的工作状态，并能进行手/自动联锁控制和就地手动控制。

2.8.1 防排烟设施的联动控制要求

(1)消防控制室应能显示各种电动防排烟设施的工作状态,并具有总线控制和硬接线手动直接控制功能,能进行联动遥控和就地手控。

(2)根据火灾情况打开有关排烟道上的排烟口,启动排烟风机。设有正压送风的系统应打开送风口,启动送风机。

(3)有正压送风机时应同时启动并降下有关防火卷帘及防烟垂壁,打开安全出口的电动门。与此同时,关闭有关的防烟阀及防火门,停止有关防烟区域内的空调系统。

(4)在排烟口、防火卷帘、挡烟垂壁、电动安全出口等执行机构处布置火灾探测器,通常为一个探测器联动一个执行机构,但大的厅室也可以几个探测器联动一组同类机构。

2.8.2 防排烟设备的控制过程

火灾发生时,消防报警控制器根据火灾情况打开有关排烟道上的排烟口,启动排烟风机,降下有关防火卷帘及防烟垂壁,打开安全出口的电动门。与此同时关闭有关的防火阀及防火门,停止有关防烟分区内的空调系统,设有正压送风的系统则同时打开送风口、启动送风机等。防排烟设施联动控制的相互关系如图2-40所示。

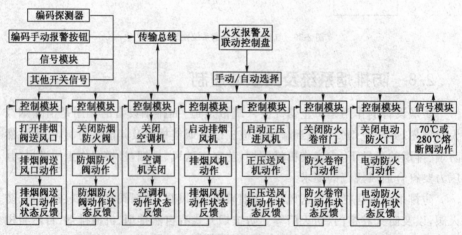

图 2-40　防排烟设施的相互关系图

一般防排烟控制有中心控制和模块控制两种方式,如图2-41所示。中心控制方式(见图2-41a)的控制过程是:消防中心控制室接到火灾报警信号后,直接产生信号控制排烟阀门开启、排烟风机启动,空调、送风机、防火门等关闭,并接收各个设备的返回信号和防火阀动作信号,监测各个设备运行状态。

模块控制联动方式(见图 2-41b)的控制过程是:消防中心控制室接收到火灾报警信号后,产生排烟风机和排烟阀门等的动作信号,经总线和控制模块驱动各个设备动作并接其返回信号,监测其运行状态。机械加压送风控制原理与过程和排烟控制相似,只是控制对象变为正压送风机和正压送风阀门。

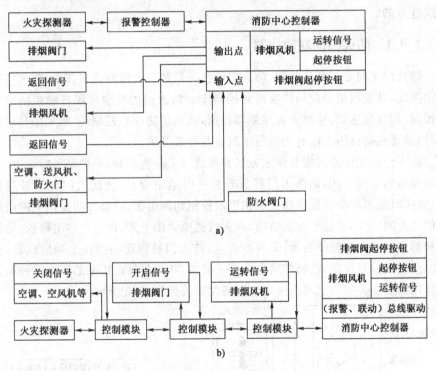

图 2-41　防排烟风机控制方式

送风阀或排烟阀装在建筑物的走廊、防烟前室或无窗房间的防排烟系统中,用作正压送风口或排烟口。排烟口(送风口)平时处于常闭状态。火灾时,自动开启,装置接到感烟(温)探测器通过控制盘或远距离操纵系统输入的电气信号(DC24V)后,电磁铁线圈通电,排烟口(送风口)打开;手动开启方式为就地手动拉绳使阀门开启。排烟口打开后,向消防控制器返回阀门已开启的信号,并联动开启排烟风机。当烟气温度升高到 280℃时,排烟口由于易熔金属片熔化而自动关闭,并将关闭信号通过总线传送至消防控制室的报警控制器。控制器发出指令,关闭相应的排烟风机和正压送风机。当易熔金属片更换后,阀门可手动复位。

2.9 防火分隔设施及消防电梯的联动控制

防火分隔设施包括防火门、防火卷帘、防烟垂壁等。防火门、防火卷帘都是防火分隔物,有隔火、阻火以及防止火势蔓延的作用,防烟垂壁起隔烟作用。火灾时,由于非消防电梯(客梯或货梯)电源无保障,所以使用消防电梯。在消防工程应用中,防火门、防火卷帘、防烟垂壁及消防电梯的控制通常都是与火灾报警系统连锁的。

2.9.1 防火门的联动控制

防火门平时处于开启状态,防火门的任一侧的火灾探测器报警后,防火门应自动关闭,其关闭信号应回传至消防控制室。防火门的控制可用自动控制或手动控制(即现场感烟、感温火灾探测器控制,或由消防中心控制)。当采用自动控制时,需要在防火门上配有相应的闭门器及释放开关。

防火门的工作方式按其固定方式和释放开关分为两种:一种是平时通电、火灾时断电的关闭方式,即防火门释放开关平时通电吸合,使防火门处于开启状态,火灾时通过联动装置自动控制扣手动控制切断电源,由装在防火门上的闭门器使之关闭;另一种是平时不通电、火灾时通电关闭方式,即通常将电磁铁、油压泵和弹簧制成一个整体装置,平时不通电,防火门被固定销扣住呈开启状态,火灾时受联锁信号控制,电磁铁通电将销子拔出,防火门靠油压泵的压力或弹簧力的作用而慢慢关闭。电动防火门控制装置安装如图 2-42 所示。

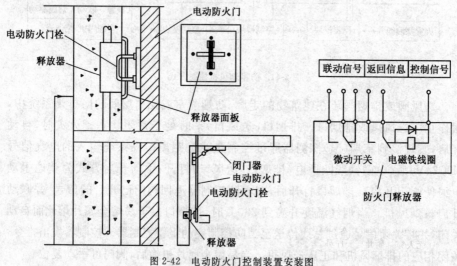

图 2-42　电动防火门控制装置安装图

应指出,现代建筑中经常可以看到电动安全门,它是疏散通道上的出入口。其状态是:平时处于关闭或自动状态,火灾时呈开启状态。其控制目的与防火门相反,控制电路却基本相同。

2.9.2　防火卷帘的联动控制

防火卷帘有两种,一种设置在防火分区疏散通道口外部,另一种设置在防火分隔的部位。防火卷帘平时处于收卷(开启)状态,当火灾发生时,受消防中心联动控制或手动操作控制而降下,形成门帘式防火分隔。

疏散通道上的防火卷帘分两步降落,其目的是便于火灾初起时人员的疏散。疏散通道上的防火卷帘两侧应设置火灾探测器组及警报装置,且两侧应设置手动控制按钮。发生火灾时,感烟探测器动作后,卷帘下降至距地面1.8m,感温探测器动作后,卷帘下降到底。防火卷帘的控制框图如图2-43所示。火灾时,根据消防中心的联动信号(或火灾探测器信号)或就地手动操作控制,防火卷帘首先下降至离地(楼)面1.8m处,经过一段时间延时后,卷帘降至地面,从而达到人员紧急疏散,灾区隔烟、隔火,控制火势蔓延的目的。

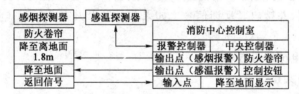

图2-43　防火卷帘的控制框图

用作防火分隔的防火卷帘,在火灾探测器动作后,卷帘门应直接下降到底。感烟、感温火灾探测器的报警信号及防火卷帘的关闭信号应送至消防控制室。防火卷帘门控制方式如图2-44所示。

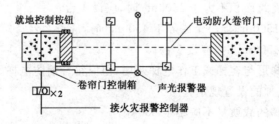

图2-44　防火卷帘门控制方式

注:①对防火卷帘门可分别控制或分组控制,在共享大厅内、自动扶梯、商场等处,允许几个卷帘同时动作时,采用分组控制可大大减少控制模块和编码探测器的数量,以减少投资。

　　②在无人穿越的共享大厅处,卷帘门可由感烟探测器控制一步降到底,取消本图中温度控制部分,仅需设一个输入/输出模块。

2.9.3 防烟垂壁

防烟垂壁用于高层建筑防火分区的走道(包括地下建筑)和净高不超过 6m 的公共活动用房等处,起隔烟作用。它由铅丝玻璃、铝合金、薄不锈钢板等配以电控装置组合而成。

其工作原理为:由 DC24V、0.9A 电磁线圈及弹簧锁等组成的防烟垂壁锁,平时用它将防烟垂壁锁住。火灾时可通过自动控制或手柄操作使垂壁降下。自动控制时,从感烟探测器或联动控制盘传来指令信号,电磁线圈通电把弹簧锁的销子拉进去,开锁后防烟垂壁由于重力的作用靠滚珠的滑动而落下,下垂到 90°;手动控制时,操作手动杆也可使弹簧锁的销子拉回开锁,防烟垂壁落下。把防烟垂壁升回原来的位置即可复原,将防烟垂壁固定住。

2.9.4 消防电梯

消防电梯用于输送消防人员扑救火灾和营救人员,消防电梯控制一定要保证安全可靠。消防控制室在火灾确认后,其主控机应能通过现场模块控制电梯全部停于首层,并接收其反馈信号。如果首层发生火灾,则控制电梯到其他指定的楼层。

(1)消防电梯的设置场所

①一类公共建筑;

②塔式住宅;

③十二层及十二层以上的单元式住宅和通廊式住宅;

④高度超过 32m 的其他二类公共建筑。

(2)消防电梯的设置数量

①当每层建筑面积不大于 1500m² 时,应设 1 台;

②当大于 1500m² 但小于或等于 4500m² 时,应设 2 台;

③当大于 4500m² 时,应设 3 台;

④消防电梯可与客梯或工作电梯兼用,但应符合消防电梯的要求。

(3)消防电梯的设置规定

①消防电梯的载质量不应小于 800kg;

②消防电梯轿厢内装修应采用不可燃材料;

③消防电梯宜分别设置在不同的防火分区内;

④消防电梯轿厢内应设置专用电话,供火灾时消防队员与指挥中心通信使用;

⑤消防电梯间应设前室,其面积为:居住建筑不应小于 6.0m²,公共建筑不

应小于 $10m^2$；

⑥消防电梯井、机房与相邻其他电梯井、机房之间，应采用耐火极限不低于 2h 的隔墙隔开，当在隔墙上开门时，应设甲级防火门；

⑦消防电梯间前室的门，在首层应设直通外室的出口或经过长度不超过 30m 的通道通向外室；

⑧消防电梯间前室的门，应采用乙级防火门或具有停滞功能的防火卷帘；

⑨消防电梯的行驶速度，应按从首层到顶层的运行时间不超过 60s 计算确定；

⑩动力与控制电缆、电线应采用防水措施；消防电梯间前室门口宜设挡水措施。

2.10 消防广播与消防电话

2.10.1 消防广播

消防广播用于火灾发生时着火区域及邻近区域的应急通知和疏散指挥，是整个消防控制管理系统的有机组成部分。建筑物发生火灾时，为了便于人员疏散和减少不必要的混乱，火灾广播应该只向着火楼层及与其相关楼层进行广播。当着火层在二层以上时，仅向着火层及其上下各一层发出紧急广播；当着火层在首层时，需要向首层、二层及全部地下层进行紧急广播；当着火层在地下的任一层时，需要向全部地下层和首层紧急广播。

目前在实际工程中，消防广播大多采用公共广播系统，即平时作为背景音乐和业务广播，火灾发生时紧急切换为消防广播。应用中又有两种形式，一种是火灾广播系统采用专用扩音机，共用公共广播系统的扬声器和传输线路。当发生火灾时，由消防控制室切换输出线路，使音响广播系统投入火灾紧急广播。另一种是火灾广播系统完全采用公共广播系统的扩音机、扬声器和传输线路等装置，而在消防控制室设置紧急播放盒，火灾时遥控公共广播系统紧急开启进行火灾广播。必须指出，当火灾广播与建筑物内其他广播音响系统合用扬声器时，一旦发生火灾，要求能在消防控制室采用手动控制或联动切换控制两种方式，将火灾疏散层的扬声器和广播音响扩音机，强制转入火灾事故广播状态。

火灾广播扬声器的设置，应符合下列要求：①火灾广播的扬声器宜按照防火分区设置和分路。在民用建筑里，扬声器应设置在走道和大厅等公共场所，每个扬声器的额定功率不应小于 3W，其间距应保证从一个防火分区的任何部位到最近一个扬声器的步行距离不大于 25m，走道末端扬声器距墙不大于 12.5m。

②在环境噪声大于 60dB 的工业场所,设置的扬声器在其播放范围内最远点的声压级应高于背景噪声 15dB。③客房独立设置的扬声器,其功率一般不小于 1W。

火灾广播系统可与建筑物内的背景音乐系统合用扬声器,但必须符合以下技术要求:①火灾时,应能在消防控制室将火灾疏散层的扬声器和公共广播扩音机强制转入火灾广播状态;②消防控制室应能监控用于火灾广播时的扩音机的工作状态,并能开启扩音机进行广播;③床头控制柜设有扬声器时,应有强制切换到火灾广播的功能;④火灾广播应设置备用扩音机,其容量不应小于火灾广播扬声器最大容量总和的 1.5 倍。

2.10.2　消防电话

消防通信联络采用消防专用电话和消防广播,由广播通信柜控制。消防通信系统由广播机、广播录音设备、控制分盘、电话总机、电话录音设备、直流电源和备用电池组等组成。

消防专用电话网络应为独立的消防通信系统,不能利用一般电话线路或综合布线网络代替消防专用电话线路,应独立布线。消防专用电话总机与电话分机或塞孔之间呼叫方式应该是摘机即可呼叫通信,中间不应有交换或转接环节。

消防专用电话分机或电话塞孔的设置,应遵循以下原则:

(1)下列部位应设置消防专用电话分机:①消防水泵房、备用发电机房、变配电室、主要通风和空调机房、排烟机房、消防电梯机房及其他与消防联动控制有关的且经常有人值班的机房;②灭火控制系统操作装置或控制室;③企业消防站、消防值班室、总调度室。

(2)手动火灾报警按钮、消火栓等处宜设置电话塞孔。电话塞孔在墙上安装时,其底边距地面高度宜为 1.3～1.5m。

(3)特级保护对象的各避难层应每隔 20m 设置一个消防专用电话分机或电话塞孔。

消防控制室、消防值班室或企业消防站等处,应设置可直接报警的外线电话。

2.11　消防系统供电、线路敷设及接地

2.11.1　消防系统供电

1)消防系统的供电要求

消防系统是建筑物的安全保障系统之一,应处于建筑物供电系统中最高供

电负荷等级,并应形成独立的消防供电系统,且保证供电的可靠性。根据《建筑设计防火规范》(GB 50016—2006)和《高层民用建筑设计防火规范》(GB 50045—95),消防系统供电应满足下列要求:

(1)火灾自动报警系统的主电源应采用消防电源,直流备用电源宜采用火灾报警控制器专用蓄电池。当直流电源采用消防系统集中设置的蓄电池时,火灾报警控制器应采用单独的供电回路,并应保证消防系统处于最大负荷状态下不影响报警器的正常工作。

(2)火灾自动报警系统中的显示器、消防通信设备、计算机管理系统、火灾广播等的交流电源应由 UPS 装置供电。其容量应按火灾报警器在监视状态下工作 8h 后,再加上同时有两个分路报火警 30min 用电量之和来计算。

(3)消防控制室、消防水泵、消防电梯、防排烟设施、自动灭火装置、火灾自动报警系统、火灾应急照明和电动防火卷帘、防火门、防火阀等消防用电设备,一类建筑应按现行国家电力设计规范规定的一类负荷要求供电,二类建筑的上述消防用电设备,应按二级负荷的双回路要求供电。消防用电设备的两个电源的双回线路,应在最末级配电箱处自动切换。对于火灾应急照明、消防联动控制设备、报警控制器等设施,若采用分散供电时,在各层(或最多不超过 3～4 层)应设置专用消防配电箱。

(4)火灾自动报警系统主电源的保护开关不应装设剩余电流动作保护开关,以防止造成系统断电而不能正常工作。消防用电设备的电源不应装设过负荷保护器和漏电保护开关。

(5)消防用电设备的电源应采用过电流保护兼作接地故障保护,在三相四线制配电线路中,当过电流保护不能满足切断接地故障回路时且零序电流保护能满足时,宜采用零序电流保护,此时保护整定值应大于配电线路最大不平衡电流。当上述保护不能满足要求时,可采用剩余电流保护,但只能作用于报警,不应直接作用于切断电路。

(6)消防用电的自备应急发电设备,应设有自动启动装置,并能在 15s 内供电,当由市电转换到柴油发电机电源时,自动装置应执行先停后送程序,并应保证一定时间间隔。消防用电设备的供电要求不能满足时,应采用 EPS。

2)消防设备供电系统

消防设备供电系统应能充分保证设备的工作性能,当火灾时能充分发挥消防设备的功能,将火灾损失降到最小。这就要求对电力负荷集中的高层建筑或一、二级电力负荷(消防负荷)一般采用单电源或双电源的双回路供电方式,用两个 10kV 电源进线和两台变压器构成消防主供电电源。

(1)一类建筑消防供电系统

一类建筑(一级消防负荷)的供电系统如图 2-45 所示。图 2-45a)表示采用不同电网构成双电源,两台变压器互为备用,单母线分段提供消防设备用电源;图 2-45b)表示采用同一电网双回路供电,两台变压器备用,单母线分段,设置柴油发电机组作为应急电源向消防设备供电,与主供电电源互为备用,满足一级负荷要求。

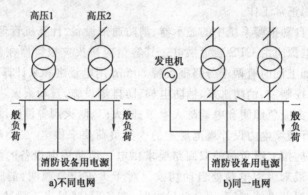

图 2-45　一类建筑消防供电系统

(2)二类建筑消防供电系统

二类建筑(二级消防负荷)的供电系统如图 2-46 所示。

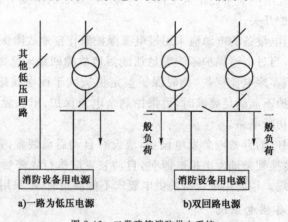

图 2-46　二类建筑消防供电系统

图 2-46a)表示由外部引来的一路低压电源与本部门电源(自备柴油发电机组)互为备用,供给消防设备电源;图 2-46b)表示双回路供电,可满足二级负荷要求。

（3）备用电源的自动投入

备用电源的自动投入装置可使两路供电互为备用,也可用于主供电电源与应急电源(如柴油发电机组)的连接和应急电源自动投入。

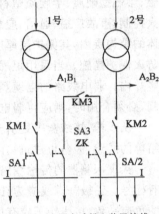

如图2-47所示,自动投入装置由两台变压器,KM1、KM2、KM3交流接触器,自动开关ZK,手动开关SA1、SA2、SA3组成。

正常工作时,两台变压器分列运行,自动开关ZK处于闭合状态,将SA1、SA2先合上后,再合上SA3,接触器KM1、KM2线圈通电闭合,KM3线圈断电触头释放。若母线失压(或1号回路掉电),KM1失电断开,KM3线圈通电其常开触头闭合,使母线接受2号回路电源供电,以实现自动切换。

图 2-47 电源自动投入装置接线

2.11.2　消防系统的线路敷设

火灾自动报警系统的传输线路应采用铜芯绝缘导线或铜芯电缆,其电压等级不应低于交流250V,采用交流220/380V的供电和控制线路,应采用电压等级不低于交流500V的铜芯绝缘导线或铜芯电缆,线芯最小截面一般应符合表2-7的规定。

消防系统用导线的线芯最小截面面积　　　　　表 2-7

类　　别	线芯最小截面(mm²)	备　　注
穿管敷设的绝缘导线	1.00	
线槽内敷设的绝缘导线	0.75	
多芯电缆	0.50	
由探测器到区域报警器	0.75	多股铜芯耐热线
由区域报警器到集中报警器	1.00	单股铜芯线
水流指示器控制线	1.00	
湿式报警阀及信号阀	1.00	
排烟防火电源线	1.50	控制线大于1.00m²
电动卷帘门电源线	2.50	控制线大于1.50m²
消火栓控制按钮线	1.50	

配线中使用的非金属管材、线槽及其附件,均应采用不燃或非延燃性材料制成。火灾自动报警系统的传输线,当采用绝缘电线时,应采取穿管(金属管或不燃、难燃型硬质、半硬质塑料管)或封闭式线槽进行保护。消防联动控制、自动灭火控制、事故广播、通信、应急照明等线路,宜穿金属管保护,并应敷设在不燃烧体的结构层内,其保护层厚度不宜小于 30mm。当采用明敷时,应对金属管采取防火保护措施。当采用阻燃电缆时,可以不穿金属保护管,但应将其敷设在电缆竖井内。弱电线路的电缆竖井宜与强电线路的电缆竖井分别设置。若因条件限制,必须合用时,则应将弱电线路与强电线路分别布置在竖井的两侧。

从线槽、接线盒等处引至火灾探测器的底座盒、控制设备的接线盒、扬声器箱等的线路,为防止建筑物内的老鼠或其他动物的破坏,应穿金属软管保护。

火灾探测器的传输线路,宜采用不同颜色的绝缘导线以便识别,接线端子应有标号。正极"+"线应为红色,负极"-"线应为蓝色,工程内相同的用途导线的颜色应一致,接线端子应有标号。接线端子箱内的端子宜选择压接或带锡焊接点的端子板,其接线端子上应有相应的标号。

2.11.3　消防系统接地

火灾自动报警系统接地装置的接地电阻应符合下列要求:(1)采用专用接地装置时,接地电阻值不应大于 4Ω;(2)采用共用接地装置时,接地电阻值不应大于 1Ω。

火灾自动报警系统应设专用接地干线,并应在消防控制室设置专用接地端子排。专用接地干线应从消防控制室专用接地端子排引至接地体。专用接地干线应采用铜芯绝缘导线,其线芯截面面积不应小于 $25mm^2$,专用接地干线宜穿硬质塑料管埋设至接地体。

由消防控制室接地端子排引至各消防电子设备的专用接地线应选用铜芯绝缘导线,其线芯截面面积不应小于 $4mm^2$。

消防电子设备凡采用交流供电和 36V 以上直流供电时,设备金属外壳和金属支架等应作保护接地,接地线应与电气保护接地干线(PE 线)相连接。

2.12　火灾自动报警及消防联动控制系统应用设计

2.12.1　火灾自动报警及消防联动控制系统设计

根据报警系统保护范围的不同和联动控制系统所控制设备规模的不同,《火灾自动报警系统设计规范》(GB 50116—2008)将火灾自动报警与消防联动控制系统分为区域报警系统、集中报警系统和控制中心报警系统三种。区域报警系统用于二级保护对象，集中报警系统用于一级和二级保护对象，控制中心报警系统用于特级和一级保护对象。

一般设置区域报警系统的建筑规模较小，火灾探测区域不多且保护范围不大，多为局部性保护的报警区域，因而火灾报警控制器的台数不应设置过多，一个报警区域设置一台区域火灾报警控制器或一台火灾报警控制器。当用一台区域火灾报警控制器或一台火灾报警控制器警戒多个楼层时，应在每一个楼层的楼梯口或消防电梯前室等部位，设置识别着火楼层的灯光显示装置，即火警显示灯。区域报警系统如图 2-48 所示。

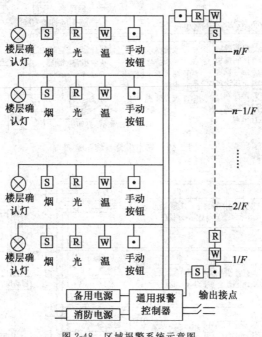

图 2-48　区域报警系统示意图

集中报警系统适用于对区域报警系统进行管理，也包含报警环路输入报警信号，还包括控制环路和联动控制台，实现消防系统的各种联动控制功能。集中报警系统如图 2-49 所示。

控制中心报警系统一般适用于规模大的一级以上保护对象，因该类型建筑规模大，建筑防火等级高，所以消防联动控制功能也多。系统中火灾报警部位信号都应在消防控制室报警控制器上集中显示。消防控制室对消防联动设备均应进行联动控制并显示其动作状态。联动控制的方式可以是集中，亦可以是分散或是两种结合。但不论采用什么方式控制,联动控制设备的反馈信号都应送到消防控制室进行监视、显示或检测。控制中心报警系统如图 2-50 所示。

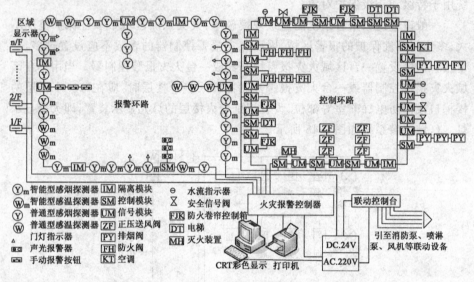

图 2-49　集中报警系统示意图

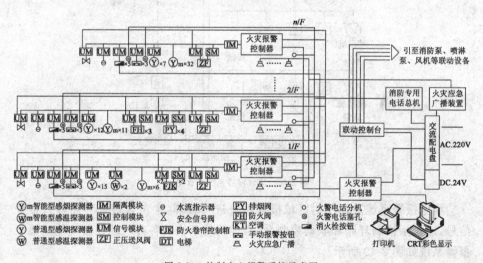

图 2-50　控制中心报警系统示意图

设计人员在从事火灾自动报警及消防联动控制系统设计时,要根据建筑物的实际情况,按照国家颁布的有关消防法规,如《火灾自动报警系统设计规范》(GB 50116—2008)、《建筑设计防火规范》(GB 50016—2006)以及《高层民用建筑设计防火规范》(GB 50045—95)等,选择及配置各种消防自动设备,以保证设计出一个符合规范、造价合理、实用有效的火灾自动报警及消防联动控制系统。在进行系统设计时应考虑以下几点。

(1)回路容量及回路划分

回路容量由报警控制器的地址编码决定,如海湾公司火灾报警控制器的单回路容量为242编码点,一般要预留20%余量以备扩展使用。回路均具备报警和联动功能,可将各类火灾探测器与各类联动模块任意接入同一总线回路。回路的划分应考虑防火分区和楼层因素,不同建筑的现场设备不能接入同一回路。

(2)电源容量计算

DC24V 直流不间断电源设置与建筑的规模、供电距离、作为负载的联动设备的数量有关。

在进行电源容量计算时,要确保系统配置的电源电流容量足够。需要指出的是:消防设备的负载特性除纯阻性以外,还有容性负载。所以电源除满足稳态电流(I_a)需求外,还应满足冲击电流(I_b)(对消防设备而言一般称为启动/动作电流)的需求。

应保证线路末端电压大于用电设备的最小工作电压。对于供电距离远的系统应考虑采用区域供电的办法,可选用智能网络电源箱。

(3)系统布线

系统布线应按照设备布线要求选型和布置,并注意不能超过要求的最大长度。控制总线采用阻燃双绞线;消防电话总线采用阻燃 RVVP 屏蔽线,布线应单独穿管避免受其他线路信号干扰;电源布线应考虑线路电流负荷容量和线路压降,保证线路末端电压应大于用电设备的最小工作电压。对于耗电较大的设备如可燃气体探测器、火灾显示盘可考虑单独电源供电。

(4)防雷设计

当需要特殊的防雷设计时,可在火灾报警控制器的通信总线、交流电源线、直流电源总线、消防电话总线、广播总线出口增设浪涌保护器进行对火灾报警控制器的保护,当控制总线、通信总线、电源线在户外布置时应选用户外线缆,并设置户内户外总线转接的接口箱进行防雷。

(5)联网设计

火灾控制器均有模块化的网络接口设备,通过选择不同的网络接口设备可以构成多种拓扑结构的网络,采用不同的网络传输介质可以适应不同的网络距离,组成适应不同场所的网络消防控制系统。

联网系统设计方法:首先应根据工程需求选择适合的网络拓扑结构,然后根据网络距离选择网络传输介质,再选择网络接口设备来组成网络。

(6)编码点总数计算

根据选择的设备类型和数量计算总编码点数,各现场部件所占编码点数如下:

①各类探测器、手动火灾报警按钮、消火栓按钮、编码声光警报器、消防电话模块、消防广播模块及一路多线制控制点,各占一个地址编码的部件。

②同时具备输入/输出的模块,如用于双动作消防联动设备防火卷帘门的控制,可接收联动设备动作后的回答信号,占两个地址编码的部件。

2.12.2　GST系列火灾自动报警及消防联动控制系统实例

GST系列火灾自动报警及消防联动控制系统的典型实例如图2-51所示,该系列产品主要具有如下特点。

(1)火灾探测器智能化。每只探测器内均安装有一只单片计算机,探测器上电后计算机可对传感器采集到的环境参数(烟雾、水气、粉尘等)信号进行分析判断,并向火灾报警控制器传送正常、火警、污染、故障等状态信号,降低误报。探测器智能化后可大大减少普通火灾报警系统中探测器与控制器之间的信息传输量,进一步提高了火灾报警系统的可靠性。另外,智能型光电感烟及电子感温探测器可实现电子编码及离线特性检查,方便安装、调试及维修。

(2)火灾报警控制器智能化。火灾报警控制器采用大屏幕汉字液晶显示,清晰直观,除可显示各种报警信息外,还可显示各类图形。报警控制器可直接接收火灾探测器传送的各类状态信号,通过控制器可将现场火灾探测器设置成信号传感器,并对传感器采集到的现场环境参数信号进行数据及曲线分析,为更准确地判断现场是否发生火灾提供了有利的工具。控制器内设有Watchdog功能。由外界强电磁干扰造成的系统程序混乱,可自动恢复正常运行。各种探测器本身采用了相应的抗干扰措施,多方面降低了误报率。

(3)报警及联动控制系统全功能化。控制器采用内部并行总线设计,积木式结构,容量扩充简单方便。系统可采用报警联动共线式布线,也可采用报警和联动分线式布线,适用于目前各种报警系统的布线方式,解决了变更产品设计带来的原设计图纸改动的问题。

(4)探测器与控制器采用无极性信号二总线技术。整个报警系统的布线简单,便于工程安装、线路维修,降低了工程造价。系统还设有总线故障报警功能,随时监测总线工作状态,保证系统可靠工作。

(5)可随时通过输入密码对系统内任意探测器进行开启、关闭及报警趋势状

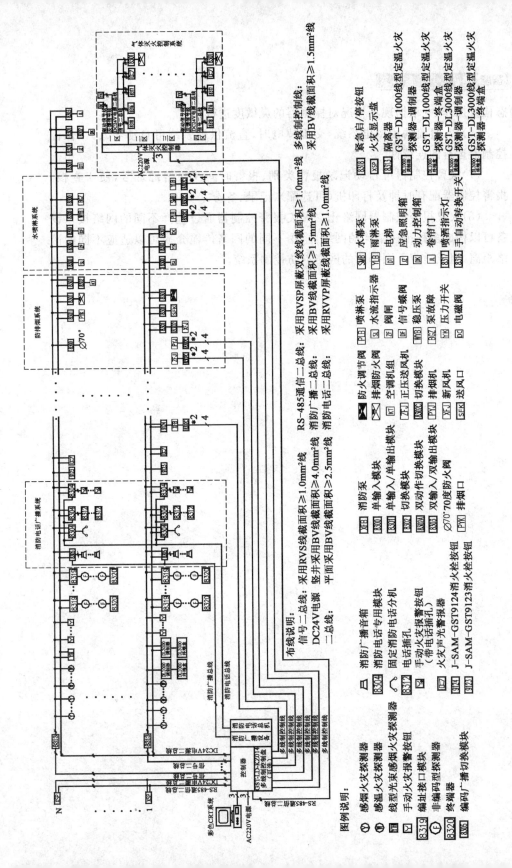

图2-51 GST系列火灾自动报警及消防联动控制系统实例

态检查操作,并根据现场情况对探测器的灵敏度进行调节。

(6)交、直流两用供电系统,交流掉电时,直流供电系统可自动导入,以保证控制器运行的连续性。

(7)报警控制器可自动记录报警类别、报警时间及报警地址号,便于查核。报警控制器配有时钟及打印机(可选配),记录、备份方便。

(8)火灾报警控制器网络化。火灾报警控制器通过选择不同的网络接口设备可以构成多种拓扑结构的网络,采用不同的网络传输介质可以适应不同的网络距离,组成适应不同场所的网络消防控制系统。

3

视频安防监控系统

　　视频安防监控系统是利用视频技术探测、监视设防区域，并实时显示、记录现场图像的电子系统或网络。视频安防监控以其直观、方便、信息内容丰富而广泛应用于许多场合，是一种防范能力较强的综合系统。视频技术在安全防范系统中占有重要的地位，随着计算机、网络以及图像处理、传输技术的飞速发展，视频安防监控技术也有了长足的进步，成为安全防范系统技术集成的核心，并不断地开发出新的功能，成为未来安防系统的主导技术。在有些文献中，视频安防监控系统也被称为视频监控系统或电视监控系统。

3.1　视频安防监控系统概述

　　视频安防监控系统已成为安全防范体系中的重要部分，其本身是一种主动、实时、直接对目标的探测，可以将多个探测结果关联起来，进行准确的判断，可以实现安全防范系统的全部要素（监测、系统监控、周界防范和出入管理），是实时动态监控的最佳手段；视频安防监控技术是其他技术系统有效的辅助手段，如入侵报警系统、出入口控制系统和火灾自动报警系统等，其特有的实时、真实、直观的信息又是指挥系统决策的主要依据。视频安防监控系统所记录的信息是安防系统中最完整和真实的内容，是可以作为证据和事后调查的依据，它不仅可以记录事件发生时的状态，还可以记录事件发展的过程和处置的结果，这种真实性和完整性提升了视频安防监控系统的价值和意义。视频安防监控系统可以和安全防范系统外的技术系统实现资源共享，成为其他自动化系统的一部分，如楼宇自动化系统，视频会议系统等；视频安防监控系统由于其被动的工作方式，对安全防范区域的日常业务工作影响最小；目前安全防范系统集成的最常用和最成熟的集成方式是以视频安防监控系统的中心设备（如视频矩阵）为核心，实现与其他子系统（入侵报警系统和出入口控制系统）功能联动，如图像切换、启动联动装置。

　　视频安防监控系统在安全防范系统的应用模式基本上是相同的，但由于应用目的存在差异，导致具体技术细节上也有一些差别。视频安防监控主要的应用领域有如下六个方面：

(1)防范区域的实时监控。这是视频安防监控系统最普遍、最重要的应用。

(2)探测信息的复核。入侵报警、出入口控制和火灾自动报警等其他系统公共安全子系统由于受系统自身局限性和环境的影响,探测信息中可能存在着虚假信息,导致误报警或者漏报警,通过视频系统进行复核是降低系统误报警率或者漏报警率的有效手段。

(3)图像信息的记录。有些安全防范系统的主要功能就是记录图像信息,如银行营业场所的柜台和 ATM 机的监控。由于记录设备的能力限制,通常重放的记录图像要比实时观察的图像差,因此在设计要求和设备选择时应与实时监控有所不同。

(4)指挥决策支持。安全防范系统有时要求具有应急反应能力,在出现危机时,系统的控制中心将成为指挥中心,视频安防监控系统所提供的信息将作为指挥决策的重要依据。例如在火灾现场,根据图像信息判断疏散路径,决定灭火方案等。

(5)智能视频识别。开发视频系统的智能识别功能是安全防范技术的重要发展方向,当前也有很多应用,例如:出入口控制系统中利用图像技术进行各种生物特征识别;在停车场管理系统中车牌识别;公共场所监控中可疑人员识别与跟踪,入侵报警系统中运动检测等。

(6)安全管理。利用远程监控实现远距离、大范围的安全管理,对岗位、哨位及安全系统自身进行有效的监控。

20 世纪 80 年代末以来,视频安防监控系统经历了从第一代全模拟系统,到第二代部分数字化的系统(数字控制的模拟系统),再到第三代完全数字化的系统(数字硬盘录像机、数字视频服务器和网络摄像机)三个阶段的发展演变,在这一过程中,视频安防监控系统与设备在功能和性能上得到了极大的提高。目前国内外市场上主要是数字控制的模拟视频监控和全数字视频监控两类产品。前者技术发展已经非常成熟,性能稳定,在实际工程应用中得到广泛应用,特别是在大、中型视频安防监控工程中的应用尤为广泛;后者是以计算机技术及图像视频压缩为核心的新型视频安防监控系统,该系统解决了模拟系统部分弊端,成为应用的主流。

近年来,随着网络带宽、计算机处理能力和存储容量的迅速提高,以及各种视频信息处理技术的出现,全程数字化、网络化的视频监控系统优势愈发明显,其高度的开放性、集成性和灵活性为视频监控系统和设备的整体性能提升创造了必要的条件,同时也为整个视频监控系统产业的发展提供了更加广阔的发展空间,智能视频监控则是网络化视频监控领域最前沿的应用模式之一。

《视频安防监控系统工程设计规范》(GB 50395—2007)于2007年3月21日发布,2007年8月1日起开始实施。该规范是这些年视频安防系统工程发展的总结,使视频安防监控系统的工程设计有了更加严格的标准,在规范行业应用的同时,也必定会促进视频安防监控行业的健康发展。

3.1.1 视频安防监控系统组成

视频安防监控系统包括前端设备、传输设备、处理/控制设备和记录/显示设备四个主要部分。根据使用环境、使用部门和系统功能的不同,系统组成也会存在差异。

(1)前端设备。前端设备主要是指摄像机以及与之相配套的设备,如各类摄像机、镜头、云台、防护罩、解码驱动器、红外灯以及雨刷等附件组成,其任务是对物体进行摄像并将其转换成电信号。

(2)传输设备。监控系统所传输的信息既包括摄像前端向控制主机传输的视频图像,也包括从控制主机传输给摄像前端的控制信号。传输设备一般包括线缆、调制与解调设备、线路驱动设备等,其任务是把现场传来的电信号传送到控制中心。传输方式包括由同轴电缆或者双绞线等线缆构成的有线传输方式,以及由发射机和接收机组成的无线传输方式。

(3)处理/控制设备。处理/控制设备是整个视频安防监控系统的核心,其行使的功能包括:前端设备控制、键盘指令的接收和处理、报警设备管理、继电器输出设备管理、打印、视频切换等。除视频切换、处理功能以外,控制设备的功能和结构类似一台电脑。事实上,矩阵切换控制设备的控制功能就是靠CPU来实现的。

(4)记录/显示设备。记录/显示设备安装在控制室内,主要由监视器、录像机和一些视频处理设备构成。其任务是把从现场传来的电信号转换成在监视设备上显示的图像,如果必要,同时用录像机予以记录。

记录设备主要是采用数字记录,其中包含了数字编码/解码设备,通常存储在硬盘中。在数字视频安防监控系统中,视频信号可以在前端编码后传输到控制中心进行存储,同时解码显示在显示设备上。随着视频网络规模不断扩大,受到传输带宽等因素的限制,部分系统的视频信号在系统的前端进行存储和分析,仅将重要的信息在网络上传输。使用数字记录和传输另一个重要的方面就是压缩算法,这将在后文详细介绍。

根据对视频信号处理控制的方式不同,视频安防监控系统可以划分为以下几种模式:

(1)简单对应模式:监视器和摄像机简单对应,如图 3-1a)所示。

(2)时序切换模式:视频输出中至少有一路可进行视频图像的时序切换,如图 3-1b)所示。

(3)矩阵切换模式:可以通过任意一控制键盘,将任意一路前端视频输入信号切换到任意一路输出的监视器上,并可以编制各种时序切换模式,如图 3-1c)所示。

(4)数字视频网络虚拟交换/切换模式:带有数字编码功能的模拟摄像机、全数字摄像机或者 IP 摄像机,通过以太网等数字交换网络进行传输,数字编码设备可以采用记录功能的 DVR 或者视频服务器等,系统结构如图 3-1d)所示。

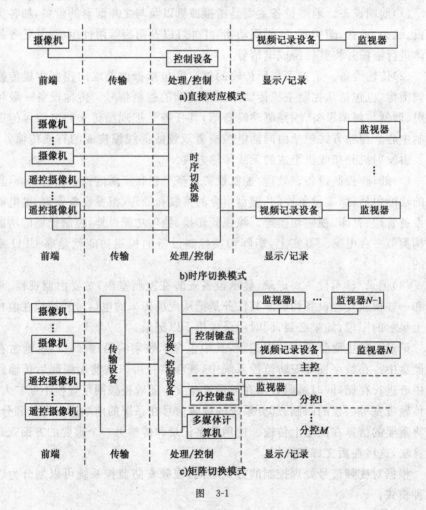

图 3-1

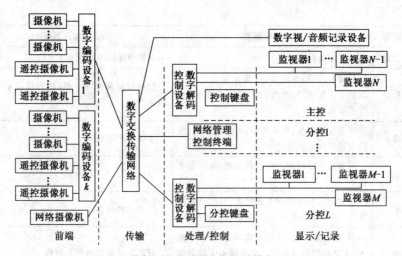

d)数字视频网络虚拟交换/切换模式

图 3-1　视频安防监控系统构成模式

3.1.2　视频安防监控系统的分类

如前所述,视频安防监控系统按照信号传输,可以分为模拟视频系统,数字信号控制的模拟视频系统和数字视频系统。模拟与数字的视频安防监控系统的性能比较,如表 3-1 所示。

模拟与数字的视频安防监控性能比较　　　　　　表 3-1

对比内容	数字监控系统	模拟监控系统
系统配置	利用计算机,可集成全部监控功能;设备简洁,可靠性高	由监视器、录像机、视频转换器、画面分割器、矩阵控制器等组成;设备繁琐,可靠性低
系统安装	只需在计算机上安装软、硬件系统,再连好摄像机即可	需要安装调试以上许多设备
操作	用户界面友好,操作简单,易学易用	要经过很多培训才可操作众多的电器设备
管理	可实现无人值守	需多人值守
信息储存	数字信息	模拟信息
传输	可以在任何网络上实现远程图像传输	远距离传输困难
录制方式	可自动设置各种录制方式,如定时录制、报警触发录制等	单一机械录制方式
存储介质	大容量硬盘自动循环存储	定时更换录像带

对比内容	数字监控系统	模拟监控系统
介质管理	光盘永久保存	录像带使用及消耗巨大
图像质量	分辨率高,图像清晰,硬盘反复回放图像质量不受影响,可达到 720×576 分辨率,真彩色效果	扫描线分辨率 300 线,图像质量差,多次回放更差
回放	可非线性回放,单帧冻结;可本地终端、网络及远程异地回放	录像带顺序回放
编辑	可对每一帧画面进行各种处理,最大限度还原、打印等	不能修复、打印、编辑
记录	自动记录所有访问系统的人、时间及警报事件。有本地、网络、远程等多种记录程序	没有任何日志
警报	自动报警设置,可接入多路警报信号输入,多路控制信号输出。有图像丢失和图像移动报警功能	只能手动录制报警后内容
系统升级	只需要更新软件或小部分硬件	要更换许多大型设备
显示方式	采用 Overlay 显示技术,可同时显示视频、音频、文字等信号,为真彩色显示	视频图像多为黑白或彩色
查询	本地、网络远程、多路、实时或历史查询	本地查询
监控	授权终端可在网上监视任一控制点的现场图像	一般为本地监控
控制	按协议实现 PTZ/P、对灯光、音响、远端设备等开/关机控制,联动报警等	一般不能对远端设备进行控制
检索	多级随机非线性检索,操作快捷	无目标地顺序查找录像带

由于当前纯粹的模拟视频安防监控系统几乎全部被改造或者淘汰,故本书仅介绍数字信号控制的模拟系统和数字系统两类。

1)数字信号控制的模拟视频安防监控系统

根据结构形式不同,数字信号控制的模拟视频安防监控系统可以分为两类:一类是微处理器的视频切换控制与计算机多媒体管理相结合,一类是计算机同时对矩阵主机的切换控制和系统多媒体管理。

(1)微处理器的视频切换控制与计算机多媒体管理相结合。视频切换和前端控制等功能由微处理器构成的矩阵主机完成,它与计算机的图形管理软件相结合,实现如下的功能:任意一台工作站可通过网络控制其他工作站所连接的矩阵主机、报警设备,完成视频切换、云台和镜头控制及报警联动等功能;可通过软件实现对众多矩阵主机和报警接口软件模块的控制。

（2）计算机同时对矩阵主机的切换控制和系统多媒体管理。基于计算机的视频安防监控系统采用软件设计，自动/手动实现摄像机到监视器的视频矩阵切换、云台和镜头的控制，其主要方式是通过串口设备连接报警设备，获取报警信息，并通过联动控制完成在报警触发后的视频切换、云台控制、报警录像等各项控制功能。系统能充分利用计算机的资源，使视频安防监控系统随计算机技术的发展而不断进步，同时其开放性的结构特性更可使之与其他多种系统，如与火灾自动报警系统、出入口控制系统、楼宇自动化系统等实现集成。

随着相关技术不断进步，数字信号控制的模拟视频安防监控系统在功能、性能、可靠性、结构方式等方面都发生了很大的变化，其构成更加方便灵活，通信接口也趋于规范，人机交互界面更为友好，但系统中信息流的形态没有改变，仍为模拟视频信号，系统的网络结构主要是一种单功能、单向、集总方式的信息采集网络，具有介质专用的特点。因此，这类系统尽管发展成熟，应用广泛，但依然存在许多局限性，无法满足更高的要求。

2）数字视频安防监控系统

20 世纪 90 年代末，随着多媒体技术、视频压缩编码技术、网络通信技术的发展，数字视频安防监控系统迅速崛起。数字视频安防监控系统是指"除显示设备外的视频设备之间以数字视频方式进行传输的监控系统。由于使用数字网络传输，所以又称为网络视频安防监控系统。"

当前市场上主要有三种类型数字视频安防监控系统，分别是以数字录像设备、数字视频服务器、网络摄像机为核心的视频安防监控系统。事实上，大多数系统都是混合系统。

（1）数字录像设备（Digital Video Recorder，DVR），俗称数字硬盘录像机，是利用标准接口的数字存储介质，采用数字压缩算法，实现视（音）频信息的数字记录、监视与回放，并可带有系统控制功能的视频设备或视频网络传输与监控的设备。一台高性能的数字硬盘录像机可以替代传统的矩阵切换器、图像分割器、磁带录像机、控制键盘和报警主机，与其他监控设备共同使用，可构成高度集成化、数字化的监控系统，DVR 是目前市面上中小型视频安防监控系统的首选产品。

（2）数字视频服务器（Digital Video Server，DVS）内置一个嵌入式 Web 服务器，采用嵌入式实时多任务操作系统。摄像机送来的视频信号数字化后由高效压缩芯片压缩，通过内部总线送到内置的 Web 服务器，网络上用户可以直接用浏览器观看 Web 服务器上的摄像机图像，授权用户还可以控制摄像机、云台、镜头的动作或对系统配置进行操作。由于把视频压缩和 Web 功能集中到一个体积很小的设备内，可以直接联入局域网（或者广域网），达到即插即看，省掉多种复杂的电缆,安装方便(仅需设置一个 IP 地址),用户也无需安装任何硬件设备,仅用浏览器即可观看。

(3)网络摄像机(又称为 IP 摄像机)是一种结合传统摄像机与网络技术所产生的新一代摄像机,它可以将影像通过网络传至地球任何一个位置,且远端的浏览者不需用任何专业软件,只需标准网络浏览器(如 Microsoft IE 或 Netscape 等)即可监视其影像。网络摄像机内置嵌入式芯片,采用嵌入式实时操作系统。

3.1.3 视频安防监控系统设计准则

视频安防监控系统应具有安全性、可靠性、开放性、可扩充性和使用灵活性,做到技术先进,经济合理,使用可靠。视频安防监控系统中使用的设备必须符合国家法律规定和现行强制性标准的要求,并经法定机构检验或者认证合格。系统制式必须与现行的电视制式一致,并且满足设备的互换性要求,系统的可扩展性应满足简单扩容和集成的要求。视频安防监控系统工程的设计应满足如下基本要求:

(1)不同防范对象、防范区域对防范需求(包括风险等级和管理要求)的确认。

(2)风险等级、安全防护级别对视频探测设备数量和视频显示/记录设备数量要求,对图像显示及记录和回放的图像质量要求。

(3)监视目标的环境条件和建筑格局分布对视频探测设备选型及其位置的要求。

(4)对控制终端设置的要求。

(5)对系统构成和视频切换、控制功能的要求。

(6)与其他安防子系统集成的要求。

(7)视频(音频)和控制信号传输条件以及对传输方式的要求。

结合《视频安防监控系统工程设计规范》(GB 50395—2007)和《视频安防监控系统技术要求》(GA/T 367—2001)等规范的要求,系统设计需要遵循以下主要原则:

(1)实用性。系统应考虑当地环境条件、监视对象、监控方式、维护保养以及投资规模等因素,能满足视频安防监控系统的正常运行和对应的公共安全管理的需求。

(2)可靠性与稳定性。系统应采用成熟的技术和可靠的设备,对关键设备有备份或冗余措施,系统软件有维护保障能力和较强的容错及系统恢复能力,以保证系统稳定运行的时间尽可能长,一旦系统发生故障时能尽快修复或恢复。

(3)可扩展性。宜采用分布式体系和模块化结构设计,具备扩展和升级能力,以适应系统规模扩展、功能扩充、配套软件升级的需求,可为智能化功能升级提供条件。用户可随时依需要对系统进行扩充或裁剪,体现足够的灵活性。

(4)先进性与继承性。视频安防监控系统的建设,特别是改建和扩建,不能将原有的系统一概抛弃,合适的做法是在规划好全数字化系统的前提下尽可能将原有系统纳入其中。

(5)性能价格比。应合理设置系统功能,正确进行系统配置和设备选型,在关键设备档次优良的前提下,保证系统的整体价格较低,从而让系统具有较高的性价比。系统摄像机选型和后端显示/记录设备或者软件是重点,前端摄像机分辨率较低,后续系统再好也无济于事,不能保证系统有清晰图像效果的。在某些应用场合还需要有宽动态范围等高级特性。

(6)系统升级和维修的便捷性。监控系统是由多个复杂的系统组成,包括网络、存储、操作系统、平台软件、各种前端设备等,所以要求每个子系统均应具有工作日志记录,包括系统各模块和核心设备。特别是系统规模较大的情况下,系统软件和核心设备应具有自动升级维护功能。

(7)系统的管理功能及易操作性。考虑到联网系统的规模及复杂性,管理软件平台应具有较好的系统构架,系统核心管理和业务管理必须明确分离,以确保满足不同的应用需求。由于系统中各类管理服务器、存储及转发服务器等数量较多,所以系统的网管功能必须强大,否则无法进行日常维护。系统所提供的管理和用户界面要清晰、简洁、友好,操控应简便、灵活、易学易用,便于管理和维护。

(8)大规模系统应具备支持二次开发的能力。对于小规模系统,这个问题并不突出,但是如果在系统规模较大的情况下,监控报警联网系统的摄像机数目最少也有数百个,多的可达几万个,因此必须考虑到平台的可持续发展问题,要求系统具备二次开发的条件,只有这样才能保证平台视频资源的充分利用。

(9)系统的安全保障程度。系统安全包括多个方面,其中主要是防止非法用户及设备的接入,所以除对不同用户(包括管理员和用户)要采取不同程度的验证手段外,还要保证不合法的设备不能接入到系统中去;网络监控系统最易受到黑客的攻击,应采取有效的安全保护措施,防止非法接入、非法攻击和病毒感染;此外还需要防雷击、过载、断电、电磁干扰和人为破坏等不安全的因素,以提供全面有效的安全保障措施。

(10)兼容性与标准化程度。兼容性是实现众多不同厂商、不同协议的设备间互联的关键,系统应能有效地通信和共享数据,尽可能实现设备或系统间的兼容和互操作。系统的标准化程度越高、开放性越好,则系统的生命周期越长。控制协议、传输协议、接口协议、视音频编解码、视音频文件格式等均应符合相应国家标准或行业标准的规定。

为了便于设计和开发的需要,《视频安防监控系统技术要求》(GA/T 367—2001)规定了系统分级设计的要求,如表 3-2 所示。

系统分级参考表   表 3-2

级别	系统功能与设备性能分级								规模分级
	探测		传输		控制		显示记录		输入图像路数
	技术指标	设备举例	技术指标	设备举例	技术指标	设备举例	技术指标	设备举例	
一级/甲级	①最低现场照度≥0.5 Lux,此时的镜头光圈在f1.4;②输出信噪比≥45 dB;③分辨率≥450 TVL	高分辨率、宽动态范围的摄像机	①信噪比≥49dB;②视频信道带宽≥7.5 MHz	光纤或数字化传输设备	①图像应能手动切换/编程自动切换,具有单时序和群时序切换功能;②可遥控前端云台镜头等;③提供通信接口,可与入侵报警、出入口控制系统等进行编程联动,以作为图像复核手段,可通过上位计算机接入多媒体监控系统;④应有视频信号丢失监测;⑤具有存储设置信息功能;⑥提供与音频同步切换的能力	多媒体网络控制的视频矩阵切换主机	①视频信号分配器的信噪比≥47 dB;②显示设备的信噪比≥47 dB;③显示分辨率≥470 TVL;④单画面记录分辨率≥350 TVL;⑤单画面记录回放分辨率≥350 TVL	高清晰度监视器、高分辨率的记录设备,如数字记录设备	＞128路

续上表

级别	系统功能与设备性能分级								规模分级
	探测		传输		控制		显示记录		输入图像路数
	技术指标	设备举例	技术指标	设备举例	技术指标	设备举例	技术指标	设备举例	
二级/乙级	①最低现场照度≥1 Lux,此时的镜头光圈在f1.4;②输出信噪比≥45dB;③分辨率≥400 TVL	高分辨率摄像机	①信噪比≥47dB;②视频信道带宽≥7MHz	同轴电缆	①图像应能手动切换/编程自动切换;②可遥控前端云台镜头等;③提供通信接口,可与入侵报警、出入口控制系统等进行编程联动,可作为图像复核手段;④具有存储设置信息功能;⑤提供与音频同步切换的能力	视频矩阵切换主机	①视频信号分配器的信噪比≥42 dB;②显示设备的信噪比≥42dB;③显示分辨率≥370 TVL;④单画面记录分辨率≥300TVL;⑤单画面记录回放分辨率≥300 TVL	较高分辨率的监视器、普通长时延录像机	16路<输入图像路数≤128路
三级/丙级	①最低现场照度≥2 Lux,此时的镜头光圈在f1.4;②输出信噪比≥40 dB;③分辨率≥350 TVL	普通彩色/黑白摄像机	①信噪比≥42dB;②视频信息带宽≥6MHz	同轴电缆	图像应能手动切换/编程自动切换	普通视频切换器	①视频信号分配器的信噪比≥40 dB;②显示设备的信噪比≥40dB;③显示分辨率≥420TVL;④单画面记录分辨率≥300TVL;⑤单画面记录回放分辨率≥300 TVL	普通监视器、普通录像机	≤16路

注:①本表中的分级与工程设计中的"风险等级"和"防护级别"的分级不具有对应关系。
　　②本表中所列各列各项的分级内容可独立参考,彼此之间不要求——对应,即:规模一级并不一定功能一级或设备性能一级;系统功能一级或性能一级的系统,其规模未必是一级。

3.2 前端设备

前端设备即摄像机及其与之相配套的设备,一般由摄像机、镜头、防护罩、云台、解码驱动器、红外灯以及雨刷等附件组成。

3.2.1 摄像机

摄像机是视频安防监控系统的重要部件,是系统观察、收集信息的设备,相当于人的眼睛,所以选择摄像机并决定其安装方式是系统成功与否的重要因素。以前的摄像管式摄像机现在已经很少使用,取而代之的是电荷耦合式摄像机(简称 CCD 摄像机)和互补型金属氧化物半导体摄像机(CMOS 摄像机)。CMOS传感器的感光度一般在 6~15Lux 的范围内,其噪声比 CCD 传感器高 10 倍左右,因此大量应用的所有摄像机都是用了 CCD 传感器,而 CMOS 传感器一般用于非常低端的家庭安全方面。CMOS 摄像机具有成像器件小,处理速度快、能耗低等优点,也有用于高速(高帧)摄像机。限于篇幅,本书仅介绍常用的 CCD摄像机。

3.2.1.1 CCD 摄像机分类

摄像机可以根据不同的标准,例如成像色彩、分辨率、图像信号处理方式、结构和 CCD 靶面尺寸等进行分类。下面就上述分类标准进行介绍。

1)依成像色彩划分

(1)彩色摄像机:适用于景物细部辨别,如辨别衣着或景物的颜色。因有颜色而使信息量增大,一般认为信息量是黑白摄像机的 10 倍。

(2)黑白摄像机:适用于光线不足地区及夜间无法安装照明设备的地区,在仅监视景物的位置或移动时,可选用分辨率通常高于彩色摄像机的黑白摄像机。

2)依摄像机分辨率划分

(1)影像像素在 25 万左右、彩色分辨率为 330 线、黑白分辨率 400 线左右的低档型。

(2)影像像素在 25 万~38 万之间、彩色分辨率为 420 线、黑白分辨率 500线左右的中档型。

(3)影像像素在 38 万点以上、彩色分辨率大于或等于 480 线、黑白分辨率600 线以上的高分辨率。

随着对视频安防监控系统要求不断提高,一些超高分辨率的摄像机现在已经被开发和应用了,例如英国 ForensicVision 公司的 G11 摄像机分辨率 1100 万像素,比普通摄像机清晰 50 倍;Sony 公司开发了超过一亿像素、可实现 160°广角监控的 XIS 摄像机。

3)依图像信号处理方式划分

(1)数字视频格式的全数字式摄像机。

(2)带数字信号处理设备(DSP)功能的摄像机。

(3)模拟摄像机。

4)依摄像机结构划分

(1)普通单机型,镜头需要另配。

(2)板机型:摄像机部件和镜头全部在一块印刷电路板上。

(3)针孔型:带针孔镜头的微型化摄像机。

(4)球型:将摄像机、镜头、防护罩或者包括云台和解码器组合在一起的球形或者半球形摄像前端,使用方便。

5)依摄像机灵敏度划分

(1)普通型:正常工作所需照度为 1~3 Lux。

(2)月光型:正常工作所需照度为 0.1 Lux 左右。

(3)星光型:正常工作所需照度为 0.01 Lux 以下。

(4)红外照明型:原则上可以为零照度,采用红外光源成像。

6)依摄像元件的 CCD 靶面大小划分

CCD 摄像机扫描的有效面积称为靶面,通常是由等效的摄像管直径来标称的,如表 3-3 所示。

CCD 靶面规格尺寸   表 3-3

规　　格	宽(mm)	高(mm)	对角线(mm)
1/4 in	3.2	2.4	4
1/3 in	4.8	3.6	6
1/2 in	6.4	4.8	8
2/3 in	8.8	6.6	11
1 in	12.7	9.6	16

注:1in=0.0254m

3.2.1.2 CCD 摄像机主要性能参数

CCD 摄像机的主要性能参数是选择摄像机的重要参考,其主要性能参数介绍如下:

(1)摄像机的色彩。如前文所述,摄像机有黑白和彩色之分,可以根据监控目的、经济情况来决定采购的产品类别。如果目的是监视景物的位置和移动,采用黑白摄像机就可以满足要求,其价格便宜;如果需要分辨被摄物体的细节,彩色的画面可以使人容易辨别衣物的颜色,故采用彩色摄像机比较好。一般而言,黑白摄像机比彩色摄像机灵敏,更适用于光线不足的地方。

(2)摄像机的制式。摄像机主要有 PAL 与 NTSC 两种制式,由于我国电视信号均为 PAL 制式,所以摄像机除特殊注明外,均应选购 PAL 制的。

(3)清晰度。清晰度分水平和垂直两种。垂直方向的清晰度受到电视制式的限制,有最高的限度,PAL 制为 400 行,因此摄像机的清晰度一般是用水平清晰度来表示的。一般来说,清晰度越高越好,但是清晰度越高价格越贵,所以要根据工程要求和预算慎重选择。

(4)照度。单位被照面积上接受到的光通量称为照度,单位是 Lux(勒克司)。一般摄像机的灵敏度就是用被摄物体的照度来表示的。被摄物体的亮度取决于照度和表面反射能力,当照度相同时,白色物亮,黑色物体暗。摄像机所标称的灵敏度是针对测试卡而言的,测试卡的白色反射率为 89.9%,黑色反射率接近零。最低照度指的是当被摄景物的光亮度低到一定程度而使摄像机输出的视频信号电平低到某一规定值时的景物光亮度值。测定此参数时,还应特别注明镜头的最大相对孔径,例如使用 F1.2 的镜头,当被摄景物的光亮度值低到 0.04Lux 时,摄像机输出的视频信号幅值为最大幅值的 50%,即达到 350mV(标准视频信号最大幅值 700mV),则称此摄像机的最低照度为 0.04Lux/F1.2。被摄景物的光亮度值再低,摄像要输出的视频信号的幅值就达不到 350mV 了,反映在监视器的屏幕上,将是一屏很难分辨出层次灰暗的图像。一般情况下,当景物的照明度是摄像机所标最低照度的 10 倍时就可以得到清晰的图像。人眼虽然看不见红外光,但 CCD 摄像机对红外光是比较敏感的,能在 CCD 摄像机上呈现很清晰的图像,故需在黑暗的地方进行监视时,可附加上红外光源。

(5)同步系统。如果系统的所有摄像机都采用一个同步信号,那么在图像切换时就不会出现滚动。为实现同步功能,要求摄像机具有外同步信号接口,并配一台同步信号发生器。有些摄像机的同步信号可以通过对所有的摄像机使用单一电源供电来实现。

(6)自动增益控制(AGC)。在低亮度的情况下,自动增益功能可以提高图像信号的强度来获得清晰的图像。目前市场上 CCD 摄像机的最低照度都是在包含自动增益条件下的参数。

(7)自动白平衡。当彩色摄像机的白平衡正常时才能真正的还原被摄物体的色彩。彩色摄像机的自动白平衡就是实现白平衡自动调整,此功能又分自动白色平衡(AWB)和自动跟踪白色平衡(ATW)。AWB 功能可以自动测量色温并保存起来,ATW 功能可以随时对被摄物体的色温进行跟踪测量,并自动调整白色平衡以真实地还原色彩,这在光源经常改变的情况下非常有用,如晚上使用水银灯等。

(8)电子亮度控制。有些 CCD 摄像机可以根据射入光线的亮度,利用电子快门来调节 CCD 图像传感器的曝光时间,从而在光线变化较大时可以不采用自动光圈镜头。使用电子亮度控制时,被摄景物的景深要比使用自动光圈镜头时要小。

(9)逆光补偿。在逆光的情况下,采用普通摄像机的物体的图像会发黑不清楚,具有逆光补偿功能的摄像机在这种情况下能得到被摄物体清晰的图像。逆光补偿电路可以检查被摄物体在整幅图像中的尺寸和对比度并自动计算所需的补偿电平。

(10)摄像机的电源。摄像机的电源一般有交流 220V、交流 24V、直流 12V 和直流 24V 几种,要根据监视系统的电源和现场条件选择电源电压,推荐采用安全低电压。

(11)摄像机的功耗。摄像机的说明书中都表明摄像机的消耗功率。在由一台电源统一供电时,可用来计算电源的容量。

(12)CCD 尺寸。CCD 尺寸是选择摄像机镜头的重要参数之一,这在后文关于镜头部分将详细讨论,这里仅需要说明:CCD 尺寸与摄像机的分辨率并无直接关系,1/3in CCD 摄像机的分辨率可能比 1/2in CCD 的还要高,所以不一定靶面越大越好。

3.2.1.3 典型摄像机

1)一体化摄像机

通常所说的一体化摄像机专指镜头内置、可自动聚焦的一体化摄像机,称为 Box Camera 或者 Integrated Camera,是一种操作方便、安装简单、功能齐全的产品。较之于普通摄像机,它在图像处理和物理结构方面均有了较大的提高:有的增加了高倍变焦镜头,具有自动聚焦功能;有的提供红外光源或者使用红外灯,夜间也能清晰成像;有的具备良好的防水功能。一体化摄像机在数字化及网络功能上也有新的进展,例如嵌入数字化处理模块,使其具备目标锁定、自动跟踪等功能;在内部嵌入 IP 处理模块使其具备网络功能。目前国内一体化摄像机的机芯的供应商主要是 Sony、Hitachi、LG 等日韩公司。

2)快速球形摄像机

快速球形摄像机(Dome Camera)俗称快球,它是由 CCD 摄像机、伸缩变焦光学镜头、全方位云台和解码驱动器在内的全套摄像系统以及附属的底座和外罩构成,是光、机、电高度集成的产品。从结构上看,包含一体化机芯、电机、滑块、传动部分、电源等几大主要部件,其中一体化机芯是关键部件。现在一体化机芯多采用带有 DSP 的芯片,最重要的指标是分辨率、聚焦速度、变焦倍数。

快速球形摄像机功能齐全,基本功能包括:镜头调整、云台控制、预置点(Preset)、自动巡航(Auto Tour)、自动扫描(Auto Scan)、自动运行(Auto Run)、改变模式路径(Pattern)、遮罩区域(Masking Zones)、屏幕菜单(On Screen Display,OSD)等。此外,它还有一些先进功能,例如:云台的快速和无级变速运动、云台及变焦镜头的精确预定位置、程序化多预置位置设定。

快速球形摄像机的云台可以实现旋转和倾斜运动,其传动电机有直流电机和步进电机两类。直流电机能实现连贯的旋转、选择过程,寿命长达 10 年以上且能耗小,但价格较高;步进电机旋转过程呈跳动性,图像连续性有一些缺陷,寿命 3~5 年左右。采用微型步进电机,可实现如 $100°/s$ 的高速直至 $0.5°/s$ 的低速运行,转轴设计与中心点不会卡线;采用高速步进电机时,有定速运动与变速提升两种工作状态,水平旋转和垂直俯仰速度一般为 $360°/s$ 和 $120°/s$,部分型号甚至高达 $400°/s$。

快速球形摄像机还发展出一类被称之为自动高速跟踪快球的摄像机,它是集光学、电子、机械、信息处理和网络于一体。它由摄像头、动力传动、运动控制装置,基于高速并行处理的图像分析、识别、压缩和通信等部分组成,具有视频摄像、位置控制、方位和镜头预置、运动目标检测、识别和跟踪、火焰及烟雾检测报警等功能。当运动目标进入球形摄像机的视场范围内,利用高速 DSP 芯片在前一帧图像和现在的图像进行差分计算,当达到某个特定数值,判定一帧中的某个特定部分为移动物体,然后球机自发出指令给球机云台,如此循环往复,控制球形摄像机实现对运动物体的连续跟踪,不需要人工操作也不需要计算机系统的支持。

快速球形摄像机可以使用嵌入天花板、吸顶安装、从天花板悬吊、支架固定等多种安装方式,尺寸也有不同的规格,球形外罩可以有不同的颜色,因而可以具备很好的观察隐蔽性。

目前绝大多数球形摄像机采用 Pelco D 控制协议,也有少量使用拨码开关以便用户选择其他不同的控制协议。一些先进的球形摄像机还有多个报警输入端和继电器驱动输出端,以方便实现报警及联动应用,这个功能通常与预置点配合使用。

球形摄像机的代表性产品是 Pelco 公司的 Spectra III SE 系列摄像机,下面就该款摄像机为例,介绍球形摄像机的主要性能。

Spectra III SE 底盒模块内置存储器,用于存储摄像机与具体现场情况有关的驱动装置设置参数,包括标志、预置位、自巡检和区域。它有多种底盒供选择,并且有三种型号带有自动聚焦、高分辨率和可软件编程的球型驱动装置(部分球型驱动装置的参数可以自动下载)。

摄像机采用低照度技术,彩色/黑白转换类型的摄像机、内置 23X 镜头,80X 宽动态范围及移动检测功能。带 22X 镜头和 ExView HADTM 技术成像器的型号,有两个标准摄像机(彩色和黑白)可选。

Spectra III SE 产品的技术特点:密码保护功能可防止未经授权的用户对系统设置进行修改;包括摄像机设定和标志的 80 个预置位;±0.1°预置位精度;可设置区域名称和屏幕显示的位置;屏幕显示水平、倾斜度位置和变焦倍数;窗口屏蔽多达 8 个用户自定义的四边形区域;8 个区域(大小可设定),每个最多可有 20 个说明字符,或设置成屏蔽视频输出;7 路报警输入,1 路(C 型)辅助继电器输出和 1 路集电极开路输出(通过编程可分别实现报警动作);报警响应,报警有三个优先级别,每路报警响应可单独进行设置为转入预存的自巡检模式,或转到相关的预置位;报警后的恢复在确认报警后允许球恢复到原先的预设定状态,或恢复到报警前的位置;自巡检模式通过屏蔽编程,用户可自定义四路自巡检模式,包括云台的水平、倾斜,镜头的变焦和预置位功能;均衡云台速度调节,云台的速度随着变焦的深度而降低;变速扫描速度,360°/s 的云台水平预置位速度和 200°/s 的垂直预置位速度,云台水平变速范围从 0.1°/s 的极慢速方式到 360°/s 的快速方式旋转,并具有"自动翻转"功能(自动翻转功能可使球机转动 180°再转回原位,以便对直接经过球下的物体进行观察);自动/随机/帧扫描模式的可编程限位;自动检测协议(Coaxitron,RS422 P 和 D 系列),采用可选的译码卡可接收其他厂家控制协议;内置式菜单系统实现可编程功能设定;有供软件上载和现场设置编程的 RJ-45 数据口;远程监控组件和远程监控线缆是可选的诊断、安装工具,这些组件允许安装者在安装位置上浏览视频图像、PTZ 控制和系统设置以及软件升级。Spectra III SE 外观如图 3-2 所示。

3)超动态范围摄像机

超动态范围摄像机的最大优势在于其优

图 3-2　Spectra III SE 外观

良的背光补偿能力,它采用专用的 DSP 电路,在同一时间内,首先对明亮的被摄物用最合适的快门速度进行曝光,然后在对暗的被摄物进行曝光,最后对这两个图像进行处理,使其合二为一,扩大了可能处理的动态范围,使得明亮或者暗的被摄物都可看清。超动态范围摄像机不但能适应于强逆光环境下,还可以对西晒和反射条件下的景物进行拍摄。

超动态摄像机有以下三个种类:双倍速 CCD 传感器加上 DSP 芯片,普通 CCD 芯片加上双快门速度,以及基于 CMOS 传感器的 DSP 技术。

双倍速 CCD 传感器加上 DSP 芯片超动态技术的核心是采用了新型的双速 CCD 图像传感器,能在同一时间对场景进行长短不同时间的曝光,即以标准快门速度读出并传输标准信号,而以较快的快门速度读出和传输高亮度信号,而后长短时间曝光信号在专用的图像处理集成电路(MN67352)中进行信号分离及时间周期变换并适当合成,再经适当的加码校正、数模转换,从而输出扩展了 40 倍的动态范围图像。松下公司在 cp450/cp650/bp550 等第三代摄像机中均采用该技术,可以有效扩展 CCD 感光成像时的动态范围,比一般摄像机提高 40 倍,从某种意义上说,超动态技术就是背光补偿的升级。

第二代超动态仍利用了双速 CCD 图像传感器并采用了数字信号处理技术,长时间曝光(1/50s)可使画面上处于背光的主体图像清晰可见,短时间曝光(1/2000~1/4000s)则可使画面上强光部分层次分明而不至于曝光过度,然后通过增强的数字处理技术将两副画面中的图像质量较好的部分加以合成,即可以得到全面清晰的画面。二代超动态采用了独立的自动增益控制(AGC)电路和数字拐点电路(knee circuit),采用两组 AGC 电路可以独立地对长时间曝光信号及短时间曝光信号分别处理并使其最佳化,避免信噪比降低问题。由于两组 AGC 电路具有不同的起控点,因此在摄像机输出特性曲线上出现了两个拐点,增加了可辨识的灰度级层次,即:对黑色参考电平使用阶层式校正电路,并允许最低电平增益值可机动调整,利用正确的黑色参考电平可使图像更加稳定,也就是说图像最黑的部分会呈现应有的黑色。先进的数字降噪(DNR)电路、增益调整电路和数字滤波器,可将 CCD 的感光度提升 12dB(其中 7dB 由 DNR 电路提供),使最低照度改善到 0.8Lux。相对于一般摄像机的 3~100Lux 和一代超动态 3~3000Lux 的照度范围,二代达到了 0.8~10000Lux。其代表性产品是 Sony 公司 SSC-DC593P/DC598P。

SSC-DC593P/DC598P 宽动态彩色/黑白摄像机具有优良性能:背光补偿功能、自动白平衡、AGC 等,专用于苛刻的光线条件,以及昼/夜监视应用。这款摄像机采用 Sony 新开发的 DynaView 技术,可以提供超宽动态范围,允许在背光强烈的场合下捕捉前后景均清晰的图像;设备自动昼/夜转换功能,使摄像机能够在白天捕捉高质量的彩色图像,在夜间捕捉清晰的黑白图像;所有摄像机均配备一款 1/3in 型像素数为 440000 的 IT(行间转移)CCD,可以实现极佳的图像质量和高水平的感光度,可以提供 480 电视线的水平分辨率和 0.4Lux(彩色 f1.4,30IRE)/0.03Lux(黑白 f1.4,30IRE)的感光度。

摄像机的各种方便的技术特点,包括"可变灰度曲线"、"隐私区遮掩"、"活动检测"和"CCD 光圈控制",使其具有更大的操作灵活性;此外,摄像机还能够进行双电源操作(AC24V 和 DC12V),防止发生不必要的电源兼容性问题,是多种监视应用的理想选择。

4)高分辨率摄像机

高分辨率摄像机也称为高清晰度摄像机。对于高分辨率没有严格的定义,尤其是随着摄像机技术的不断发展,分辨率的标准逐渐升高。当前多数以彩色图像像素达到 752×582 或者图像水平分辨率有 480 线以上为相对认可的标准。前文介绍过的 Sony 超过一亿像素的超高清晰摄像机则是其中高端产品。

5)低照度摄像机

低照度摄像机通常是指可以在极其微弱的光照下工作的摄像机,它与摄像机性能参数"最低照度"有关。低照度摄像机没有明确的定义,但是一般认为彩色摄像机的照度从 0.5~1Lux,黑白摄像机照度从 0.0003~0.1Lux(若配红外灯,可达 0Lux),低照度摄像机主要有日夜型、高感度 CCD 摄像机、帧积累或者慢速快门型摄像机三种。

6)夜视摄像机

夜视摄像机也就是高敏度红外影像摄像机,是当今热门摄像机种。一般来说,红外摄像机需要搭配红外光源,主要有发光二极管(LED)和卤素灯两类红外光源,最新的则是 LED-Array。

红外灯有不同的功率和波长,功率在 6~500W 之间,但是波长只有 730nm、840nm、940nm 三种,730nm 呈现一般红光;840nm 是隐约可见的红光,属于半覆盖型,较接近摄像机最佳波长 880nm,故使用较多。940nm 则是完全覆盖不可见光,如果考虑红暴时应该选用,并配以低照度高信噪比的摄像机。红外灯最佳架设位置是与摄像机上下重叠,也可以与摄像机并列平行。一般红外灯使用 CDS 光导管自动启闭的工作方式,当光度降到 35Lux 时,CDS 开始启动,随着光度下降逐渐补光,当光度降到 10Lux 时,红外线完全开放,达到完全补光的效果。

7)其他高性能摄像机

随着对视频安防监控系统要求的不断提高,各种高性能摄像机不断出现。除了前文介绍过的 Sony 超过一亿像素的超高清晰摄像机外以及超宽动态摄像机外,360°全景摄像机也被应用于重点部位的监控,典型产品如 Honeywell 安防科技的 PRS-360/180 全景摄像机。设备参数如表 3-4 所示,外观如图 3-3 所示。

图 3-3　PRS-360/180 全景摄像机

PRS-360/180 全景摄像机参数表　　　　　　　　　　表 3-4

成像设备	1/3in CCD/CMOS	最低照度	0.6Lux(CCD)/2.2Lux(CMOS)
水平视角	180°/360°	电子快门	自动
制式	PAL	白平衡	自动
扫描系统	526/625 线	背光补偿	自动
有效像素	270000/410000 像素	视频输出	复合视频,75,BNC
分辨率	330/420TVL	工作温度	−20～60℃(CCD)/−20～85℃(CMOS)
同步	内同步	电压	12VDC(CCD)/3～20VDC(CMOS)
信噪比	45dB		

3.2.1.4　摄像机选型方法

摄像机是整个监控系统的核心设备之一,选型时应根据现场环境和用户需求,慎重选择。摄像机选用的基本原则如下:

(1)根据安装方式选择。固定安装,多选用普通枪式摄像机或半球摄像机。云台安装方式,多选用一体化摄像机,小巧美观,安装方便,性价比优。也可采用普通枪式摄像机另配电动变焦镜头方式,但价格相对较高,安装也不及一体化摄像机简便。

(2)根据安装地点选择。普通枪式摄像机既可壁装又可吊顶安装,因此室内室外不受限制,比较灵活。半球摄像机只能吸顶安装,所以多用于室内且安装高度有一定限制的情况,但和枪式摄像机相比,不需另配镜头、防护罩、支架,安装方便,美观隐蔽,且价格适中。

(3)根据环境光线选择。如果光线条件不理想,应尽量选用最低照度较低的摄像机,如彩色超低照度摄像机、彩色黑白自动转换两用型摄像机、低照度黑白摄像机等,以达到较好的采集效果。需要说明的是,如果光线照度不高,而用户对监视图像清晰度要求较高时,宜选用黑白摄像机。如果没有任何光线,就必须添加红外灯提供照明或选用具有红外夜视功能的摄像机。

(4)根据对图像清晰度的要求进行选择。如果对图像画质的分辨率要求较高,应选用电视线指标较高的摄像机。一般来说,对于彩色摄像机,420线为中解析摄像机,470线以上都为高解析摄像机。清晰度越高,价格相对越高。

(5)根据需要考虑其他性能指标。其他性能指标,如信噪比、自动光圈镜头的驱动方式等,一般的视频安防监控系统中信噪比指标要选大于 48dB 的,这样不仅满足行业标准规定的不小于 38dB 的要求,更重要的是当环境照度不足时,信噪比越高的摄像机图像就越清晰。镜头的驱动方式一般选用双驱动的,以便随意选用 DC 驱动或视频驱动的自动光圈镜头。

(6)选择摄像机时应优先选用 CCD 摄像机,所选摄像机的技术性能宜满足下列要求:能满足系统最终指标要求;电源变化适应范围大于±10%(必要时可加稳压装置),温度、湿度适应范围满足现场气候条件的变化(必要时可采用能制造人工小气候的防护罩)。

摄像机安装需谨慎,安装时必须严格按照产品说明书进行正确操作,如工作温度、电源电压等。绝大多数摄像机生产厂家的温度指标是-10~+50℃,如使用地区的温度、湿度变化较大应加特别防护。由于国内摄像机交流电压适应范围一般是 200~240V,如果设备抗电源电压变化能力较弱,使用时就需添加稳压电源。

3.2.2 镜头

1)镜头的基本参数

设计视频安防监控系统时,镜头的选择与摄像机的选择同等重要。目前市场上供监控系统摄像机用的镜头很多,其种类一般分为定焦镜头和变焦镜头,而变焦镜头又分手动变焦和电动变焦两种,一般电动变焦镜头用于带云台的前端中,而定焦镜头和手动变焦镜头则用于固定前端中,分类如图 3-4 所示。

选择镜头的依据是观察的视野和亮度变化范围,同时兼顾所选摄像机的CCD 的尺寸。视野决定用定焦距还是变焦距镜头,如果采用定焦距镜头,选择多大焦距;如果采用变焦距镜头,焦距选择什么范围。亮度变化范围决定是否使用自动光圈镜头。选择镜头时应考虑的主要指标如下：

(1)清晰度。清晰度是描述镜头成像质量的重要指标。摄像镜头的空间分辨率是指镜头所成像在单位长度上能分辨的黑白条纹数，其单位是每毫米多少线。对不同幅面的摄像镜头有一个最低的分辨率的要求。目前 CCD 固体器件可以将像密度做得很高，因此其尺寸就可以做得很小，与之配套的摄像镜头分辨率也应提高，摄像机的靶面越小对镜头的分辨率要求也越高。

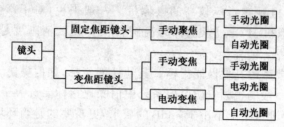

图 3-4　镜头的分类

(2)镜头的尺寸。镜头的尺寸目前有 1in、2/3in、1/2in、1/3in 和 1/4in 等规格，由选用的摄像机的靶面大小来确定。一般大尺寸的镜头可以用在小靶面的摄像机上，但会损失图像的清晰度，反之则不行。

(3)焦距。镜头焦距和摄像机靶面的大小决定了视角。焦距越小视野越大，焦距越大视野越小。如果要兼顾清晰度，可采用电动变焦距镜头，根据需要随时调整。通常分为短焦距广角镜头、中焦距标准镜头和长焦距广角镜头。

(4)通光量。镜头的通光量是用镜头的焦距和通光孔径的比值(光圈)来衡量的，一般用 F 表示。在光线变化不大的场合，光圈调到合适的大小后不必改动，用手动光圈镜头即可。在光线变化大的场合，比如在室外，一般需要自动光圈镜头。

2)镜头的选择

影响摄像系统性能的主要因素是包括被摄物体的大小、距摄像镜头的距离、镜头焦距、光学接收器尺寸、镜头及摄像系统分辨率。在选择摄像机镜头时，应综合考虑上述因素。

(1)依据摄像机到被监视目标的距离来选择镜头焦距。视场指被摄取物体的大小，视场的大小是以镜头至被摄取物体距离，镜头焦距及所要求的成像大小等参数确定的。

镜头的焦距，视场大小及镜头到被摄取物体的距离的计算如下(参照图3-5)：

$$W = \frac{wL}{f}$$

$$H = \frac{hL}{f}$$

式中：f——镜头焦距；

  W——被摄物体宽度；

  H——被摄物体的高度；

  L——被摄物体至镜头的距离；

  w——图像的宽度（被摄物体在 CCD 靶面上成像宽度），各个型号摄像机参
   数 w 参考表 3-3。

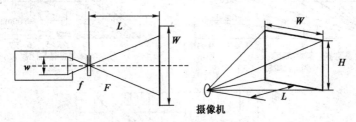

图 3-5　镜头特性参数之间的关系

由于摄像机画面宽度和高度与电视接收机画面宽度和高度一样，其比例均为
4：3。当 L 不变，H 或 W 增大时，f 变小；当 H 或 W 不变，L 增大时，f 增大。

（2）图解法选择镜头。如前所示，摄像机镜头的视场由宽（W）、高（H）和与
摄像机的距离（L）决定，一旦决定了摄像机要监视的景物，正确地选择镜头的焦
距就由 3 个因素决定：欲监视景物的尺寸，摄像机与景物的距离，摄像机成像器
的尺寸。

图解选择镜头步骤：

（1）所需的视场与镜头的焦距有一个简单的关系，利用这个关系可选择适当
的镜头；

（2）估计或实测视场的最大宽度；

（3）估计或实测量摄像机与被摄景物间的距离；

（4）依据图 3-6 选择镜头，使用 1/3 in 镜头时使用图 3-6a)，使用 1/2 in 镜头
时使用图 3-6b)，使用 2/3 in 镜头时使用图 3-6c)。

具体方法：在以 W 和 L 为坐标轴的图示中，查出应选用的镜头焦距。为确
保景物完全包含在视场之中，应选用坐标交点上面那条线指示的数值。例如：视
场宽 50m，距离 40m，使用 1/3 in 格式的镜头，在坐标图中的交点比代表 4mm
镜头的线偏上一点，这表明如果使用 4mm 镜头就不能覆盖 50m 的视场，而用
2.8mm 的镜头则可以完全覆盖视场。

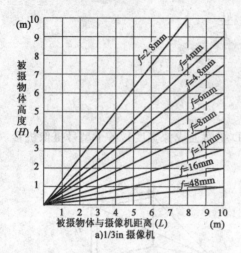

a)1/3in 摄像机

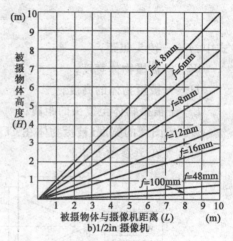

b)1/2in 摄像机

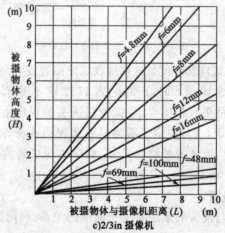

c)2/3in 摄像机

图 3-6　镜头参数计算图

$$f = \frac{vD}{V}$$

$$f = \frac{hD}{H}$$

式中：f——焦距；

v——CCD 靶面垂直高度；

V——被观测物体高度；

h——CCD 靶面水平宽度；

H——被观测物体宽度。

例如：假设用 1/2 in CCD 摄像头观测，被测物体宽 440mm，高 330mm，镜头焦点距物体 2500mm。由公式可以算出焦距为：

$$f = \frac{6.4 \times 2500}{440} \approx 36\mathrm{mm} \text{ 或 } f = \frac{4.8 \times 2500}{330} \approx 36\mathrm{mm}$$

当焦距数值算出后,如果没有对应焦距的镜头是很正常的,这时可以根据产品目录选择相近的型号,一般选择比计算值小的,这样视角还会大一些。

3）视场角的计算

镜头有一个确定的视野,镜头对这个视野的高度和宽度的张角称为视场角。视场角与镜头的焦距 f 及摄像机靶面的尺寸(水平尺寸 w 和垂直尺寸 h)的大小有关,镜头的水平视场角 $\alpha_水$ 及垂直视场角 $\alpha_垂$ 可以分别由下面的公式计算：

$$\alpha_水 = 2\arctan\left(\frac{w}{2f}\right)$$

$$\alpha_垂 = 2\arctan\left(\frac{h}{2f}\right)$$

由上面的公式可知,镜头的焦距越短,视场角越大,或者摄像机的靶面尺寸越大,视场角越大。如果所选择的摄像机视场角太小,可能会出现监视死角;如果视场角选择太大,又有可能造成被监视主体太小,难以辨认,且画面边缘出现畸变。因此,必须根据具体的应用环境选择合适的镜头。表 3-5 列出了几种常用镜头的水平/垂直视场角,表中的参数是以日本 JVC 系列镜头为参考给出的。

常用镜头视场角（水平/垂直 单位°） 表 3-5

尺　寸	2.8	4	4.8	6	8	12	16	48	69	100
1/3 in	81/66	62/48	53/41	44/33	33/25	23/17	1.7/13	6/5	—	—
1/2 in	—	—	57/53	56/44	44/33	38/23	23/17	7.6/5.7	5.3/4	3.7/2.7
2/3 in	—	—	85/69	72/57	58/45	40/30	31/23	10/7.9	7.3/5.5	5/3.8

4）其他参数

（1）景深与光圈。当某一物体聚焦清晰时,从该物体前面的某一段距离到其后面的某一段距离内的所有景物也都应当清晰的,焦点到清晰景物这段从前到后的距离就叫做景深。景深分为前景深和后景深,后景深大于前景深。景深越深,那么离焦点远的景物也能够清晰,而景深浅,离焦点远的景物就模糊。

景深的大小受诸多因素的影响,通常广角镜头比长焦镜头具有更大的景深,大的光圈值具有大的景深范围。对于自动光圈镜头而言,光圈的不断调整也意味着景深大小的相应变化,夜间自动光圈全部打开,此时的景深范围达到它的最小值,这也意味着白天清晰观察到的目标此时可能变得模糊。

改变景深有三种方法:使用长焦距镜头,增大摄像机和被摄物之间的距离,缩小镜头的焦距。缩小镜头的焦距是常用的办法。

(2)监控对象。长焦镜头可以得到较大的目标图像,适合于展现近景和特写画面,而短焦镜头适合于展现全景和远景画面。如果被摄物相对于摄像机一直处于相对静止的情况下,适合选择定焦镜头。但是在视频安防监控系统中,有时需要先寻找被摄目标,此时需要短焦镜头,而当被摄目标找到之后又需要看清目标的部分细节,例如防盗系统,在这种情况下可以选择变焦镜头。变焦镜头的特点是在成像清楚的情况下,通过改变镜头焦距来改变图像和视场角大小,变焦镜头的价格要远高于定焦镜头。

应该注意的是,有时监控系统既要求有一定的范围又要求对局部目标进行清晰监控的场合,通常会想到采用变焦镜头或者遥控旋转云台,但是从使用和实用的观点来看,这并非最佳方案,原因是在这种情况下值班人员的注意力会放在操作调整方面而不是集中在被监视目标上,有时会遗漏一些重要的监控细节,有时采用定焦镜头、固定和半固定云台并增加摄像机数量的办法来达到较好的监控效果,而且经济方面不会增加太多的费用。

(3)镜头的安装方式。镜头的安装方式有 C 型安装和 CS 型安装两种。C型安装接口指从镜头安装基准面到焦点的距离为 17.526mm,而 CS 型接口的镜头安装基准面到焦点距离为 12.5mm。因此将 C 型镜头安装到 CS 接口摄像机时需要加装一个 5mm 厚的接圈。

3.2.3 其他设备

3.2.3.1 防护罩

摄像机作为电子设备,其使用范围受元器件的使用环境条件的限制。为了使摄像机能在各种条件下应用,就要使用防护罩。防护罩的种类很多,按其使用的环境不同,分类如图 3-7 所示。

常用的防护罩可分为室内和室外型,相应分别采用室内防护罩和室外防护罩。室内防护罩比较简单,其功能除保护摄像机防灰尘外,还有隐蔽作用,被监视对象不易察觉。室内防护罩要求安装简单实用,有的情况下还要求外形美观,造型有时代感等。室内环境很好时,也可省去防护罩,直接把摄像机安装在支架上。

室外防护罩的主要功能有防晒、防雨、防尘、防冻、防凝露等;当气温 35℃以

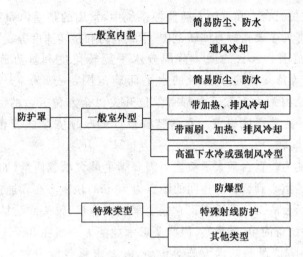

图 3-7　防护罩的分类

上时要有冷却装置;环境温度在低于 0℃时要有加热装置,如果防护罩有结霜,可以加热除霜。在我国北方地区使用时,环境温度高时自动打开风扇冷却,温度低时自动加热;下雨时可以人为或自动控制雨刷器。室外防护罩对摄像机在室外工作特性的影响很大,必须充分重视,并依使用条件而定。

图 3-8　YHT100 A/B 隔爆防护罩

　　YHT100 A/B 隔爆防护罩如图 3-8,其性能参数如表 3-6 所示。

YHT100 A/B 隔爆防护罩性能参数

表 3-6

防爆型式	ExdIICT6(H2)	外形尺寸(mm)	520(长)×170(宽)×180(高)
防护等级	IP65	内径尺寸(mm)	260(长)×70(宽)×90(高)
供电电压	AC220V ±10%	质量	13kg
工作电流	≤200mA	性能	全不锈钢、防腐、防尘、防水、可装变焦镜头
环境温度	−25℃ ~ +60℃		

3.2.3.2　云台

　　云台与摄像机配合使用扩大监视范围,提高摄像机的使用价值。云台种类很多,从使用环境上来讲有室内型云台、室外型云台、防爆云台、耐高温云台和水下云台;从其回转的特点可分为只能左右旋转的水平云台、既能左右旋转又能上下旋转的全方位云台。在视频安防监控系统中,常用的是室内和室外全方位普通云台,其选择的主要指标有回转范围、承载能力和旋转速度等。

(1)回转范围。云台的回转范围分水平旋转角度和垂直旋转角度两个指标,水平旋转角度决定了云台的水平回旋范围,一般为 0~350°,指标没有达到 360°是因为大多数云台都有限位开关。全方位云台的回旋范围由上旋转角度和下旋转角度确定。有些特殊设计的吸顶安装式云台只能向下旋转,不能向上旋转。

(2)承载能力。云台最大承载能力需要满足最大承载质量(如摄像机,或者包括防护罩)的重心到云台工作面的距离为 50mm,该重心必须通过云台的回转中心,而且与云台的工作面垂直。它需要承载摄像机、镜头和防护设备,室内云台承载的各种设备简单,质量轻,因此要求承载能力一般在 8kg 左右;室外云台必须承载室外防护罩和防水设施等设备,故要求承载能力较大,一般在 10kg 以上。

(3)旋转速度。普通云台的转速是恒定的,水平旋转速度一般在 3°/s~10°/s,垂直旋转速度在 4°/s 左右,云台的转速越高,电机的功率就越大,价格也越高。有些应用场合如目标跟踪,需要云台在很短的时间内移动到指定的位置,这一方面要求有位置控制,通常用步进电机或带位置控制系统的电机来实现;另一方面要有很高的转速。目前一些云台转速可以达到 200°/s 以上,它们都有特殊设计,通常把摄像机、镜头和防护罩统一设计,选用体积小、质量轻的摄像机和镜头,防护罩把转动系统、摄像机、镜头整体封起来,并配有特殊的控制系统,构成一体化的摄像设备。有一些云台控制器使用普通的恒定转速的云台实现定位,一般都是利用时间来计算转动角度,这种情况下云台的转速越低,定位精度越高。

在选择云台时,还有一些因素要考虑:云台使用的电压类型和是否具有回转功能。目前市场上出售的云台电压一般是交流 220V、交流 24V,特殊的还有直流 12V 的,选择时要结合控制器的类型和系统中其他设备统一考虑。有些监视场合要求能自动来回大范围巡视监视现场,这时需要云台有自动回转功能,现在大多数云台都有此项功能但也有些没有,选择时要注意。

YHB30 隔爆电动云台如图 3-9 所示,性能参数如表 3-7 所示。

图 3-9　YHB30 隔爆电动云台

YHB30 隔爆电动云台性能参数　　　　　　　　表 3-7

防爆型式	ExdIIBT5	供电电压	AC220V/AC24V
防护等级	IP65	工作电流	≤200mA /≤2000mA
最大负载能力	20kg	环境温度	−20～＋60℃
旋转角度	水平 350°/270°(可选)、俯仰 ±40°	外形尺寸(mm)	300×200×325
额定角速度	水平 3.8±0.5 °/s、俯仰 3.8±1 °/s	特点	全不锈钢、防腐、防尘、防水

支架是用于承载摄像机、云台等设备的支撑物,一般要求选择承重好,结构简便,便于安装的支架。

3.2.3.3　红外灯

红外灯是用来夜间照明之用。在配置红外灯的时候,一定要考虑摄像机的特性,和摄像机进行配合,一般只能用于对红外感光的黑白摄像机,且摄像机要采用对红外响应较好的芯片,有些摄像机为了与人眼的视觉特性更加相似,采用滤光片将红外光部分过滤了,在配置时需注意,如图3-10所示。

图 3-10　带红外灯的摄像机

光源的选择也是红外灯配置的关键,采用红外灯就是因为不能采用可见光照明,所以隐蔽性极其重要,既要有足够的光强又要有较窄的光谱范围。通常可以选择 850nm 光源,其半值宽度小于 100nm,既可以保证光强又不为人察觉。半导体激光器具有很窄的光谱范围但是价格较高,LED 光源稳定可靠且价廉,但是容易被人眼察觉。选择时,根据对隐蔽性要求和经济条件综合衡量。

依据功率的不同,红外灯的照射范围是不同的,需根据实际情况来选取。有的红外灯被集成在防护罩内,提高了红外灯的应用环境范围,简化安装。

3.3　传输设备

3.3.1　传输设备概述

图像信号的基本特点是频带宽、信息量大、传输数码率要求高。视频图像传输涉及多方面因素,如图像的传递方式、传输容量、传输媒体、传输速率、传输终端显示效果等;对于数字视频安防监控系统,又涉及图像信息压缩算法和编码/解码性能等性能指标。有些需要保密的场合,还有必须加密传输的内容。

通常,传输按照传输内容、传输的媒介、传输信号形式和传输装置进行分类。

1)按照传输内容分类

监视现场和控制中心需要有信号传输,一方面摄像机得到的图像要传到控制中心,另一方面控制中心的控制信号要传送到现场,所以传输系统包括视频信号和控制信号的传输。

2)按照传输媒介分类

目前有以架空明线、同轴电缆、光缆等方式进行的有传输线传输和依靠微波技术在空间传输的无线传输两大类。按照基带信号,可以分为模拟信号传输和数字信号传输。目前视频信号的传输方式有很多种,表3-8列出了用于视频安防监控系统的各种有线传输方式(模拟信号)。

视频安防监控系统有线传输方式　　　　　　表3-8

传送媒体	传送距离(km)	分 类	特 点
一般同轴电缆	0~1.5	视频基带	比较经济,易受外界电磁干扰
平衡对电缆	0.5~60	视频基带	不易受外界干扰,易实现多级中继补偿放大传输,具有自动增益控制功能
特殊同轴电缆	0.5~20	视频信号调制(模拟)	抗干扰能力较强,对电缆的高频补偿较易实现,但设备复杂
电缆电视用同轴电缆	0.5~20	视频信号调制(模拟)	可实现单线多路传送,用普通电话线即可接收,设备复杂
光缆	0.5以上	视频信号调制(模拟)	不受电气干扰,无中继可传10km以上
电话线	0.5以上	数字调制	静止图像传送,距离不限

3)按照信号传输方式分类

信号传输(通常是数字信号传输)又有基带传输和频带传输(载波传输)两类。基带信号通常使用电缆、同轴电缆、架空明线而不用调制解调装置直接传输信号的方式叫做数字基带传输,要求信道有低通特性。经过射频调制将基带信号频谱加载到某一载波上形成的信号称为频带信号,例如相移键控(PSK)、频移键控(FSK)、幅移键控(ASK)等。频带信号传输信道具有带通特性,称为频带传输,数字微波通信和数字卫星通信就属于这一类,也是广泛使用的传输方式。

除了近距离的图像传输使用模拟传输外,一般都采用数字传输方式。首先对图像进行数字化,即数字图像编码,目前使用的大多数是CCD数字摄像机,数字图像编码一般在图像生成时完成。由于图像信号具有大量的冗余度,因此大多数情况下需要对数字图像进行压缩,即在信噪比要求或主观评价得分等质量得到保证的情况下,以最小的比特数来传输一幅图像。

4)按照传输装置分类

图像传输又可以分为专用传输设备方式和计算机联机网络传输两大类。前者包括了连接专用网络或者公共通信线路上的视频传输设备,例如使用同轴电缆、电话线或者光纤、专用视频图像发射机/接收机、微波通信和卫星等设备。后者是通过计算机网络和多媒体技术来传输图像。本文将在后面专门介绍网络视频安防监控技术。

3.3.2 视频图像传输方法

3.3.2.1 同轴电缆传输

同轴电缆是一种电线及信号传输线,一般是由四层物料构成:最内里是一条导电铜线,线的外面有一层塑胶(作绝缘体、电介质之用),绝缘体外面又有一层薄的网状导电体(一般为铜或合金),导电体外面是最外层的绝缘物料作为外皮。结构如图 3-11 所示,实物如图 3-12 所示。

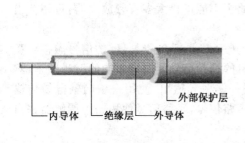

图 3-11 同轴电缆结构

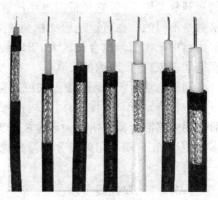

图 3-12 同轴电缆外观

根据同轴电缆的通频带不同,同轴电缆可以分为基带同轴电缆和宽带同轴电缆。基带同轴电缆仅用于单通道数据信号传输,宽带同轴电缆可以使用频分多路复用的方法将其划分为多条通信信道,以支持多路传输。

同轴电缆的另一个参数是特征阻抗,特征阻抗的大小与内外导体的几何尺寸、绝缘层介质常数等有关。在以太网的基带传输中,常使用的特征阻抗为 50Ω,而在视频安防监控系统中传输视频信号特征阻抗为 75Ω,这种电缆既可以用于传输模拟信号也可以传输数字信号。用于传输模拟信号时,带宽可以达到

400MHz。同轴电缆支持点对点连接,也支持多点连接,基带同轴电缆的最大传输距离约几千米,抗干扰能力比较强。

在视频监控系统中,视频信号的传输距离一般在 1km 以内,多数采用视频基带的同轴电缆传输。这种电缆作为长距离传输的媒体时,会有对地不平衡的低频地电流的影响,铺设的场所有时也会有高频干扰,所以布线施工时,对外部条件要特别注意。另外在中波发射台附近,由于受到发射台的电波干扰,监视器上会有杂波影响,此时从摄像机到监视器的同轴电缆要在金属管内穿过,并且尽可能埋在地下。若在施工时不能这样做的话,就要考虑其他的传输方式。

监视用的信号传输带宽为 50Hz～4MHz,为了把该信号的各频率都进行同样的传输,要按照所使用的同轴电缆的长度和特性进行补偿。一般采用专用的 SYV75 系列同轴电缆,若为内部近距离视频设备间互联,在 30m 以内,推荐 SYV-75-2 电缆,在 300m 以内时,推荐 SYV-75-5(它对视频信号的无中继传输距离一般为 300～500m)电缆,其衰减的影响可以不予考虑;距离较远时,需采用 SYV75-7 电缆(有的采用 SYV75-9 甚至 SYV75-12 的同轴电缆,在实际工程中,粗缆的无中继传输距离可达 1km 以上);大于上述距离时可以考虑有源传输或者双绞线传输,如果图像质量不好,要考虑使用电缆补偿器。电缆补偿器同普通的视频放大器不同,它是根据电缆的衰减特性设计的,它对不同频率信号的放大倍数是不同的。也有通过增加视频放大器以增强视频的亮度、色度和同步信号,但线路中干扰信号也会被放大,所以回路中不能串接太多视频放大器,否则会出现饱和现象,导致图像的失真。

同轴电缆射频 RF 传输方式就是宽频一线通,把 0～6MHz 的信号搬移至载波上进行传输(FDM 技术)。不同摄像机的视频信号调制到不同的射频频率,然后使用多路混合器把所有的频道混合到一路射频输出,使用一条同轴电缆传输多路信号,在末端再用射频分配器分成多路信号,每路信号使用一个调解器解出一路信号。

3.3.2.2 双绞线传输

双绞线是由两条相互绝缘的导线按照一定的规格互相缠绕(一般以顺时针缠绕)在一起而制成的一种通用配线。每一根导线在传输中辐射的电波会被另一根线上发出的电波抵消,这种方式可降低信号干扰的程度。双绞线过去主要是用来传输模拟信号的,但现在同样适用于数字信号的传输。

视频信号也可以用双绞线传输。在某些特殊应用场合,双绞线传输设备是必不可少的。例如工程改造和扩展过程中,建筑物内已经按综合布线标准敷设了大量的双绞线(三类线或五类线)并且在各相关房间内留有相应的信息接口(RJ45 或 RJ11),则安装视频安防监控设备时就不需再布线,视音频信号及控制信号都可通过双绞线来传输。

另外对已经敷设了双绞线(或两芯护套线)而需将前端摄像机的图像传到控制室设备的应用场合,也需用到双绞线传输设备。双绞线视频传输设备的功能就是在前端将适合非平衡传输(即适合 75Ω 同轴电缆传输)的视频信号转换为适合平衡传输(即适合双绞线传输)的视频信号;在接收端则进行与前端相反的处理,将通过双绞线传来的视频信号重新转换为非平衡的视频信号。双绞线传输设备本身具有视频放大作用,因而也适合长距离的信号传输。

双绞线可以分为非屏蔽双绞线(UTP)和屏蔽双绞线(STP)两类,屏蔽双绞线线外有金属网以屏蔽电磁干扰。双绞线如图 3-13 所示。

图 3-13　双绞线

EIA/TIA 为双绞线电缆定义了五种不同质量的型号。目前网络综合布线使用五类,但是考虑到网络的扩展性和系统的可靠性,建议使用超五类或者即将成为主流的六类线。这 4 种型号如下:五类电缆增加了绕线密度,外套一种高质量的绝缘材料,传输频率为 100MHz,用于语音传输和最高传输速率为 100Mbps 的数据传输,主要用于 100BASE-T 和 10BASE-T 网络,这是最常用的以太网电缆;超五类线缆具有衰减小,串扰少,并且具有更高的衰减与串扰的比值和信噪比、更小的时延误差,性能得到很大提高;六类线缆是主要用于 10BASE-T/100BASE-T/1000BASE-T,传输频率为 250MHz;扩展六类线缆主要用于 10GBASE-T,传输频率为 500MHz。

在视频监控系统中,对不同的传输方式,所使用的传输部件及传输线路都有较大的不同,主要分为下面两类:

(1)无源适配器传输。使用无源适配器传输时,随着频率增高插入损耗会增大。这样,在视频信号传输距离较远时,图像质量将受到严重的影响。在实际使用时受到较大的限制。

(2)有源适配器传输。使用有源适配器,采用非平行抗干扰技术,可以通过一根五类 UTP 线无损失地传输全动态图像、音频、报警、控制信号,也可用于传输非数字化非压缩视频信号。一般还有内置的瞬间保护和浪涌保护。

采用有源信号适配器还有如下的优点:

(1)一根五类缆内有 4 对双绞线,如果使用一对线传送视频信号,另外的几对线还可以用来传输音频信号、控制信号、供电电源或其他信号,提高了线缆利用率,同时避免了各种信号单独布线带来的麻烦,减少了工程造价。

(2)抗干扰能力强。双绞线能有效抑制共模干扰,即使在强干扰环境下,双绞线也能传送极好的图像信号。而且,使用一根缆内的几对双绞线分别传送不同的信号,相互之间不会发生干扰。

(3)利用双绞线传输视频信号,在前端要接入专用发射机,在控制中心要接入专用接收机。这种双绞线传输设备价格便宜,使用起来也很简单,无需专业知识,也无太多的操作,一次安装,长期稳定工作。

(4)视频监控系统采用 UTP 线传输,是与计算机网络和电话系统所用的线缆相同,因此可以统一到综合布线系统中。

视频信号通过 UTP 传输的框图如图 3-14 所示,线缆特性及指标如表 3-9 所示:

线缆特性及典型指标 表 3-9

序 号	特性参数	100MHz		250MHz
		5 类	超 5 类	6 类
1	衰减	24.0dB	21.3dB	36dB
2	近端串扰	27.1dB	39.9dB	33.1dB
3	功率相加近端串扰	N/A	37.1	30.2
4	信噪比	3.1dB		
5	功率相加信噪比	N/A		
6	等效远端串扰	17.0dB	23.3dB	15.3dB
7	功率相加等效远端串扰	14.4dB	20.3dB	12.3dB
8	回波损耗	8.0dB	12.0dB	
9	传播延迟	548ns	555ns	
10	延迟失真	50ns	50ns	

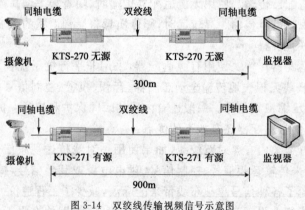

图 3-14 双绞线传输视频信号示意图

3.3.2.3　光纤传输

光纤传输是另一种重要的图像信号传输方式。光纤是用纯石英以特别的工艺拉成细丝,光纤的直径约 $125\sim240\mu m$,纤芯的石英玻璃丝是横截面积很小的双层同心圆柱体,中心是光传播的玻璃芯,芯外面包围着一层折色率比芯低的玻璃封套,以使光纤保持在芯内。在多模光纤中,纤芯的直径为 $15\sim50\mu m$,单模光纤芯的直径为 $8\sim10\mu m$。光纤外面是一层薄的塑料外套,用来保护封套。光纤的剖面结构和同轴电缆相似,只是没有网状屏蔽层。

光纤传输具有传输距离长、信号衰减小、抗干扰性好等特点,可以在很短的时间内传递巨大数量的信息,目前已经实现在一根光纤中每秒传递几百个T位($1T=1024G$)的信息速率,而且这个速率还远远不是光纤的传输速率的极限。在 1310nm 和 1550nm 波长的低损耗窗口,每千米衰减约 $0.2\sim0.4dB$,是同轴电缆每公里损耗的 1%,因此可以实现 20km 无中继传输,适用于长距离远程传输。

实用的光纤外面有几层塑料涂层,以保护光纤,增加光纤的强度,在工程中更多使用的是光缆。光缆分类的方法很多,本章仅就几种常见的分类方式进行介绍。

1)按照光纤的种类划分

按照光纤的种类划分为单模光缆和多模光缆。当光在光纤中传播时,如果光纤的纤芯的几何尺寸远大于光波波长时,光在光纤中会以几十种乃至几百种传播模式进行传播,因此光纤被称为多模光纤。多模光纤会产生模式色散现象,导致多模光纤带宽变窄,降低光纤传输容量。因此多模光纤适用于小容量或者短距离的光纤传输。多模光纤折射率分布一般为渐变型,纤芯直径为 $50\mu m$。

如果光纤的纤芯直径的几何尺寸与光波波长相比拟时(即与光波长在一个数量级上,约 $4\sim10\mu m$),光在光纤中仅以一种传播模式(基模)进行传播,其余的高次模式均被截止,因此光纤被称为单模光纤。单模光纤与多模光纤的比较如表 3-10 所示。

单模光纤与多模光纤之间的比较　　　　　　　　　　　　　　表 3-10

项　　目	单 模 光 纤	多 模 光 纤
纤芯直径	较细($4\sim10\mu m$)	较粗($50\sim100\mu m$)
与光源的耦合	较难	简单

项　目	单 模 光 纤	多 模 光 纤
光纤间连接	较难	较易
传输带宽	极宽(100G 左右)	窄(若干 G)
微弯影响	小	较大
适用场合	远距离、大容量	中短距离、中小容量

2)按照缆芯结构划分

按照缆芯结构划分,可以分为层绞式光缆,中心管式光缆和骨架式光缆等。

层绞式光缆属于室外光缆,其结构如图 3-15 所示,它是有多根二次被覆光纤松套管或部分填充绳绕中心金属加强件绞合成的缆芯,缆芯外先纵包复合铝带并挤上聚乙烯内护套,然后纵包阻水带合双面覆膜皱纹铝带(钢带)加一层聚乙烯外护套构成。

层绞式光缆具有可以容纳较多数量的光纤,光纤余长比较容易控制,光缆的机械和环境性能比较好,可以用于直埋、管道敷设,也可以用于架空敷设。层绞式光缆不足之处是光缆结构复杂、生产工艺繁琐、材料消耗多等。

束管式光缆是把一次涂敷光纤或者光纤束管放入到大套管中,加强芯配置在套管周围而构成,如图 3-16 所示。束管式光缆结构的特点:由于束管式结构的光缆的光纤与加强芯分开,因而增加了传输的稳定性与可靠性;束管式结构由于直接将一次光固化层光纤放置于束管中,所以光缆的光纤数量灵活;束管式结构光缆对光纤保护效果最好,光缆强度好,耐侧压,能够防止恶劣环境和可能出现的野蛮作业的影响。

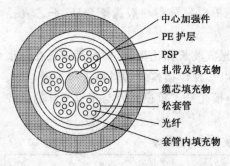

图 3-15　层绞式光缆结构

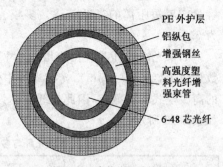

图 3-16　束管式光缆结构

骨架式结构光缆是将紧套光纤或者一次涂敷光纤放入加强芯周围的螺旋型数量骨架凹槽内构成,如图 3-17 所示。骨架式结构光缆的特点:骨架式结构光缆可以用一次涂敷光纤直接放置于骨架槽内,省去松套管二次被覆过程;骨架形式有中心增强螺旋型、正反螺旋型,分散增强型等,骨架式结构光缆对光纤具有良好的保护性能,侧压强度好,对施工尤其是管道布放有利。

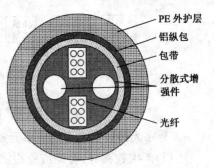

图 3-17　骨架式光缆结构

光端机主要由复分接收电路和光收发模块组成,用于完成数字电信号与数字光信号的互相转化和光信号的收发。目前大容量的数字光纤通信系统均采用同步时分复用(TDM)技术,并且存在两种传输体制:准同步数字通信系统(PDH)和同步数字通信系统(SDH)。限于本书的篇幅,对于这两种通信系统的原理不做详细介绍,对此有兴趣的读者可以参考相关文献。光端机环形传输网络如图 3-18 所示。

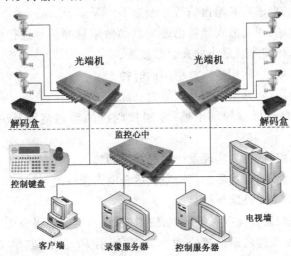

图 3-18　光端机环形传输网络

随着技术的不断发展,模拟光端机已经退出市场,数字光端机已经成为市场的主流,而带有网络功能的模块化光端机将会成为未来发展主流。

光接收机的功能是把经过光纤远距离传输后的微弱信号检测出来,然后放大再生成电信号。光接收机也可以分为数字光接收机和模拟光接收机两类。数字光接收机主要由光电检测器、前置放大器、均衡电路、时钟提取电路、定时判决电路、AGC 自动增益控制电路、解码解扰电路、编码电路等部分组成,其结构如图 3-19 所示。

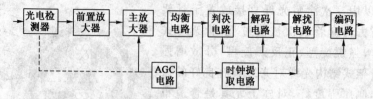

图 3-19　数字光接收机结构框图

数字光接收机各个组成单元及其作用如下：

(1)光电检测器：将光信号检测成电信号,所用器件为 APD、PIN 或光电晶体管。

(2)前置放大器：转换后的电信号非常弱,因此需要进行两级放大,即先进行前置放大,再进行主放大。前置放大器属于低噪声、宽频带放大器,对接收机的灵敏度有十分重要的影响,其输出的信号为 mV 级的。

(3)主放大器：用来提供高的增益,将前置放大器的输出信号放大到适合于判决电路所需的电平。其输出信号一般为 1～3V。

(4)均衡电路：对主放大器输出的失真的数字脉冲信号进行整形,使之成为最有利于判决、码间干扰最小的升余弦波形。

(5)时钟提取电路：用于恢复所用的时钟。

(6)判决电路：将升余弦信号恢复为 0 或者 1 的数字信号。

(7)AGC 自动增益控制电路：控制接收机的动态范围及 APD 的倍数因子 C。

(8)解码与解扰电路：实现发送端的扰码的解扰。

(9)编码电路：将解扰后的信码变成适合电缆传输的码型。

光接收机的主要性能指标有：

(1)接收灵敏度。接收灵敏度就是指在保证一定的误码率要求的前提下,光接收机能够正常工作的最低接收功率,通常使用 P_r 表示,其单位是 dBm,即相对于 1mV 光功率分贝数。

$$P_r = 10 \lg P_{min}$$

其值越小,光接收机的灵敏度越高,光接收机的质量越好,中继通信距离越长。

(2)光接收机动态范围

光接收机动态范围是指保证一定的误码率要求的前提下,光接收机能够接收的最小光功率和最大光功率的能力就是光接收机的动态范围,单位为 dB,其定义式为：

$$D = 10\lg \frac{P_{\min}}{P_{\max}}$$

光接收机的动态范围和接收灵敏度一样,是衡量光接收机质量好坏的重要技术指标。高质量的接收机不仅要有较好的接收灵敏度,还要有较大动态范围。

常用的光纤系统的仪器及仪表有光纤熔接机、光时域反射计等设备。

(1)光纤熔接机

光纤固定连接可以分为熔接和粘接两种方式。熔接法具有连接损耗低、长期可靠性高、自动化操作程度高、无需辅助元件等优点。

光纤熔接机是完成光纤固定连接的接头工具,其工作过程是在待接光纤轴对准后,采用电弧放电加热方式熔接光纤端面。光纤对芯、熔接和熔接损耗估算都可以自动完成。

光纤熔接机主要由高压电源、光纤调准装置、放电电极、控制器和显示器(显微镜和电子荧屏)组成。上述部分有两件、三件分体结构,也有产品合为一体成为箱式结构的。

(2)光时域反射仪

光时域反射仪(Optical Time Domain Reflectmeter,OTDR)利用瑞利散射和菲涅尔反射作用测量光纤情况,通常菲涅尔反射的功率是反向散射功率的几万倍。

OTDR 测试是通过发射光脉冲到光纤内,然后在 OTDR 端口接收返回的信息来进行工作的。当光脉冲在光纤内传输时,会由于光纤本身的性质、连接器、接合点、光纤弯曲或者其他类似事件而产生反射和散射,其中一部分反射和散射会返回到 OTDR 设备中,有用的信息就会被 OTDR 探测器进行测量,以之作为光纤内信号的强弱(即光纤的状态)。

OTDR 的主要参数如下:

①折射率 N:影响测试光纤长度的因素之一,N 越大,所能测试的光纤长度越短,反之亦然。

②光脉冲宽度 T:T 越大,所能测试的光纤长度越长,但是盲区也会随之增大,清晰度也会下降。

③波长:如果系统工作波长为 1310nm,而测试波长为 1550nm,则测量结果会出现偏差,故要求测量时使用的波长应与工作波长一致。

④模式:即测量单模或者多模光纤时,应当选择正确的模式。

⑤接续阈值:规定的接续损耗的阈值,有大于或者等于这个损耗阈值的接续点会显示在显示屏上(通常采用 0.05dB)。

OTDR 主要用于测量光纤的衰减、接头的损耗、光纤长度、光纤故障位置、光纤沿长度的损耗分布等。

除了上述设备外,还有 PCM 综合测试仪,主要用于 PCM 线路的开通测试、工程验收与日常维护等。

3.3.2.4 无线传输

视频安防监控系统一般使用有线传输,但在某些场合布线是非常困难甚至是不可能的,这时可以考虑无线传输。

无线传输是指无需线缆类传输介质,依靠电磁波穿越空间进行信息传递的过程。无线传输也是一种重要的传输方式,在某些特殊的应用场合具有独特的技术优势,近年来得到了广泛的应用。

由于国际上通行的做法是将 2.4GHz 频段留给工业、科学和医疗作为短距离通信,因此这个频段的无线传输技术发展迅速。无线电波的传输特性与频率有关。高频无线电波呈直线传播,对障碍物穿透能力较差,低频无线电波穿透能力较强,可以穿越某些障碍物。无线电波的传输是全方位的,信号的发射和接收都要借助天线,发射和接收天线一般不需要对准。在公共安全网络应用中,周围磁场的干扰,会影响通信效果,需要在设计时考虑。无线传输方式另一个弱点是容易被其他手段接收或者监视,在安全要求高的场合,需要慎重选择。

目前常用的视频信号无线传输设备是微波定向传输,用于传输的微波频率大约在 2~40GHz,沿直线传播,不能绕射,发射端与接收端应能够直视,中间没有阻挡物,其抛物状天线需要对准,距离较远时需要中继。采用这种方式在无阻挡情况下可传送 32km,比较适合交通、银行等监控系统。无线传输的最大问题在于它要占用频率资源,目前广播电视、无线移动通信等事业的快速发展使空间频率资源十分紧张,采用无线传输一般要向当地的无线电管理委员会申请频率范围。近距离无线传输网络如图 3-20 所示。

此外还可以使用微波的形式来发射和接收视频图像。为了可靠地传输远程图像,通常划分为 L(1.0~2.0GHz)、S(2.3~3.0GHz)、Ku(10.75~11.7GHz)三个频段。模拟微波传输采用射频调制的办法,占用 25MHz 带宽,只适合于远距离传输,但是会受到建筑物阻挡的影响。数字微波传输,如 Wi-Fi(802.11x)和蓝牙技术,都是采用 2.4GHz 扩频传输的办法。红外线直线传播,方向性极强,穿透性能较差,常用于室内短距离通信,例如家用电器与遥控器之间的通信。

数字视频网络传输主要包括专网数字视频传输和以太网的数字视频传输。前者中以 EI 信道的传输方式居多,大多应用于电力、高速公路等领域,后者是近几年来获得蓬勃发展的新领域,代表了数字技术在安防领域应用的新方向,后文会详细讨论数字视频网络传输。

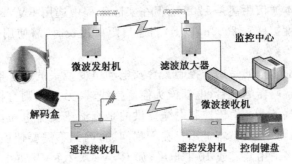

图 3-20　微波近距离直接传送系统

3.3.3　控制信号的传输

控制中心要对现场的设备进行控制,就需要把控制信号传输到现场,控制方式不同,信号的种类也不同,传输的方式就有区别。在近距离的视频安防监控系统中,常用的控制方式有以下几种:

(1)直接控制。这种方式是控制中心直接把控制量,如云台和变焦距镜头所需要的电源、电流等直接送入被控设备。它的特点是简单、直观、容易实现,在现场设备比较少的情况下比较适用,但在所控制的云台、镜头数量很多时,需要大量的控制电缆,线路也复杂,所以目前大的系统中一般不采用这种方式。

(2)多线编码的间接控制。多线编码是在控制中心把要控制的命令编成二进制或其他方式的并行码,由多线传送到现场的控制设备,再由它转换成控制量来对现场摄像设备进行控制。这种方式比上一种方式用线少,在近距离控制时也常采用。

(3)通信协议的间接控制。上述两种方式存在着两个缺陷:一是每一路现场设备都需要单独的控制线路,系统规模比较大时,线缆的费用太高;另一个是监视现场较远时,在线路上的压降很大,不能实施有效的控制。随着微处理器和各种集成电路芯片的普及,目前规模较大的系统采用通信协议,例如常用的 Pel-coD 协议等,使用 RS232/485 双绞线传输。这种方式的优点是:用单根线路可以传送多路控制信号,从而节约了线路费用;通信距离在不加中间处理的情况下可以传送 1km(RS485)以上,加中间处理可以传送 10km 以上。如果增加调制解调器等转换器后,利用电话线路或者互联网传送,传送距离没有限制。

连接现场解码器与控制中心的视频矩阵切换主机之间的通信电缆,一般采用 2 芯屏蔽通信电缆（RVVP）或 3 类双绞线 UTP，每芯截面积为 0.3～0.5mm²。选择通信电缆的基本原则是距离越长，线径越大，例如：RS485 通信规定的基本通信距离是 1200m，但在实际工程中选用 RVV2-1.5 的护套线可以将通信长度扩展到 2000m 以上，当通信距离过长时，需使用 RS485 通信中继器。

控制电缆通常指的是用于控制云台及电动可变镜头的多芯电缆，它一端连接于控制器或解码器的云台、电动镜头控制接线端，另一端则直接接到云台、电动镜头的相应端子上。由于控制电缆提供的是直流或交流电压，而且一般距离很短（有时还不到 1m），基本上不存在干扰问题，因此不需要使用屏蔽线。常用的控制电缆大多采用 6 芯或 10 芯电缆，如 RVV6-0.2、RVV10-0.12 等。其中 6 芯电缆分别接于云台的上、下、左、右、自动、公共 6 个接线端，10 芯电缆除了接云台的 6 个接线端外还包括电动镜头的变倍、聚焦、光圈、公共 4 个端子。在视频安防监控系统中，从解码器到云台及镜头之间的控制电缆由于距离比较短一般不作特别要求。

（4）同轴视控传输技术。同轴视控传输技术是利用一根视频电缆便可同时传输来自摄像机的视频信号以及对云台、镜头的控制信号，从原理上讲，它的实现有两种方法：一种是频率分割，它是把控制信号调制在与视频信号不同的频率范围内，然后同视频信号复合在一起传送，在现场再把它们分解开；另一种是利用视频信号场消隐期间传送控制信号。

采用频率分割，即把控制信号调制在与视频信号不同的频率范围内，然后同视频信号复合在一起传送，再在现场做解调将两者区分开；由于采用频率分割技术，为了完全分割两个不同的频率，需要使用带通滤波器、带通陷波器和低通滤波器、低通陷波器，这样就影响了视频信号的传输效果；另外需要将控制信号调制在视频信号频率的上方，频率越高，衰减越大，这样传输距离受到限制；另外采用双调制的方式，将视频信号和控制信号调制在不同的频率点，和有线电视的原理一样，再在前、后端解调。

利用视频信号场消隐期间来传送控制信号，类似于电视图文传送；将控制信号直接插入视频信号的消隐期，消隐期的信号在监视器上不显示，故对图像显示不会产生干扰，不影响图像的传输质量，通过前端视频信号的预放大和接收端信号的加权放大，可以大大延伸视频信号的传输距离。

同轴视控传输技术基本过程如下：将控制信号（硬盘录像机、矩阵或键盘）送到 RS485 接口电路，再送到单片机控制系统，单片机将控制信号进行存储，同时单片机检测消隐期的信号，当检测到信号后，通过控制信号插入电路，将控制信号插入视频信号的消隐期,通过视频电缆发送到前端摄像机进行解码;前端摄像机解码部分对消隐期的控制信号进行检测,再送到 RS485 接口电路,接到解码器,对云台、镜头进行控制;整个系统采用透明传输方式,波特率 1200/2400/4800/9600/19200 可选。摄像机图像信号先进行放大,通过视频电缆送到控制室,再进行放大、高频提升处理,保证了传输质量。

同轴视控是控制信号和视频信号复用一条同轴电缆,不需另铺设控制电缆,在短距离传输时较其他方法有明显的优点,节省材料和成本、施工方便、维修简单化,在系统扩展和改造时更具灵活性,但目前此类设备比较昂贵,设计时要综合考虑。

3.4 处理/控制设备

控制设备是整个视频安防监控系统的核心,其功能包括:前端设备控制、键盘指令的接收和处理、报警设备管理、继电器输出设备管理、打印、视频切换等。除视频切换、处理功能以外,控制设备的功能和结构类似一台电脑。视频安防监控系统中所需控制的内容与种类如图 3-21 所示。

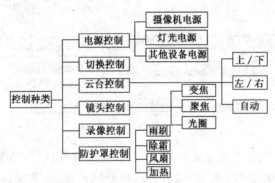

图 3-21 视频安防监控系统中控制

(1)电动变焦镜头控制。变焦镜头是在固定成像面的情况下能够连续调整焦距的镜头,它与电动旋转云台组合后,可以对相当广阔的范围进行监视,而且还可以对该范围内的任意部分进行特写。对它的控制需要变焦、聚焦和光圈三种功能,每种有大小或远近两种控制,总计 6 种控制信号。

(2)云台控制。普通电动旋转云台需要左、右、上和下 4 种控制信号,有的云台特殊情况下还有自动巡视功能,所以需要增加"自动控制"信号。

(3)切换设备控制。切换控制一般要求和云台、镜头的控制同步,即切换到哪一路图像,就控制哪一路的设备。

视频安防监控系统还具有许多高级的控制功能,例如把云台、变焦镜头和摄像机封装在一起的一体化摄像机,它们配有高级的伺服系统,云台不仅可以有很高的旋转速度,还可以预置监视点和巡视路径。这样,平时可以按设定的路线进行自动巡视,一旦发生报警,就能很快对准报警点,进行定点的监视和录像,一台摄像机可以起到几台摄像机的作用。

3.4.1 矩阵主机

当前大多视频监控系统都是通过视频矩阵主机实现控制功能。微机控制或微机一体化的矩阵切换与控制系统是随着计算机应用的普及而出现的电脑式切换器,除常规的视频矩阵切换和摄像机前端控制功能外,同时具备很强的计算机功能。

视频矩阵主机是由视频输入模块、视频输出模块、中央处理器模块、前端设备控制器模块、电源模块、通信接口模块、报警处理模块、信息存储模块等组成。其中视频输出模块具有字符叠加的功能,视频输入模块具有视频丢失检测功能,报警处理模块具有报警输入输出以及通信、网络通信等功能。其系统框图如图3-22所示。

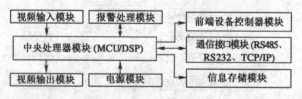

图 3-22 矩阵主机构成框图

视频矩阵主机多为插卡式箱体,除内有电源装置以外,还有一块含有微处理器的 CPU 板,数量不等的视频输入板、视频输出板、报警接口板等,还有众多的 BNC 接插孔、控制连线插孔及操作键盘插孔,其主要功能如下:

(1)视频切换功能。接收各种视频装置的图像输入,并根据操作键盘的控制将它们有序地切换到相应的监视器上供显示或记录,完成视频矩阵切换功能,编制视频信号的自动切换顺序和间隔时间。有手动切换、巡视切换和群组切换等方式。音频随视频同步切换。

(2)前端设备控制。接收操作键盘的指令,控制云台的上下、左右转动,镜头的变倍、调焦,室外防护罩的加热、控制雨刷等,实现各自预置的动作。

(3)键盘有口令输入功能,可防止未授权者非法使用本系统,多个键盘之间有优先等级安排。

（4）对系统运行步骤可以进行编程，有数量不等的编程程序可供使用，可以按时间来触发运行所需程序。

（5）视频丢失报警，报警信号检测、状态指示和联动。有一定数量的报警输入和继电器输出端接点，可接收报警信号输入和控制信号输出。

（6）屏幕字符显示功能，有字符发生器可在屏幕上生成日期、时间、摄像机所在位置、摄像机号等信息。

（7）联网功能。有与计算机的接口。矩阵级联功能，多级信号级联，某一矩阵机的一路或者多路信号的输出可以作为其他一台或者多台矩阵机的视频输入信号，以实现对矩阵的规模扩展，远程分级控制等，部分矩阵主机有网络功能。

（8）信息自动存储功能。在失电和关机后，所有的系统数据、用户设置信息、操作日志等均可保持不变，上电后或者开机后能恢复到以前的状态。

（9）部分矩阵主机有光纤视频输出功能。

同轴视控切换控制主机因通过单根电缆实现对云台、镜头等摄像前端的动作控制，故主机端必定先要对控制信号编码，经传输后，在前端译码后来完成控制功能，这就决定了在摄像前端也需要有完成控制功能的译码和驱动的解码器装置，与普通视频矩阵切换系统不同的是，此类解码器与主机之间只有一个连接同轴电缆的 BNC 接插头。

视频安防监控矩阵主机形式各异，例如有基于工控机形式的，也有刀片插槽式。工控机形式的主机如图所示 3-23 所示。

矩阵主机常用的关键参数如下：

（1）带宽：影响图像的分辨率，通常要求有超过 8MHz 的带宽，并且有平坦的幅频特性，以保证有较小的图像失真。

（2）信噪比：反映电子开关对输入图像信号信噪比的影响，测量标准是使用

图 3-23　工控机式视频矩阵主机

一个 SNR 大于 70dB 的视频信号作输入，测量输出信号的 SNR，就是其信噪比。

（3）串扰：反映相邻通道间视频信号的相互干扰，也表现为由于相邻信道的串扰，致使测试通道的 SNR 下降。

（4）隔离度：是指视频矩阵各个输入端相互隔离的能力，越大越好。

3.4.2 解码/驱动器

在以视频矩阵主机为核心的系统中，每台摄像机的图像需要经过单独的同轴电缆传送到矩阵主机。对云台与镜头的控制，则一般由主机经由双绞线或者多芯电缆先送至解码/驱动器，由解码器先对传来的信号进行译码，即确定执行何种控制动作。解码/驱动器具有的功能如下：

(1)对来自主机的命令进行译码，控制云台与镜头。可完成的动作有：云台的左右旋转、云台的上下俯仰、云台的扫描旋转(定速或变速)、云台预置位的快速定位、镜头光圈大小的改变、镜头聚焦的调整、镜头变焦变倍的增减、镜头预置位的定位、摄像机防护罩雨刷的开关、某些摄像机防护罩降温风扇的开关(大多数采用温度控制自动开关)、某些摄像机防护罩除霜加热器的开关(大多数采用低温时自动加电至指定温度时自动关闭)。

(2)前端摄像机电源的开关控制。

(3)通过固态继电器提高对执行动作的驱动能力。

(4)与切换控制主机间的传输控制。

根据解码器使用环境分为室内和室外两种。目前部分型号的云台自身带有解码器，使云台和解码器实现一体化。目前在视频安防监控系统(包括常用的闭路电视系统)中，控制编码类型比较多，必须与整个系统合并考虑选择何种形式的解码器。根据视频解码器所接受代码的形式不同，通常有三种类型的解码器：一是直接接受由切换控制主机发送来曼彻斯特的解码器；二是由控制键盘传送来或将曼彻斯特码转换后接受的 RS232 输入型解码器；三是经同轴电缆传送代码的同轴视控型解码器，因此与不同解码器配合使用的云台则存在着相互是否兼容的问题。

也有一些万能编码器，支持多种协议，使用拨码开关或者跳线开关进行选择，例如有的产品就内置了 PelcoD 协议、WJ-SX550A(松下矩阵协议)、SN-6800PT(IKEGAWA 高速球形机)的转换，出现了协议转换器。还有万能解码器，例如 Honeywell 公司的协议转换器(PIT)使其 VideoBlox 矩阵可以兼容众多厂家的前后端设备。图 3-24 是解码器的外观。

图 3-24 解码器外观

3.4.3 控制键盘

控制键盘是视频安防监控系统重要的人机对话设备,它根据操作员的键入指令对系统中的视频切换设备、音频切换设备、摄像机解码设备以及报警控制设备进行操作,并接收和检测系统中各种设备发出的回送信息,显示输入的数据以及各种设备的运行状态,也可用于控制多台网络型连接的矩阵主机。

控制键盘一般由液晶显示屏、二/三维变速摇杆、功能键、数字键盘以及通信接口等部分组成。控制键盘与矩阵主机通过 RS232/485 协议连接,接口可以是双线、DB9 和 RJ9/45。控制键盘如图 3-25 所示。

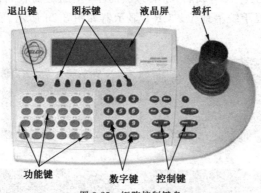

图 3-25　矩阵控制键盘

控制键盘的主要功能包括:液晶显示屏显示摄像机图像号码;用户密码输入、操作安全可靠;云台镜头控制、变速操纵杆控制变速球型摄像机;监视器/摄像机选择、液晶显示屏显示运行状态;控制解码器、画面分割器、数字录像机;控制多台网络矩阵、系统菜单综合设置;报警布防、撤防、报警联动功能;通过编程可设定系统规模、控制范围;总线自动巡更线路故障报警功能。控制键盘与矩阵系统通过 RS485 或者 TCP/IP 接口连接,控制距离达 1500m 或者更远。

与控制键盘功能相类似的还有遥控器,遥控器一般与嵌入式 DVR 系统结合使用,实现部分控制键盘的功能。

3.5　显示/记录设备

显示设备主要由视频监视器、画面分割器等设备组成。视频监视器包括传统的 CRT 显示器、大屏幕投影显示器、数字光处理显示器等多种类型。数字视频记录设备的相关内容将在下一节数字(网络)视频安防监控系统中进行介绍。

3.5.1 视频监视器

监视器是监控系统的标准输出。监视器分彩色、黑白两种,尺寸有 9、10、12、14、15、17、21 in 等,常用的是 14 in。监视器也有分辨率,同摄像机一样用线数表示,实际使用时一般要求监视器线数要与摄像机匹配。另外,有些监视器还有音频输入、S-Video 输入、RGB 分量输入等。视频监视器可以是由多台传统的 CRT 显示器构成的电视墙,也可以是单台上百英寸的大屏幕投影机等。

3.5.1.1 CRT 监视器和电视墙

CRT 监视器生产技术成熟,驱动方法简单,使用寿命长,性价比好,在 14～29in 显示器件中处于统治地位。CRT 显示器如图 3-26 所示。

图 3-26　CRT 监视器

监视器性能主要从以下几个因素进行衡量:

(1)清晰度。清晰度主要是由视频通道的幅频特性、带宽、显像管的点距和会聚误差决定的。对于 PAL 信号而言,其通道带宽与清晰度之间的折算关系为 1M 带宽对应 78TVL,对 NTSC 制式而言,为 1M 带宽对应 56TVL。此外,要确保监视器相应的清晰度,监视器使用的显像管的点距和会聚误差也必须达到相应的要求。

(2)色彩还原度。还原度则主要由监视器中有红(R)、绿(G)、蓝(B)三基色的色度信号和亮度信号的相位所决定。监视器所观察的通常为静态图像,因而对监视器色彩还原度的要求比较高,一般监视器的视放通道在亮度、色度处理和RGB处理上具备精确的补偿电路和延迟电路,以确保亮/色信号和RGB信号的相位同步。

(3)整机稳定度。监视器在构成视频安防监控系统时,通常需要全天、全年连续无间断地通电使用并且某些监视器的应用环境可能较为恶劣,这就要求监视器的可靠性和稳定性更高。监视器的电流、功耗、温度、平均无故障使用时间以及抗电干扰、电冲击的能力和裕度等技术指标要求高,同时监视器还必须使用全屏蔽金属外壳确保电磁兼容和抗干扰性能。在元器件的选型上,监视器使用的元器件的耐压、电流、温度、湿度等各方面特性都要高于普通电视机使用的元器件。而在安装、调试尤其是元器件和整机老化的工艺要求上,监视器的要求也更高,监视器的整机老化则需要在高温、高湿密闭环境的老化流水线上通电老化24h以上,以确保整机的稳定性。

(4)扫描方式,即隔行扫描或逐行扫描。隔行扫描是指将一幅图像分成两场进行扫描,第一场(奇数场)和第二场(偶数场)合起来构成一幅完整的图像(即一帧)。虽然在人的视觉上屏幕重现的是连续的图像,但由于奇数场和偶数场切换都会造成屏幕闪烁和明显的行间隔线的效果,隔行扫描监视器有图像质量差,清晰度低,噪波大和图像闪烁严重等缺点。逐行扫描则指其扫描行按次序一行接一行扫描的方式,逐行扫描监视器则是为了消除隔行扫描的缺陷,将模拟视频信号转换为数字信号,通过数字彩色解码,借助数字信号存储和控制技术实现一行或一场信号的重复使用(即低速读入、高速读出)的50Hz逐行扫描方式,或者再提高帧频,实现60Hz、75Hz以至85Hz的逐行扫描方式。逐行扫描技术由于将输入信号通过A/D转换变成数字视频信号,再由数字解码和数字图像处理电路进行行、场扫描处理,提升通道带宽、提高清晰度、降低噪声,同时逐行显示消除了行间隔线和行间闪烁,而帧频的提高(如60～85Hz)则减轻或消除了大面积的图像闪烁。由于逐行监视器采用一行或一场的重复使用,行频比隔行提高了一倍,由15625Hz变成31250Hz,75Hz逐行的行频为46875Hz。行频提高之后,行输出级的稳定性和可靠性将受到严重的考验,整机的设计和制造成本大大提高,因此整机的价格也较高。

CRT监视器有体积大、质量大、电压高、易闪烁使人眼疲劳等缺点。

3.5.1.2 大屏幕投影显示系统

1)CRT投影机

光学系统与CRT管组成投影管,通常所说的三枪投影机就是由三个投影管组成的投影机。CRT 投影机显示的图像色彩丰富,还原性好,具有丰富的几何失真调整能力,寿命长。缺点是亮度较低,操作复杂,体积庞大,对安装环境要求较高。

会聚性能和聚焦性能这两个 CRT 投影机的特有性能指标值得注意,其特点如下。

(1)会聚性能。会聚是指红绿蓝三种颜色在屏幕上的重合。对 CRT 投影机来说,会聚控制性显得格外重要,因为它有 RGB 三种 CRT 管,平行安装地支架上,要想做到图像完全会聚,必须对图像各种失真均能校正。机器位置的变化,会聚也要重新调整,因此对会聚的要求,一是全功能,二是方便快捷。会聚有静态会聚和动态会聚,其中动态会聚有倾斜、弓形、幅度、线性、梯形、枕形等功能,每一种功能均可在水平和垂直两个方向上进行调整。除此之外,还可进行非线性平衡、梯形平衡、枕形平衡的调整。

(2)CRT 管的聚焦性能。在 CRT 管中,最小像素是由聚焦性能决定的,所谓可寻址分辨率,即是指最小像素的数目。CRT 管的聚焦机制有静电聚焦、磁聚焦和电磁复合聚焦三种,其中以电磁复合聚焦较为先进,其优点是聚焦性能好,尤其是高亮度条件下会散焦,且聚焦精度高,可以进行分区域聚焦、边缘聚焦、四角聚焦,从而可以做到画面上每一点都很清晰。

2)LCD 投影机

LCD(液晶显示,Liquid Crystal Display)投影机的技术是透射式投影技术,目前最为成熟。投影画面色彩还原真实鲜艳,色彩饱和度高,在画面颜色上,现在主流的 LCD 投影机都为三片机,采用红、绿、蓝三原色独立的 LCD 板。这就可以分别地调整每个彩色通道的亮度和对比度,投影效果非常好,能得到高度保真的色彩。光利用效率很高,LCD 投影机比用相同瓦数光源灯的 DLP 投影机有更高的流明光输出,7kg 重量级左右的投影机中,能达到 3000 流明以上亮度的,都是 LCD 投影机。

LCD 投影机的缺点有两个:

(1)黑色层次表现不是很好,对比度一般都在 500:1 左右,投影画面的像素结构可以明显看到。LCD 投影机表现的黑色,看起来总是灰蒙蒙的,阴影部分就显得昏暗而毫无细节。

(2)LCD 投影机打出的画面看得见像素结构,观众好像是经过窗格子在观看画面。SVGA(800×600)格式的 LCD 投影机,不管屏幕图像的尺寸大小如何,都能看得清楚像素格子,除非用分辨率更高的产品。现在 LCD 开始使用起了微透镜阵列(MLA),可以提高 VGA 格式的 LCD 板的传输效率,柔化像素格子,使像素格子细微而不明显,且对图像的锐利程度不会带来任何影响。它能使 LCD 的像素结构感觉可以减少到几乎与 DLP 投影机一样,但还是有点差距。LCD 投影机灯泡寿命较短,在 3kh 左右。

3)DLP 投影机

DLP(数字光处理器,Digital Light Processing)投影机是一种反射型投影机,使用数字微镜片器件(Digital Micromirror Device,DMD)作为成像源板。一个 DMD 单元有 50~100 万片微镜片聚集在 CMOS 硅基板上。一片微镜片表示一个像素,变换速率为 1000 次/s 或更快,每一镜片的尺寸为 $14\mu m \times 14\mu m$(或 $16\mu m \times 16\mu m$),为便于调节其方向与角度,在其下方均设有类似铰链作用的转动装置。微镜片的转动受控于来自 CMOS RAM 的数字驱动信号。当数字信号被写入 SRAM 时,静电会激活地址电极、镜片和轭板,使铰链装置转动。一旦接收到相应信号,镜片倾斜 10°,从而使入射光的反射方向改变。处于投影状态的微镜片被示为"开",并随来自 SRAM 的数字信号而倾斜+10°;如显微镜片处于非投影状态,则被示为"关",并倾斜−10°;与此同时,"开"状态下被反射出去的入射光通过投影透镜将影像投影到屏幕上;而"关"状态下反射在微镜片上的入射光被光吸收器吸收。简而言之,DMD 的工作原理就是借助微镜装置反射需要的光,同时通过光吸收器吸收不需要的光来实现影像的投影,而其光照方向则是借助静电作用,通过控制微镜片角度来实现的。通过高变换速率和脉宽调制技术的应用,DMD 可以提供 1670 万种颜色和 256 段灰度层次,从而确保 DLP 投影机的活动影像画面色彩艳丽、细腻、自然逼真。

在三片 DMD 式投影机系统,光是通过一个色彩滤镜被分成红、绿、蓝三色光的。为了重现红、绿、蓝三色,三棱镜会将光分别分配给三片 DMD,反射在 DMD 上的光借助色彩三棱镜再重新聚焦在一起,并通过透镜被投影到屏幕上。由于每一片 DMD 仅承担一种颜色的反射,因此相对单片式 DLP 系统而言,三片式 DLP 系统获得了更有效的使用。光源的亮度越高,那么投影到屏幕上的影像画面也就越明亮,此类投影机的亮度可高达 10000 流明。

与 LCD 投影机相比,DLP 投影机具有下列几个优点:①使用的是反射光,投影的影像亮度较高,而且黑色表现良好;②DMD 单元中像素之间的间距非常小,因此投射出来的影像更平滑、自然;③提供特别快的响应速度,可以使影像重现质量更好;④在呈现高对比度与高质量活动影像的投影效果上尤其有效,因此更适合活动画面的放映。

3.5.1.3 FPD 监视器与电视墙

平板显示器件(FPD)是指显示器件小于显示屏幕对角线 1/4 的显示器件,

安装工作原理可以分为：

（1）液晶显示器。液晶显示器具有无高压磁场产生的辐射、无扫描过程中出现的闪烁、占地面积小、可以直接数字传输的优点。但是价格、视角和使用寿命是影响 LED 监视器普及的最大瓶颈。

（2）等离子显示器（PDP），自身发光型显示器件，易实现 40～60in 的大屏幕显示，水平垂直方向视角超过 160°，具有丰富的颜色。

现在电视墙通常有三种形式：全 CRT 型，这种类型已经逐渐退出市场；一个 DLP 大屏和多个 CRT 小屏，多用于中小型系统；多个 DLP 大屏组合型，此类系统在道路交通等大型系统中采用。

3.5.2 画面分割器

在有多个摄像机组成的视频安防监控系统中，通常采用视频切换器使多路图像在一台监视器上轮流显示，但有时为了让监控人员能同时看到所有监控点的情况，也采用多画面分割器使得多路图像同时显示在一台监视器上，既减少了监视器的数量，又能使监控人员一目了然地监视各个部位的情况。常用的画面分割器有四画面、九画面和十六画面分割器。

画面分割器的基本工作原理是采用图像压缩和数字化处理的方法，把几个画面按同样的比例压缩在一个监视器的屏幕上。有的还带有内置顺序切换器的功能，此功能可将各摄像机输入的全屏画面按顺序和间隔时间轮流输出显示在监视器上（如同切换主机轮流切换画面那样），并可用录像机按上述的顺序和时间间隔记录下来，其间隔时间一般是可调的。

3.6 网络视频安防监控系统

《视频安防监控系统工程设计规范》（GB 50395—2007）规定数字视频安防监控系统是指"除显示设备外的视频设备之间以数字视频方式进行传输的监控系统。由于使用数字网络传输，所以又称为网络视频安防监控系统。"对网络视频安防监控系统作出了定义，并将其和数字视频安防监控系统等同起来，这样有利于规范目前对于系统的称呼，避免混乱和误解。

当前网络视频安防监控系统仍然在不断地发展和进步，系统组成与各部分功能也由于系统实现方式和网络的不同而存在差异。为了便于分析和介绍，本书按照当前市场产品及其应用，依据两种分类方式：第一种是根据数字化视频核心设备不同分类，分为基于数字硬盘录像机、数字视频服务器和 IP 摄像机的三类网络视频安防监控系统，在这种分类下，着重介绍各种不同类型的设备；第二种分类依据传输网络的不同,划分为专用网络、局域网和广域网(城域网)、无线网络四类网络视频安防监控系统,下面着重介绍系统组网的一些方案和方法。

3.6.1 数字硬盘录像机

数字硬盘录像机(DVR)集合了录像机、画面分割器、云台镜头控制、报警控制、网络传输五种功能于一身,采用的是数字记录技术,在图像处理、图像储存、检索、备份以及网络传递、远程控制等方面也远远优于传统监控设备。有关DVR 国家标准即《视频安防监控数字录像设备》(GB 20815—2006)的发布与实施,标志着 DVR 作为成熟的安防产品,已列入了我国的安全防范体系中。

3.6.1.1 DVR 的两种形式

DVR 系统通常分为两类,一类是基于通用计算机的 DVR 系统(俗称计算机式 DVR 系统);另一类是嵌入式 DVR 系统。数字视频压缩编码技术日益成熟和通用计算机的普及化,为基于通用计算机的 DVR 系统创造了条件。这种DVR 系统在 20 世纪 90 年代中后期迅速崛起,基本取代了以视频矩阵图像分割器、录像机为核心,辅以其他传送器的模拟视频安防监控模式。嵌入式 DVR 系统是以应用为中心,软硬件可裁减,可适应系统对功能、可靠性、成本、体积等综合性能要求严格的专用计算机系统,即为监控系统配备的专用计算机系统。

计算机式 DVR 系统采用通用的计算机硬件,加上视频采集卡和视频安防监控管理软件形成系统。它的组成结构为:兼容/工控计算机、视频采集卡、普通或较可靠的操作平台和应用软件。计算机式 DVR 具有应用技术成熟、软硬件升级方便、视频采集路数扩展灵活、存储扩展空间大、人机接口友好、文件管理容易、维修成本低等优点。

以前计算机式 DVR 系统多采用的普通电脑主板,存在着供货不稳定、硬件更新换代太快、与视频软硬件兼容性差、使用寿命短等缺点,难以满足视频安防监控系统应用特殊、结构复杂、恶劣工作环境的使用需求;为了提高可靠性、稳定性、抵抗恶劣环境的影响和干扰,以工控机为核心的计算机式 DVR 应运而生,另外有部分计算机式 DVR 采用服务器的机箱和主板,其系统稳定性有了进一步的提高,通常还有 UPS 电源和海量的磁盘存储阵列,支持硬盘热插拔功能。计算机式 DVR 在通用性、可扩张性方面占有优势,在网络视频安防监控系统中可负担管理主机的角色,仍然有其市场份额。计算机式 DVR 的采集卡如图 3-27 所示。

计算机式 DVR 存在一些问题,限制了其在大规模系统中的应用,主要体现在如下几个方面。

图 3-27 计算机式 DVR 系统采集卡

（1）稳定性相对较差。软件与硬件、Windows/Linux 操作系统之间的兼容性不够，有时甚至是操作系统自身的问题导致系统不稳定。

（2）产品操作和维护需要一定的计算机基础，使得系统复杂性增加。

（3）数据与操作系统都是存储在硬盘中，无论如何加密，均可从计算机底层侵入，对数据记录进行修改，抗入侵能力比较差，数据可靠性不佳，并且会导致系统不稳定。

（4）硬件更新换代太快，维护比较麻烦，一些设备在 2～3 年后无法购买到相应的配件，升级成本又太高。

嵌入式 DVR 系统则通常建立在一体化硬件结构上，主要由嵌入式处理器、相关支撑硬件、嵌入式操作系统及应用软件系统等组成。当前，嵌入式 DVR 系统使用数字信号处理（DSP）芯片实现视频采集压缩及控制功能，系统软件固化在硬件上，整个系统功能全部集成在一块单板上，在稳定性、可靠性、易用性等方面有"专业化"的优势。

当前主流的 DVR 系统方案都是基于 Philips 公司的 TriMedia1300 和 pSOS 操作系统，或者 TI 的 DSP 处理器，嵌入式操作系统也多用 VxWorks、WinCE 等操作系统。嵌入式 DVR 系统具有如下优点：

（1）系统稳定性高。由于嵌入式 DVR 系统的高度集成性，采用嵌入式实时多任务操作系统，系统的实时性、稳定性、可靠性大大提高。

（2）软件固化在 Flash/EPROM 中，不可修改，没有系统文件被破坏和硬盘损坏的问题。

（3）便于使用，无需关于计算机的知识，嵌入式 DVR 系统通常使用面板按键或者遥控器操作。

（4）系统开关机速度快。嵌入式 DVR 通常采用可裁减的嵌入式实时操作系统，最小内核只有几十 kB，无需对系统文件进行保护，故关机速度比较块。

（5）机械尺寸小，结构紧凑，无需显卡内存等设备，系统成本较低。

但是嵌入式 DVR 系统软件和硬件功能比较单一，在应用层面上客户比较喜欢开放的 Windows 系统。比较有代表性的产品是杭州海康威视公司的 DS-8000H 系列产品，产品如图 3-28 所示，其主要功能参数如表 3-11 所示。

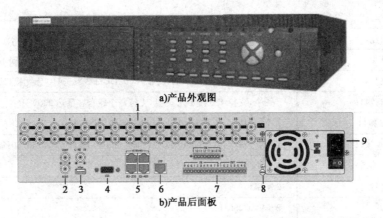

a)产品外观图

b)产品后面板

图 3-28　海康威视 DS-8000H 产品外观与接口

1-VIN 视频输入、AIN 音频输入接口；2-VOUT 本地监视、AOUT 本地监听接口；3-LINE IN 语音输入接口，USB 备份接口；4-VGA 显示器输出接口；5-RS232、RS485 串行接口，KEYBOARD 键盘接口；6-UTP 网络接口(同 LAN 网络接口)；7-ALARM IN 报警输入、ALARM OUT 报警输出模块；8-接地端；9-AC 220V 电源

DS-8000H 系列功能参数 表 3-11

视频压缩标准	H.264
实时监视图像分辨率	PAL：704×576；NTSC：704×480
回放分辨率	QCIF/CIF/2CIF/DCIF/4CIF
视频输入路数	1/2/3/4/5/6/8/9/10/12/14/16
视频输入接口	BNC(电平：1.0Vp-p，阻抗：75Ω)，支持 PAL、NTSC 制式
视频输出	1 路，BNC(电平：1.0Vp-p，阻抗：75Ω)
视频帧率	PAL：1/16～25 帧/s；NTSC：1/16～30 帧/s
码流类型	视频流/复合流
压缩输出码率	32k～2M 可调，也可自定义(上限 8M，单位：bps)
音频输入路数	1/2/3/4/5/6/8/9/10/12/14/16
音频输入接口	BNC(电平：2Vp-p，阻抗：1kΩ)
音频输出	1 路，BNC(线性电平，阻抗：600Ω)
音频压缩标准	OGG Vorbis
音频压缩码率	16 kbps
语音对讲输入	1 路，BNC(电平：2Vp-p，阻抗：1kΩ)
双路回放	支持(DS-8001HC 仅支持单路回放)

双码流	支持
通信接口	1 个 RJ45 10M/100M 自适应以太网口,1 个 RS232 口,1 个 RS485 口
键盘接口	2 个(支持级联,DS-8001HC/DS-8002HC/DS-8003HC 无此接口)
硬盘接口	2/4 个,支持 4/8 个 IDE 硬盘,支持每个硬盘容量达 2000GB
USB 接口	1 个,支持 U 盘、USB 硬盘、USB 刻录机、USB 鼠标
VGA 接口	1 个,分辨率:800×600/60Hz,800×600/75Hz,1024×768/60Hz
报警输入	4/8/16 路
报警输出	2/4 路
电源	220VAC,50Hz
功耗(不含硬盘)	≤70W
工作温度	−10℃～+55℃
工作湿度	10%～90%
机箱	19in 标准机箱
尺寸(mm)	89(高)×442(宽)×470(深)
质量(不含硬盘)	≤8kg

DVR 的基本构架,除了计算机、硬盘和 VGA 显示器外,最重要的是实现图像压缩及解压缩的方法、芯片和板卡。也与实现进程调度的操作系统以及软件系统的应用程序密切相关。所有的 DVR 都是围绕着采用压缩算法与板卡、选择操作系统、应用软件、硬盘的类型(SCSI 盘还是 IDE 盘,7200r/min 还是 5400r/min)等几个要素而出现不同的特性。主要技术指标还包括压缩图像的压缩标准、回放清晰度、可输入摄像机的路数、录像回放的现实速度、可记录录像时间、稳定可靠性以及联网特性等。

3.6.1.2　DVR 系统的基本功能

《视频安防监控数字录像设备》(GB 20815—2006)对 DVR 产品功能基本要求如下:

(1)视(音)频数字信号的压缩方式。视(音)频数字信号的压缩方式一般采用 ISO/IEC/ITU 相关标准的规定。压缩后的图像数据格式应满足产品分级的要求。所谓编码方式就是指通过特定的压缩技术,将某个视频格式的文件转换成另一种视频格式文件的方式。目前视频流传输中最为重要的编解码标准有国际电联的 H. 261、H. 264,运动静止图像专家组的 M-JPEG 和国际标准化组织运动图像专家组的 MPEG 系列标准,此外在互联网上被广泛应用的还有 Real-

Networks 的 RealVideo、微软公司的 WMT 以及 Apple 公司的 QuickTime 等。

在多媒体数据压缩标准中,较多采用 MPEG 系列标准和 H. 264 标准。MPEG-4 标准是超低码率运动图像和语言的压缩标准用于传输速率低于 64kbps 的实时图像传输标准,它不仅可覆盖低频带,也向高频带发展。MPEG-4 为多媒体数据压缩提供了一个广阔的平台,它更多定义的是一种格式、一种架构,而不是具体的算法。它可以将各种各样的多媒体技术充分利用进来,包括压缩本身的一些工具、算法,也包括图像合成、语音合成等技术。MPEG-4 的最大创新在于赋予用户针对应用建立系统的能力,而不是仅仅使用面向应用的固定标准。此外,MPEG-4 将集成尽可能多的数据类型,例如自然的和合成的数据,以实现各种传输媒体都支持的内容交互的表达方法。

H. 264 是低码率压缩算法,它可以以低于 28.8kbps 的码率对单帧或者活动视频进行压缩解压缩。一般来说,大小为 176×144(文件大小为 76000 字节)的单帧 BMP 文件可以被压缩到少于 4000 字节,而图像的细节损失很少,并且压缩的速度很快(10ms 内完成)。对于文件之间有关联的图像,例如活动的视频文件、变化的屏幕等,压缩比例可以高达 100 倍以上,这是一般的静态压缩算法等无法比拟的。

目前 DVR 系统图像压缩和解压缩方式有纯硬件、纯软件、软硬件相结合三种方式。采用后两种技术的 DVR 系统,由于软件压缩/解压缩占用计算机的 CPU 和内存资源较多,限制了处理和录制图像的能力,主要体现在每秒处理图像的帧数。例如纯软件压缩/解压缩的 DVR 处理图像帧数不能超过 200 帧/s,在有些采用图像质量要求高、压缩比高的压缩算法时(如 MPEG-4 格式)能够处理的图像帧数更少,约为 100 帧/s。目前市场上大部分先进的 DVR 系统都是采用纯硬件解压缩方式进行,并且尽可能的节省占用计算机 CPU 和内存资源,同样减少了软件运行的不确定因素,系统的稳定性和可靠性较之以前有了很大的提高。

(2)视(音)频数字信号的记录方式。存储格式采用自动分段记录格式时,相邻两段间最大记录间隔时间应≤0.4s,对于记录在存储介质上的视(音)频信息,取出的存储介质应能在同型号的其他设备上正常回放,以保证设备发生故障后记录资料的留存(或复制),复制后的视(音)频信号,应能在通用的设备上回放,并不易被篡改。存储空间应与设备(系统)的总资源相适应,应具有在超存储总容量时记录自动覆盖功能。

(3)监视、记录、回放的图像质量要求。对 DVR 图像质量的测试与评价,采用主观评价与客观测试相结合的方法。客观测试采用基于特征量提取的数字视频质量评价方法,主观评价采用 GY/T 134—1998 规定的方法,也可采用 GB/T 7401—1987 规定的方法。DVR 回放图像的分辨率、数字视(音)频信号的信噪比应满足产品分级的要求,回放图像帧率≥6 帧/s,B 级、A 级产品应不小于 25 帧/s。B 级:所有视(音)频通道处于录制状态时,单路监视图像水平分辨力≥270TVL;所有视(音)频通道处于录制状态时,单路回放图像的水平分辨力≥220TVL。A 级:所有视(音)频通道处于录制状态时,单路监视图像水平分辨力≥400TVL;所有视(音)频通道处于录制状态时,单路回放图像的水平分辨力≥300TVL。

(4)总资源。设备总资源是指每秒处理图像的总帧数,DVR 设备总资源的确定,取决于设备功能(监视、记录、回放的监控;查询、编辑、自检、加密、系统管理能力等)的多少和系统规模(通道数目,信号处理速度,传输介质与传输方式等)的大小。

(5)视音频同步记录功能。数字音频的质量、与数字视频的同步能力应满足使用要求:回放时,与原始现场的声音相比,相对于视频图像不应存在明显的滞后或超前。基本要求是:如果记录/回放一段电视画面,其中人物说话的口型和声音应基本一致。视音频信号的同步方式可有多种选择,但视音频信号的失步时间≤1s。

(6)视频入侵检测功能。进入视频警戒状态的 DVR 设备,在警戒区域内探测到移动目标时,应能启动记录和/或发出报警信号。警戒区域的大小、位置、灵敏度、区域个数及进入警戒或撤除警戒等功能,均应能设置。

(7)视频信号丢失报警功能。当视频信号丢失时,应能发出报警信号,并满足《视频安防监控系统技术要求》(GAT 367—2001)。

(8)报警联动功能。设备应具有报警联动的接口,能支持无源的开路和/或闭路信号接入,能实时响应并启动记录和输出联动信号。其报警响应时间、记录启动延时、报警前预录时间等应满足要求。

(9)报警预录功能。专业型、综合型数字录像设备,当设备探测到视频入侵报警和/或收到报警联动触发信号时,应能启动设备相应的通道进行联动记录。设备应能预录报警触发前≥5s 的视(音)频。

(10)全双工功能。在所有视(音)频通道处于满负荷记录的状态下,进行检索及回放操作时,应均能正常运行,且不丢帧。应提供便捷地检索(日期、通道、记录模式等)和回放(正常速度、快进、快退、慢进、慢退、单帧进和/或退、暂停、单路全屏等)的方式。

(11)故障报警功能。设备应具有故障报警功能,故障提示声压不得小于

60dBA,持续时间不得小于5min。

（12）运行状态自检与故障恢复功能。对于在记录过程中出现的系统死机或意外故障,设备应能在规定的时间内自动恢复其正常工作状态并使故障前的信息不丢失。故障恢复时间不大于5min。

（13）对前端设备的控制与多路实时监控、切换功能。设备对前端设备的控制功能、多路实时监控功能、切换功能应满足要求。

（14）组网功能。具有组网功能的DVR,其网络系统应能实现对任意一个监控点的视频监控、现场声音复核和/或对讲。网络分控应能对网络监视主机的记录进行检索、回放。

（15）数据备份。设备对重要的数据能够进行备份。

（16）操作授权、数据加密与数据安全。DVR设备均应具有权限管理、数据保密、运行日志功能。设备应设置操作口令,宜有图像加密、防篡改、防非法复制等措施,以保证原始数据的完整性。重要的图像应加保护,不被删除和覆盖。设备应有防偶发死机的措施(如硬件看门狗或软件、硬件看门狗或定时自动起动等),死机后的自动恢复时间应满足第(12)条的要求。

3.6.1.3 DVR系统应用

DVR的优点是价格低廉、成本不高,应用领域广,对中小型系统的本地监控有一定优势,特别是在局域网范围内,有较好的表现,但是在网络远程监控方面略显不足,需要给它提供一条专用的网络接入点,还受到广域网访问局域网的制约,传送图像质量不稳定,因此实现基于DVR的远程监控,还存在一些亟待解决的问题。目前,也有些大型监控系统使用DVR作为记录设备,视频信号经编/解码设备或者视频服务器传输到监控中心或者分控中心后,使用DVR系统进行记录。

典型嵌入式DVR系统应用结构如图3-29所示。摄像机直接通过同轴电缆输入到嵌入式DVR机中,对云台和镜头的控制信号通过双绞线(采用RS485协议)传输。报警信号通过双绞线输入到嵌入式DVR机中,报警联动信号也是通过双绞线传输。嵌入式DVR机通过VGA接口将视频信号显示在液晶显示器上,这

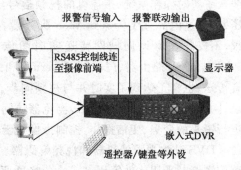

图3-29 典型嵌入式DVR应用系统

种结构特别适合中小型系统。

网络化发展的特点必然要求新一代 DVR 产品具备更多的网络功能和更强的性能。新一代的 DVR 在平台软件的接入、网管协议的支持、动态地址支持等方面做了很多改进，并支持网络 PNP 和远程 IP 地址配置功能。在网络性能方面的提升，DVR 需配备 2 个千兆以太网接口，并支持全部通道的高速视频传输和下载能力。

为了满足视频安防监控智能化的要求，新一代 DVR 具备智能监控的功能，为用户提供更强大的智能视频图像处理功能，实现种类丰富的智能视频监控技术。

除了在网络和智能方面的特点，新一代 DVR 还需要在显示界面上做显著的改进。嵌入式 DVR 必须吸收计算机式 DVR 显示的优点，具备真正的高清晰显示接口，在 VGA 显示器上可以显示高达 1280×1024 或 1024×768 的有效视频图像的像素，可以更加真实地还原实际的视频图像，同时新一代 DVR 具备接入 IP 摄像机的能力，可以对于来自高清的 IP 摄像机图像进行高清解码显示。

新一代 DVR 必须支持完全标准的 H. 264、AVS、MPEG-4 等编码算法，可采用标准的网络视频通信协议。在存储系统的设计上，新一代 DVR 必须具备更安全的性能。

3.6.2 数字视频服务器

DVR 系统在大规模网络视频安防监控系统中的应用受到一定的限制，数字视频服务器(DVS)便应运而生。一般而言，可以把 DVS 看作是不带硬盘的数字视频机，由一个或多个模拟视频输入口、数字图像处理器、压缩芯片和具有网络功能的 Web 服务器、RJ-45 网络接口等部分组成。基本原理是在 Web 服务器中嵌入了实时操作系统，摄像机的视频信号经过模拟/数字转换，由高效压缩芯片压缩，通过内部总线传送到 Web 服务器。一般采用标准的互联网 TCP/IP 协议，不仅能在本地局域网传送实时图像，还可以在网络带宽受限的 ISDN、PSTN、xDSL 路由器、广域网、Internet 和无线网络上传送高清晰图像，对于语音传送，也真正达到了实时并与视频同步。使用时，配置好 IP 地址、网关、路由后，网络上用户可以直接用 IE 浏览器访问 Web 服务器浏览现场视频图像，可以进行镜头的变焦、变倍操作，控制摄像机云台的旋转。

DVS 分为视频编码器和视频解码器。视频编码器可以单独使用，通过网络监控浏览时采用软件解压方式。若将这两个设备组合在一起，不但可以通过网络监控浏览，也可以将信号解压缩后通过监视器或电视墙观看。

DVS 监控系统与其他监控系统比较具有独特的优势,主要体现在如下方面:

(1)布控区域广阔,DVS 监控系统的 Web 服务器直接连入网络,没有线缆长度和信号衰减的限制,同时网络是没有距离概念的,彻底解决了地域限制,扩展布控区域。

(2)系统具有几乎无限的无缝扩展能力,所有设备都以 IP 地址进行标志,增加设备只是意味着 IP 地址的扩充。

(3)可组成非常复杂的监控网络,采用基于嵌入式 Web 服务器为核心的监控系统,在组网方式上与传统的模拟监控和基于计算机平台的监控方式有极大的不同,由于 Web 服务器输出已完成模拟到数字的转换并压缩,采用统一的协议在网络上传输,支持跨网关、跨路由器的远程视频传输。

(4)性能稳定可靠,无需专人管理。嵌入式 Web 服务器实际上基于嵌入式计算机技术,采用嵌入式实时多任务操作系统,又由于视频压缩和 Web 功能集中到一个体积很小的设备内,直接联入局域网或广域网,即插即看,系统的实时性、稳定性、可靠性大大提高,也无需专人管理,非常适合于无人值守的环境。

随着技术的不断进步,DVS 的功能也进一步增强,比如在其中增加计算处理模块,对图像进行智能分析,实现移动侦测与报警、遗留物报警;增加报警联动等功能,减轻了控制中心的压力,增加了系统反应速度;部分 DVS 支持本地存储,改变了传统视频安防监控系统在记录/控制环节进行数据存储的方式,减轻了网络数据的传输量,提高了带宽利用率。

3.6.3 网络摄像机

网络摄像机,又称为 IP 摄像机,是一种结合传统摄像机与网络技术所产生的新一代摄像机,它可以将影像通过网络传至地球任何一个位置,且远端的浏览者不需用任何专业软件,仅需标准网络浏览器(如 Microsoft IE 或 Netscape)即可监视其影像。

IP 摄像机内置一个嵌入式芯片,采用嵌入式实时操作系统,将传送来的视频信号数字化后由高效压缩芯片压缩,通过网络总线传送到 Web 服务器,用户在网络上可以直接用浏览器观看 Web 服务器上的摄像机图像,授权用户还可以控制摄像机云台镜头的动作或对系统配置进行操作。直观上看,IP 摄像机实现了摄像机和数字视频服务器的一体化。

IP 摄像机性能分为两个方面衡量,一方面是摄像机的功能特性,一方面是网络性能。摄像机性能主要考虑的是摄像机通用指标,例如前文介绍过的指标清晰度、灵敏度、最低照度、是否支持全屏、每秒扫描帧数、耗电量和质量等。

网络性能的主要技术指标有：CPU、远程控制、网络接口以及软件等。

CPU 是网络摄像机最核心的部件之一，是网络摄像机的大脑，大部分的数据信息都是由它来完成的。它的工作速度直接影响到摄像机的运行速度。网络摄像机一般用的都是嵌入式的 CPU，比较先进的则是使用具有压缩协处理器的新型 DSP 器件。

远程控制主要是指网络摄像机有没有 PTZ（俯仰、选择和缩小放大）三种远程控制功能，以及远程控制功能的通信接口类型，现有的网络摄像机都支持这三种远程控制。

网络接口则通常使用 RJ-45 端口，它是常见的双绞线以太网端口。在快速以太网中也主要采用双绞线作为传输介质，根据端口的通信速率不同 RJ-45 端口又可分为 10Base-T 网和 100Base-TX、1000Base-TX 三类。其中，10Base-T 网在路由器中通常是标志为"ETH"，而 100Base-TX 网的 RJ-45 端口则通常标志为"10/100bTX"，这主要是因为现在以太网路由器产品多数还是采用 10Mbps/100Mbps 带宽自适应的。

软件方面主要是指网络摄像机支持的压缩标准、网络协议以及嵌入式软件等，比如是否支持 ITU-H.263 标准压缩。

值得特别提出的是，以太网供电（PoE）技术的推进和成本下降，使得不用再为每个 IP 摄像机供电，使得布线更加简单，成本也有所降低。内置视频分析、移动侦测与报警等计算功能的新一代摄像头已经上市，使得 IP 摄像机成为当前网络视频安防监控系统的发展方向之一。

3.6.4 网络传输及其组网技术

（1）通过专用网络进行传输

在一些特殊的应用的场合，需要使用专用网络进行传输。在 3.3.2.4 节提到的使用微波传输就是一例使用专用网络传输的例子。专用网络应用范围有限，本书并不详细介绍。

（2）使用局域网进行传输

局域网的典型代表是以太网，目前以太网技术高速发展，速率从 10～100Mbps 的快速以太网，再到 1GMbps 的千兆以太网，甚至 10GMbps 的以太网也有所应用。以太网传输介质也从同轴电缆过渡到 UTP，桌面光纤传输技术也开始普及。

使用局域网进行传输时，DVR 系统、DVS 系统或者 IP 摄像机的数字视频信号经过交换机在局域网中传输,送往指定的监视器和记录设备,或者根据客户端的要求发送到指定的设备中。图 3-30 给出了一个局域网视频安防监控系统结构。

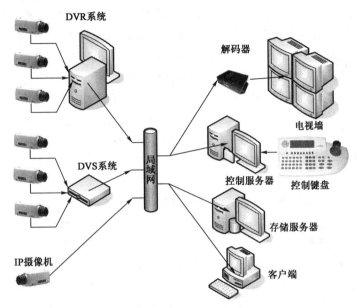

图 3-30　局域网传输的网络视频安防监控系统

（3）使用广域网进行传输

事实上,在局域网系统的基础上增加路由器通过 TCP/IP 网络（例如 AD-SL)进行传输是广域网传输的典型代表。为了同时将尽可能多的前端图像送到监控中心,增加传输线路的有效带宽是一个最简单的解决方案,而网络带宽无法增加的时候,可以采用高压缩比压缩算法的节点设备,或者对视频流进行传输和控制。

广域网传输存在的另一个问题就是网络传输延时对视频安防监控系统实时性和控制响应时间的影响,如果在网络繁忙的情况下,很难满足 GB 50395—2007 规定的联动响应不得大于 4s 的规定。在这种情况下必须采用一些措施,详细内容参考 3.8。

（4）使用无线网络进行传输

基于无线网络的视频传输技术,例如单路可以使用 802.11b、11Mbit/s 的室外无线网桥,虽然带宽较窄,但是传输距离较远,可以达到 15～20km,多路视频集中传输可以使用 802.11g、54Mbit/s 的室外无线网桥技术,传输距离远。这类无线网络仅需要增加相应的无线通信模块,如无线网关、无线路由器等,而网络结构方面与局域网/广域网相类似。

除此之外,借助移动通信技术实现手机监控或者掌上监控,也是无线网络发展的另一个重要方向。随着移动通信技术的发展,移动网络能够提供的通信带宽也节节升高,目前在运营的移动网络通信技术有 GPRS,EDGE,CDMA 等,以及正在发展和进入运营的有 WCDMA,CDMA2000,TD-SCDMA 等 3G 通信技术,移动网络的带宽已经能够支撑手机监控的实际应用。

另一方面,随着手机处理芯片的运算能力不断提高,主流的手机都内置播放器支持对标准 MPEG-4 视频,高端的新手机则开始支持标准 H. 264 视频;如果使用 C 语言编写的解码库在手机上能够解码全帧率的 QCIF 视频,高端手机解码全帧率的 CIF 视频也没有问题,那么手机监控或者掌上监控的实现与应用就有了广泛的基础。

国内一些厂家已经开始进行尝试。例如海康威视对手机监控的支持采取两种方式:一是提供手机上使用的解码库,支持对该公司所有设备码流的解码;二是提供手机监控整体解决方案,支持中小规模的手机监控应用。

在第一种方式中,解码库仅仅实现对海康威视设备码流的解码(如输入 H. 264 码流,输出 YUV 或者 RGB 图像数据),不包含连接设备,获取码流,播放等功能。实现完整的手机监控系统,还需要客户自行开发服务器端和客户端程序。在第二种方式中,在海康威视网络监控中间件中提供的手机监控方案,由视频网关服务器和 Java ME 手机客户端组成,支持所有海康威视设备和板卡,获取子码流实现实时视频预览,并提供云台操控等功能。

3.6.5 技术障碍及其化解策略

随着网络视频安防监控关键技术的不断发展,带动了安全监控行业的技术进步,促进了网络视频安防监控技术的进一步发展,规模不断扩大,在保护人民生命财产安全起着越来越重要的作用。尽管如此,带宽、延迟以及存储容量仍然是网络视频安防监控系统的主要技术障碍。

视频安防监控系统解决方案中的视频要求与好莱坞大片的视频要求截然不同,它不需要捕获所有的细节,因此大多数模拟安全监控系统运行帧速率仅为7.5FPS,影像分辨率仅为 352×288 像素(CIF)标准。通过降低帧速率和分辨率,原本一个摄像头影像所占的带宽可以支持多个摄像头的影像,当然,节省带宽的代价就是影像质量下降。在传统视频安防监控系统中,通常就是通过降低帧速率或者分辨率或者同时调低两个参数,来实现降低成本的目的。在先进数字视频安防监控系统中,则是采用改进压缩方法并采用更低成本的存储设备,这样系统可以支持更高的帧速率和分辨率来实现降低成本的目的。在数字视频安防监控系统中,通常可以实现 720×480 全像素分辨率和 30FPS 的帧速率。

压缩方案对实现功能强大的视频安全监控系统至关重要,前文已经提到目前主流的 MPEG-4 和 H.264 压缩标准。要实现这种高质量的压缩,运行压缩算法的计算能力就会相应提高,这将导致成本的提高,乃至压缩时间延迟加长,但是随着信号处理器的功能日益强大,价格不断下降,这种计算性能提高的负面影响在今后几年中会有所降低。系统集成商或者安全管理人员必须确定系统可接受的最低视频质量,这个决定了视频的影像的解析度与帧速率,配合所用的编解码器,也决定了视频所需的数据传输速率、计算量以及存储空间的大小。

MEPG-4 被开发出来之后,工程师不断改进压缩技术,这些技术体现在H.264压缩算法上,这种新算法采用多个参考帧,而且支持尺寸可以变化的预测块。根据具体实施的特性和选项不同,压缩效率也会有所不同,因此采用H.264算法的时候,可以从预定义的特性中选择符合自己需要的配置。H.264算法可以支持低延迟多解析度视频数据流,这个正是视频安防监控系统所要求的重要内容之一。

如前所述,延迟问题也会发生在原始数据和存储影像之间,因此系统应当将原始数据直接提交预览显示,而不是先传输到录制/存储设备上然后再显示。

对于网络视频安防监控系统,更为严重的延迟则发生在网络传输过程中。在采用内置硬盘的模拟摄像头的 DVR 系统中,DVR 必须具备足够的带宽来处理所有的视频传输请求,这恰是 DVR 系统在网络传输过程中表现不佳的原因。事实上,即使完全采用 IP 摄像机,也会出现这样的问题,因此在网络视频安防监控系统中,我们必须避免网络过载,因此轻载是最好的选择。100Mbps 以太网可以非常可靠地支持 8 个 1Mbps 的摄像机,但是 8 个 10Mbps 摄像机则难以胜任。当然,采用何种类型的交换机和集线器也有很大影响。

当增加带宽这种方法受到限制而不能进一步提高的时候,必须考虑不一定要传输所有的数据,可以仅仅传输需要的数据,视频智能分析技术提供了解决这个问题的可能。智能视频分析技术能根据用户编入的事件对影像进行检查,检测是否发生了感兴趣的事件,例如有人出现,有人离开。常见的视频分析包括移动侦测,例如是否有人在敏感区域徘徊,在机场内是否有遗留下来的无人看管的物品。利用分析技术,可以仅在发生特别事件的情况下才传输或者存储视频,这就降低了整体网络和存储需求。

分析功能也日益成为安全应用的必备特性,因为它有助于操作人员更加高效地开展工作,分析技术有助于缩短检测到安全机制受到破坏并发出报警的时间,避免反应过慢,贻误战机。

智能视频系统将是未来解决现有技术障碍的关键之所在。目前高性能的DSP处理器能支持更高的帧速率,采用更好的压缩算法,相应提高视频画质,并支持视频分析技术。例如 TI 的高性能 DSP 支持 7200MIPS,时钟频率 1GHz,借助 Object Video On Board 等专用软件,制造商已经可以较为简单制造新型监控产品,并迅速降低成本。

3.7 视频安防监控系统设计要点

3.7.1 摄像点的选择

摄像点的布置对监控系统的功能与效果具有重大的影响。监视区域范围的景物都要尽可能地进入摄像画面,减少摄像区的死角,为了实现在不增加较多摄像机的情况下达到上述要求,就需要对摄像点进行合理布局和设计。

摄像点合理的布局,应根据监视区域或者景物的不同,首先要明确主摄体和副摄体是什么,将宏观监视和重点局部监视结合起来。当一个摄像机需要监视多个不同方位的时候,就应当为摄像机配置遥控电动云台和变焦镜头。考虑到云台造价很高且需要增加很多附属设备,如果能够多增加一到两个固定摄像机就能覆盖整个区域的时候,那么建议不设带云台的摄像机。

摄像机镜头应顺光源方向对准监视目标,避免逆光安装。例如,被摄物旁是窗(或照明灯),由于摄像机内的亮度自动控制的作用,使得被摄体部分很暗,清晰度也降低,影响观看效果,这时应改变取景位置或用遮挡物将强光线遮住。如果必须在逆光地方安装,则最好采用带有可调焦距、光圈、光聚焦的镜头的 CCD型摄像机,并尽量调整画面对比度使之呈现出清晰的图像。当摄像机视野内明暗反差比较大的时候,就会出现暗部看不见的情况。此时摄像机的位置应根据摄像方向和照明条件进行充分的考虑和调整。

摄像机的安装高度,室外以 3.5～10m 为宜,不得低于 3.5m,室内以 2.5～5m 为宜。电梯轿厢内摄像机安装在顶部且与电梯操作器成对角处,摄像机的光轴与电梯两壁及天花板均成 45°。

摄像机宜设置在不易受外界损伤的地方,应尽量注意远离大功率电源和工作频率在视频范围内的高频频设备,以防干扰;从摄像机引出的电缆应有余量(约 1m),避免影响摄像机的转动;不得利用电缆插头和电源插头去承受电缆自身的质量。

对于宾馆、会所的视频安防监控系统,摄像点的布置(即对各监视目标配置摄像机)时应符合下列要求:必须安装摄像机的部位包括主要出入口、总服务台、电梯(轿厢或者电梯厅)、车库、停车场、避难层等;一般情况下均应安装摄像机的部位包括底层休息大厅、外币兑换处、贵重商品柜台、主要通道、自动扶梯等;可结合宾馆质量管理的需要有选择地安装摄像机,或须埋管线在需要时再安装摄像机的部位有客房通道、酒吧、咖啡茶座、餐厅、多功能厅等。

最后说明一下监视场地的照明。黑白监控系统的监视目标最低照度应不小于10Lux;彩色视频安防监控系统监视目标最低照度应不小于50Lux;零照度环境下宜采用近红外光源或其他光源。监视目标处于雾气环境时,黑白视频安防监控系统宜采用高压水银灯或钠灯,彩色视频安防监控系统宜采用碘钨灯。具有电动云台的监控系统,照明灯具宜设置在摄像机防护罩或设置在与云台同方向转动的其他装置上。

3.7.2 监控室的设备选择

3.7.2.1 控制中心设备的选择

1)监视器

监视器设备主要考虑数量、清晰度、颜色及尺寸四个主要因素:

(1)数量:监视器的配置数量,由摄像机配置的数量决定,一般采用4:1方式(即若有16个摄像点,则应选配4台监视器),录像专用监视器可另行设置。

(2)清晰度:根据所用摄像机的分解力指标,选用高一档清晰度的监视器,一般应高100TVL,满足系统最终指标要求。

(3)颜色:彩色摄像机应配用彩色监视器,黑白摄像机应配用黑白监视器。

(4)尺寸:监视器的屏幕尺寸,应根据监视者与监视器屏幕之间的距离为屏幕对角线的4~6倍的关系来选定,一般采用23~51cm屏幕的监视器。

2)控制台

控制台一般由视频切换控制器、控制键盘、时间日期地址信号发生器、附加传输部件等部分组成。

(1)视频切换控制器。视频切换控制器的切换比,应根据系统所需视频输入输出最低接口路数,并考虑留有适当余量来选定。其中,视频输入接口的最低路数由摄像机配置的数量决定,视频输出接口的最低路数由监视器、录像机等显示与记录设备的配置数量及视频信号外送路数决定。

视频切换控制器应能手动或自动编程,对摄像机、电动云台的各种动作进行控制;应能手动或自动编程,对所有的视频信号在指定的监视器上进行固定或时序显示;应具有存储功能,当市电中断或关机时,对所有编程设置、摄像机号、时间、地址等均可记忆;应具有与报警控制器联动的接口,报警发生时能切换出相应部位摄像机的图像,予以显示与记录;视频信号远距离传输时,宜采用远程视频切换方式。

(2)控制键盘。控制键盘的控制功能,应根据摄像机所用镜头的类型及云台的选用与否来确定。控制方式常用有直接控制和总线控制两种,选择原则:监控点距离较近、较少且为固定监视时,一般可采用直接控制方式;监控点距离较远且相对较多,又多采用变焦镜头和云台的情况,一般宜选用总线控制方式。

(3)时间日期地址信号发生器。应能产生并能在视频图像上叠加摄像机号、地址、时间等字符,并可修改。

(4)附加传输部件。采用视频同轴电缆传输方式,当传输距离较远时,宜加装电缆均衡器;采用射频同轴电缆传输方式时,应配置射频调制解调器;采用光纤传输方式时,应配置光调制解调器;采用电话线传输方式时,应配置线路接收装置。

(5)画面分割器。图像质量要求不很高,且监视点数目较多时,可采用多画面分割录像方式对多路视频信号同时记录(一般而言分割越多,图像质量越差)。采用画面分割器可以在一台监视器或者录像机上显示或者录制重放一路或者多路图像。当资金或控制室空间受限,且防范要求不很高而监视点较多时可选用。

(6)其他注意事项。监控系统的运行控制和功能操作宜在控制台面板上进行,操作部分应简单方便、灵活可靠;在控制台上应能控制摄像机、监视器及其他设备供电电源的通断;控制台的配置应留有扩充余地。录像控制应与报警系统联动。

3.7.2.2 监控室的布局

监控室根据需要宜具备下列基本功能:能提供系统设备所需的电源;监视和记录;输出各种遥控信号;接收各种报警信号;同时输入输出多路视频信号,并对视频信号进行切换;时间、编码等字符显示;内外通信联络。

根据系统大小,宜设置监控点或监控室。监控室的设计应符合下列规定:

(1)宜设置在环境噪声较小的场所。

(2)使用面积应根据设备容量确定,宜为 $12\sim50m^2$。

(3)地面应光滑、平整、不起尘、防静电,门的宽度不应小于 0.9m,高度不应小于 2.1m。

(4)室内的温度宜为 $16\sim30℃$,相对湿度宜为 $30\%\sim75\%$。

(5)控制室内布线设计：室内的电缆、控制线的敷设宜设置地槽；当属改建工程或监控室不宜设置地槽时，也可敷设在电缆架槽、电缆走道、墙上槽板内，或采用活动地板。根据机柜、控制台等设备的相应位置，应设置电缆槽和进线孔，槽的高度和宽度应满足敷设电缆的容量和电缆弯曲半径的要求。对不宜设置地槽的监控室，可采用电缆槽或电缆架架空敷设；对活动地板的要求：防静电，架空高度大于 0.25m。

(6)室内设备的排列，应便于维护与操作，并应满足安全、消防的规定要求。

监控室一般分为两个区，即终端显示区及操作区，操作区与显示区的距离以监视者与屏幕之间的距离为屏幕对角线的 4～6 倍设置为宜。

控制台的设置要求如下：

(1)控制台的设置应便于操作和维修，正面与墙的净距离不应小于 1.2m，两侧面与墙或其他设备的净距离在主通道不应小于 1.5m，在次要通道不应小于 0.8m。

(2)控制台的操作面板（基本的组成：操作键盘和九寸监视器），应置于操作员既方便操作又便于观察的位置。

控制室内照明：控制室内的平均照度应大于等于 200Lux；照度均匀度（即最低照度与平均照度之比）应大于等于 0.7。

机架安装应符合下列规定：

(1)机架安装位置应符合设计要求，当有困难时可根据电缆地槽和接线盒位置作适当调整。

(2)机架的底座应与地面固定。

(3)机架安装应竖直平稳；垂直偏差不得超过 1‰。

(4)几个机架并排在一起，面板应在同一平面上并与基准线平行，前后偏差不得大于 3mm；两个机架中间缝隙不得大于 3mm，对于相互一定间隔而排成一列的设备，其面板前后偏差不得大于 5mm。

(5)机架内的设备、部件的安装，应在机架定位完毕并加固后进行，安装在机架内的设备应牢固、端正。

3.7.2.3　传输线缆的铺设

1)室内布线设计

(1)室内线路敷设应符合《建筑电气设计技术规程》(JBJ 16—83)的有关规定。

(2)在新建或有内装修要求的已建建筑物内，宜采用暗管敷设方式，对无内装修要求的已建建筑物可采用线卡明敷方式。

(3)室内明敷电缆线路宜采用配管、配槽敷设方式,明敷线路布设应尽量与室内装饰协调一致。

(4)电缆线路不得与电力线同线槽、同出线盒、同连接箱安装。

(5)明敷电缆与明敷电力线的间距不应小于0.3m。

(6)布线使用的非金属管材、线槽及附件应采用不燃或阻燃性材料制成。

(7)电缆竖井宜与强电电缆的竖井分别设置,如受条件限制必须合用时,报警系统线路和强电线路应分别布置在竖井两侧。

2)室外布线设计

(1)电缆在室外敷设,应符合《工业企业通信设计规范》(GBJ 42—81)中的要求及国家现行的有关规定和规范。

(2)室外线路敷设方式宜按以下原则确定:有可利用的管道时可考虑采用管道敷设方式;监视点的位置和数量比较稳定时,可采用直埋电缆敷设方式;有建筑物可利用时可考虑采用墙壁固定敷设方式;有可供利用的架空线杆时可采用架空敷设方式。

(3)电缆、光缆线路路径设计,应使线路短直、安全、美观,信号传输稳定、可靠,线路便于检修、检测,并应使线路避开易受损地段,减少与其他管线等障碍物的交叉跨越。

(4)电缆线路宜穿金属管或塑料管加以防护。

(5)电缆架空敷设时,同共杆架设的电力线(1kV以下)的间距不应小于1.5m,同广播线的间距不应小于1m,同通信线的间距不应小于0.6m。

(6)在电磁干扰较强的地段(如电台天线附近),电缆应穿金属管并尽可能埋入地下,或采用光缆传输方式。

(7)交流供电电缆应与视频电缆、控制信号线单独分管敷设。

(8)地埋式引出地面的出线口,应尽量选在隐蔽地点,并应在出口处设置从地面计算高度不低于3m的出线防护钢管,且周围5m内不应有易攀登的物体;电缆线路由建筑物引出时,应尽量避免避雷针引下线,不能避开处两者平行距离应大于1.5m,交叉间距不应小于1m,并应尽量防止长距离平行走线,在不能满足上述要求处,可在间距过近处对电缆加缠铜皮屏蔽,屏蔽层要有良好的就近接地装置;在中心控制室电缆汇集处,应对每根入室电缆在接线架上加装避雷装置。

3)无线传输系统设计的要求

(1)传输频率必须经过国家无线电管理委员会批准。

（2）发射功率应适当，以免干扰广播和民用电视。

（3）无线图像传输宜采用调频制。

（4）无线图像传输方式主要有高频开路传输方式和微波传输方式：监控距离在 10km 范围内时，可采用高频开路传输方式；监控距离较远且监视点在某一区域较集中时，应采用微波传输方式，其传输距离最远可达几十千米。需要传输距离更远或中间有阻挡物的情况时，可考虑加微波中继。

4）电缆的敷设要求

（1）电缆的弯曲半径应大于电缆直径的 15 倍。

（2）电源线宜与信号线、控制线分开敷设。

（3）室外设备连接电缆时，宜从设备的下部进线。

（4）电缆长度应逐盘核对，并根据设计图上各段线路的长度来选配电缆。宜避免电缆的接续，当电缆接续时，应采用专用接插件。

5）架空电缆的设计要求

架设架空电缆时，宜将电缆吊线固定在电杆上，再用电缆挂钩把电缆卡挂在吊线上；挂钩的间距宜为 0.5～0.6m。根据气候条件，每一杆档应留出余兜。

6）墙壁电缆的设计要求

墙壁电缆的敷设，沿室外墙面宜采用吊挂方式，室内墙面宜采用卡子方式。墙壁电缆当沿墙角转弯时，应在墙角处设转角墙担。电缆卡子的间距在水平路径上宜为 0.6m，在垂直路径上宜为 1m。

7）直埋电缆的设计要求

直埋电缆的埋深不得小于 0.8m，并应埋在冻土层以下；紧靠电缆处应用沙或细土覆盖，其厚度应大于 0.1m，且上压一层砖石保护。通过交通要道时，应穿钢管保护，电缆应采用具有铠装的直埋电缆，得用非直埋式电缆作直接埋地敷设。转弯地段的电缆，地面上应有电缆标志。

8）敷设管道电缆的要求

（1）敷设管道线之前应先清刷管孔。

（2）管孔内预设一根镀锌铁线。

（3）穿放电缆时宜涂抹黄油或滑石粉。

（4）管口与电缆间应衬垫铅皮，铅皮应包在管口上。

（5）进入管孔的电缆应保持平直，并应采取防潮、防腐蚀、防鼠等处理措施。

9）引出线的要求

管道电缆或直埋电缆在引出地面时,均应采用钢管保护。钢管伸出地面不宜小于 2.5m,埋入地下宜为 0.3～0.5m。

10）光缆的敷设要求

(1)敷设光缆前,应对光纤进行检查,光纤应无断点,其衰耗值应符合设计要求。

(2)核对光缆的长度,并应根据施工图的敷设长度来选配光缆。配盘时应使接头避开河沟、交通要道和其他障碍物;架空光缆的接头应设在杆旁 1m 以内。

(3)敷设光缆时,其弯曲半径不应小于光缆外径的 20 倍,光缆的牵引端头应做好技术处理,可采用牵引力有自动控制性能的牵引机进行牵引。牵引力应加于加强芯上,其牵引力不应超过 150kg,牵引速度宜为 10m/min,一次牵引的直线长度不宜超过 1km。

(4)光缆接头的预留长度不应小于 8m。

(5)光缆敷设完毕,应检查光纤有无损伤,并对光缆敷设损耗进行抽测。确认没有损伤时,再进行接续。

11）架空光缆余兜设置

架空光缆应在杆下设置伸缩余兜,其数量应根据所在负荷区级别确定,对重负荷区宜每杆设一个,中负荷区 2～3 根杆宜设一个,轻负荷区可不设,但中间不得绷紧,光缆余兜的宽度宜为 1.52～2m,深度宜为 0.2～0.25m。光缆架设完毕,应将余缆端头用塑料胶带包扎,盘成圈置于光缆预留盒中,预留盒应固定在杆上。地下光缆引上电杆,必须采用钢管保护。

12）光缆过桥的敷设要求

在桥上敷设光缆时,宜采用牵引机终点牵引和中间人工辅助牵引。光缆在电缆槽内敷设不应过紧。当遇桥身伸缩接口处时,应作 3～5 个"S"形弯,并每处宜预留 0.5m。当穿越铁路桥面时,应外加金属管保护;光缆经垂直走道时,应固定在支持物上。

13）管道光缆的敷设要求

管道光缆敷设时,无接头的光缆在直道上敷设应由人工逐个孔同步牵引。预先做好接头的光缆,其接头部分不得在管道内穿行;光缆端头应用塑料胶带包好,并盘成圈放置在托架高处。

14）其他要求

光缆的接续应由受过专门训练的人员操作，接续时应采用光功率计或其他仪器进行监视，使接续损耗达到最小，接续后应做好接续保护，并安装好光缆接头护套。光缆敷设后，宜测量通道的总损耗，并用光时域反射计观察光纤通道全程波导衰减特性曲线。在光缆的接续点和终端应作永久性标志。

3.7.2.4 接地与供电

（1）系统的接地，宜采用一点接地方式，接地母线应采用铜质线。接地线不得形成封闭回路，不得与强电的电网零线短接或混接。

（2）系统采用接地装置时，其接地电阻不得大于 4Ω；用综合接地网时，其接地电阻不得大于 1Ω。

（3）应采用专用接地干线，由控制室引入接地体，专用接地干线所用铜芯绝缘导线或电缆，其芯线截面积不小于 $16mm^2$。

（4）由控制室引到系统其他各设备的接地线，应选用铜芯绝缘软线，其截面积不应小于 $4mm^2$。

（5）光缆传输系统中，各监控点的光端机外壳应接地，且宜与分监控点统一连接接地。光缆加强芯、架空光缆接续护套应接地。

（6）架空电缆吊线的两端和架空电缆线路中的金属管道应接地。

（7）进入监控室的架空电缆入室端和摄像机装于旷野、塔顶或高于附近建筑物的电缆端，应设置避雷保护装置。

（8）防雷接地装置宜与电气设备接地装置和埋地金属管道相连，当不相连时，两者间的距离不宜小于 $20m$。

（9）不得直接在两建筑屋顶之间敷设电缆，应将电缆沿墙敷设于防雷保护区以内，并不得妨碍车辆的运行。

（10）系统的防雷接地与安全防护设计应符合现行国家标准《建筑物电子信息系统防雷技术规范》（GB 50343—2004）、《建筑物防雷设计规范》（GB 50057—94）和《声音和电视信号的电缆分配系统》（GB/T 6510—1996）的规定。

（11）建议集中供电，且采用 UPS 电源。

3.8 "奥运安保"之鸟巢视频安防监控系统

3.8.1 项目需求

北京奥运会最受关注的焦点就是国家体育场——鸟巢，同样对于安防系统来说,鸟巢的安保系统也是整个奥运会场馆监控中的焦点,也是最为典型的一个案例。奥运安保项目与其他大型监控项目相比,有着自己特殊的需求,而这些需求也决定了鸟巢视频安防监控系统与普通的场馆监控之间有着很大的不同。奥运安保项目的具体需求包括如下方面:

(1)图像要求质量高,控制实时。对于奥运场馆监控来说,由于监控点需要覆盖整个场馆及场馆周边区域,因此很多监控点的覆盖范围都非常大,而且对图像清晰度的要求也非常高。以鸟巢而言,中层看台的云台摄像机,需要清楚地、快速地看见百米看台对面的人员活动情况。这些对摄像机的实时控制、图像的显示等设备的要求非常高。

(2)要求录像时间长,录像质量高。由于硬盘录像机要保证能够满足保留所有奥运会及残奥会一个月左右的录像,对于硬盘录像机录像文件保存时间有着很高的要求。同时为了保证特殊事件的事后取证的清晰度,硬盘录像机的录像文件必须要保证高清晰的录像回放质量。D1是最基本的回放图像分辨率要求。

(3)要求系统稳定性高。鸟巢的安保系统担负着场馆内部和周边的安保运行工作,安保系统的稳定性永远是第一位的,因此在系统方案设计必须处处都需要体现出稳定性的要求。以鸟巢设计方案而言,视频的压缩、网络传输、存储和显示等各个单元都必须有冗余设计,避免因任何一个单点故障而造成的整个系统瘫痪或某个监控点的失效。需要配置各种设备检测措施,一旦某个环节出现问题,系统能在第一时间发现异常事件,并能及时有效给予解决。

(4)实时视频的多用户跨平台调用。对于重点场馆,视频用户除了场馆内部的安保人员还有很多安保相关单位,如武警、消防、公安、上级安保指挥中心等部门。他们都需要实时了解场馆信息,调用视频资料,因此视频安防监控平台必须是一个开放、标准、高性能、高稳定性的平台,允许多个系统的接入,有效处理多用户同时调用而产生的视频访问压力,提供稳定的视频点播、下载、控制等服务。

(5)强大的预案处理功能。奥运安保监控非常重要的一个需求是能及时、准确处理各类突发事件。奥运安保团队针对各种突发情况都制定了十分详细的相关预案,安保监控系统也需要根据这些紧急预案而自动地进行相关功能的触发。例如:一旦出现紧急情况,必须从800多个摄像头中迅速找到最佳的摄像头对事件现场进行观察,获取最为直观的视频信息,满足奥运安保对于突发事件监控的需求。

3.8.2 系统结构

鸟巢视频安防监控系统可以分为前端监控部分、核心筒视频汇集部分、网络传输部分以及监控中心部分四个部分。

(1)前端监控、核心筒视频汇集与网络传输部分

前端监控部分是分布在鸟巢各个角落的 800 多台摄像机。摄像机采集各个监控点的实时视频图像,基本实现了整个鸟巢的视频无缝覆盖。800 多台摄像机采集的模拟视频信号通过模拟视频线缆送至 12 个设备核心筒。在设计时,系统将整个鸟巢分为 12 个垂直的核心筒区域,分布在鸟巢各个楼层的监控点就近接入各个核心筒。各个核心筒将视频信号和控制信号最终汇集到与核心筒对应的 12 个网络设备间。在网络设备间,视频信号首先进入 16 分 32 视频分配器,将一路视频分为 2 路,一路进入硬盘录像机进行本地录像,一路进入视频服务器对模拟视频进行数字化编码,通过网络交换机上传至监控中心,其中网络设备间与中心控制室的数据通信采用光纤。系统如图 3-31 所示。

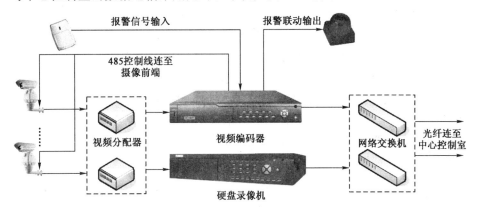

图 3-31　组织结构图

(2)监控中心部分

监控中心配备了海康威视(Hikvision)自主研发的集中监控平台软件,并根据监控的具体需求,配置管理服务器、流媒体服务器、存储服务器、控制中心计算机、控制键盘、电视墙服务器(包括嵌入式解码器和计算机式解码主机)等硬件设备。

管理服务器是整个系统的核心,各监控中心必须得到管理中心的授权才可以接入系统,同时,管理中心还对监控中心的各类服务器(电视墙服务器、存储服务器、流媒体服务器)、接入的前端编码设备(硬盘录像机、视频编码器)、控制中心的操作用户进行管理。管理中心具有系统巡检功能,实时对系统内所有硬件设备进行巡检,当发现有故障设备时会产生报警并启动冗余替代方案,以保证系统的稳定运行。

电视墙服务器包括解码器和解码主机,利用48个DS-6001D解码器解码将信号传输至电视墙。鉴于电视墙规模较大,为便于值班人员进行有效监视,监视器选择单画面显示方式。同时配备2台16路解码主机(每台4块DS-4004MD解码卡)解码输出,解码主机解出的模拟视频有4路供监控中心4路大屏进行集中显示,16路供16路计算机DVS进行二次编码上传仰山桥安保指挥中心。

存储服务器为整个系统提供存储服务。正在电视墙上轮巡显示的图像可以自动存储在存储服务器,前端报警信号上传后,报警点关联的视频图像也会被自动存储。硬盘录像机故障时,存储服务器会自动连接与故障硬盘录像机关联的相关视频服务器,并调取视频服务器的图像进行中心存储。如果接收控制中心命令,也可以启动指定通道的定时录像。同时存储服务器还为各个客户端提供视频录像的VOD点播服务。

流媒体服务器为各个客户端提供流媒体转发服务,并为其他监控系统,如武警、公安、政府、消防等单位监控系统提供视频流转发服务。

控制中心相当于客户端软件,提供视频预览、云台/镜头控制、本地录像、视频回放、报警联动、远程配置、电子地图显示等功能。但是与普通的客户端不同的是,它还提供了许多对于服务器的控制功能。例如,在控制中心可以控制存储服务器对前端监控点的录像操作,可以控制硬解码服务器与电视墙的切换、轮巡等操作,并具有双屏显示功能。如果连接控制键盘,可以在控制键盘上实现对电视墙的矩阵切换功能。如图3-32所示。

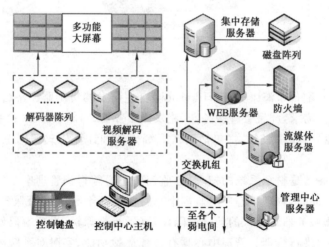

图3-32　监控中心组织结构图

3.8.3 鸟巢视频安防监控系统的技术特点

鸟巢视频安防监控系统在设计和实施过程中始终清晰的遵循鸟巢用户的特殊需求,采用了许多新技术和措施,杭州海康威视公司为鸟巢视频安防监控系统量身定制相关的硬件产品,从整体效果来看,正是因为有了这些有鲜明特点的技术措施和稳定、高效的硬件产品,才能保证鸟巢的视频安防监控系统充分满足了奥运期间安保团队对于视频监控的极高的要求。

(1)采用稳定的视频编码器和网络硬盘录像机

对于整个视频安防监控系统而言有两个关键:实时的视频图像能否及时、准确、稳定地传输至监控中心和各个客户端;各个监控点的视频图像能否安全、完整地保存在硬盘录像机中,以便事后查阅。鸟巢视频安防监控系统是一个有将近 900 个监控点的大型系统,完成视频网络传输和视频本地存储是一项非常艰巨的工作,实际工作的难度非常高,对硬盘录像机和视频编码器的稳定性提出了非常高的要求。方案中的两款海康威视产品均采用高性能的 DSP 处理芯片和H.264 视频压缩算法,性能稳定可靠,视频图像无论预览、回放还是网传均能实现全部通道最高 D1 分辨率。运行结果表明,在奥运会和残奥会期间的满负荷工作中,300 多台设备没有一台发生故障,具备了极高的可靠性。硬盘录像机完整记录了整个奥运会和残奥会期间的所有监控点图像,并为多起盗窃、紧急状况等处置提供了准确的视频资料,没有漏录任何视频信息,是整个视频安防监控系统稳定运行的坚实基础。

(2)监控系统所有节点均实现双路冗余备份

采用性能稳定的硬件设备是保证系统稳定的先决条件,为了确保系统的绝对稳定与可靠,采取了周到的冗余设计,考虑到所有环节可能出问题的地方并采取相应的方案来保证问题可以迅速解决。在鸟巢方案设计中,处处体现出为了保证稳定性而采取的冗余设计。具体来说,从视频编码、传输、录像、解码上墙等方面得到了充分的体现。

前端视频编码和录像部分没有按照传统的方案采用硬盘录像机作为编码、录像一体的设备,而是采用视频分配器将同一路视频信号分为 2 路,分别接入数字硬盘录像机和数字视频服务器。数字硬盘录像机和数字视频服务器互为备份,实现编码和录像的双冗余。

当管理中心巡检到视频编码器故障,通知控制中心,控制中心将通过调用相应的硬盘录像机的视频通道代替故障视频编码器的相应通道,从而不影响控制中心正常显示图像。而当控制中心一旦收到硬盘录像机故障等类似报警后,控制中心就开始查找其对应的视频编码器信息,并且立即发送命令给存储服务器要求存储服务器对相应视频编码器的通道图像做远程网络存储。

网络传输部分,网络设备间的交换机到中心控制室敷设单模 6 芯光纤。网络设备间内每台视频监控系统使用的网络交换机配备 2 个光纤网络接口,分别接 2 条独立的光纤,汇集入中心控制室的核心交换机,保证整条光纤链路的线路冗余。

监控中心电视墙显示部分,48 个监视器采用单路解码器进行解码输出,而不是采用多路的解码主机,这样避免因为解码主机出故障而导致多路监视器不能显示图像,如有单个解码器故障,也不会影响其他监视器解码输出。2 台硬解码主机分别为 4 路大屏和长峰编码设备提供解码输出视频,每台解码主机都多备了 1 倍的解码卡,当解码卡有故障时可以实现在线切换。同时,两台解码主机也可实现互为备份。

(3)高性能的数字矩阵系统

鸟巢监控系统中没有使用传统的模拟矩阵系统来作为集中显示设备,而是采用高性能的数字矩阵系统作为集中显示设备。

对于传统的模拟矩阵系统和新型的数字矩阵系统,业内普遍认为:模拟矩阵系统视频信号无损传输、显示,图像质量优于数字矩阵;模拟矩阵控制实时性好,数字矩阵控制延时较大;模拟矩阵可用键盘实现切换、云镜控制,控制方便,数字矩阵通过鼠标操作,操作困难。在鸟巢系统中,数字矩阵系统对于这些问题都给出了较为圆满的解决方案。

数字矩阵系统的核心,解码器设备在使用 D1 格式分辨率的条件下,经过公安部一所检测中心以及十几名监控行业专家的 3 次严格检验,始终保持近似于模拟图像的效果。在视频图像延时方面,数字矩阵系统延时控制的非常好,800 多个监控点延时均在系统验收要求的 500ms 以内,云镜控制非常流畅。而在操作方面,为了适应操作人员的操作习惯,控制中心配置了 1 台控制键盘,控制键盘与控制中心计算机的串口相连,通过串口直接控制解码设备,可以实现对网络视频的选择、切换以及云镜控制等操作。

(4)灵活的预案处置机制以及高效的电子地图调用手段

迅速有效处置突发情况是检验奥运会这一特殊的安保监控系统是效果的重要标志。在系统平台软件中,控制中心为用户提供了快速定位、自动联动、大信息量显示等多项功能。系统内所有的报警点、门禁开关以及消防探头都与相关的视频进行了联动。当有任意一个点被触发,系统都会自动弹出相关的视频,并提供准确的文字、声音等提示手段。

系统平台软件中的电子地图系统,用30多张场馆平面图以及区域地图把所有监控点都囊括进来。每张地图之间都有相应的联系,可通过热区的功能在各个地图之间方面的跳转。当有报警发生时,电子地图系统会自动将报警点所在的地图弹出显示,并在电子地图上以醒目的图标闪烁提示用户报警点所在位置。在实际使用当中,正是强大的电子地图功能,在许多突发事件处理过程中,为公安人员迅速定位监控点,了解事件现场情况提供了及时、准确的帮助。

(5)大信息容量的双屏显示功能

双屏显示是系统平台软件的一个特色,一个控制中心客户端计算机可以带两台显示器,一台显示器显示监控画面,一台显示器显示电子地图,很好地解决了单一显示器上显示内容繁杂、显示信息量小的问题。用户可以通过点击电子地图图标,直接在监控界面上显示监控点图像。

(6)多平台之间的互联互通

鸟巢安保系统的互联互通包括两个方面,一个是场馆内部的视频安防监控、消防、门禁、报警等安防系统之间的互联互通,一个是场馆内部视频安防监控系统与奥运安保指挥调度系统的互联互通。系统软件通过开放的平台很好地解决了这两个问题。

场馆内部安保系统总集成是航天科工集团的 EBI 系统,可以将门禁、报警和消防系统集成在一个平台下。在方案设计的时候,在 EBI 系统中可以实现任意监控点的视频调用、显示及控制,而同时 EBI 系统也和系统平台软件约定了网络传输协议,将门禁、报警和消防的报警信息通过网络传送给平台软件,平台软件接收到报警信息后,可以在控制中心实现相关的报警联动视频显示、录像等功能。

奥运安保指挥系统是一个架构于各个场馆之上的综合性管理平台。在这个平台上可以实现任意场馆的视频调用、报警上传、视频控制等操作。在与该奥运安保指挥系统联通的方案中,采取通过网络进行视频控制、通过解码主机进行视频传输的方式。客户端软件可以通过网络向平台软件指定的客户端软件发送视频调用和视频控制的命令,客户端软件接收到命令后,会自动控制指定的解码主机,将奥运安保指挥系统需要的视频解码输出,并将控制命令送到前端的视频编码器中,由编码器实现对快球和云台等的控制。视频解码主机的输出口连接奥运安保指挥系统编码器的视频输入口,将视频编码后传送至仰山桥指挥中心。如图 3-33 所示。

对于这两个系统的互联互通,都是在平台与平台之间的层面上实现的,通过规定网络协议,通过网络传输控制指令和相关信息。控制功能可根据要求进行

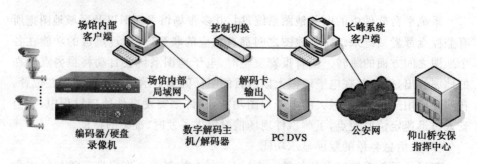

图 3-33　多平台联系框图

设计，没有硬件连接的局限性；可实现许多复杂的功能，开放的平台使用开放的协议，兼容性强。

4

入侵报警系统

入侵报警系统亦称防盗报警系统,是指应用传感器技术和电子信息技术,探测并指示非法进入或者试图非法进入设防区域(包括主观判断可能被劫持或者遭抢劫或其他紧急情况下,故意触发紧急报警装置)的行为,处理报警信息,发出报警信息的电子系统或者网络。通俗地说,它是用探测装置对建筑内外重要地点和区域进行布防,探测非法侵入,并且在探测到非法侵入时,及时向有关人员示警。

4.1 入侵报警系统概述

4.1.1 入侵报警系统结构

入侵报警系统由前端设备、传输设备、处理/控制/管理设备和显示/记录设备四个部分构成。前端设备包括探测器和紧急报警装置;传输设备包括线缆、地址编解码器、信号发射和接收装置等;控制设备包括控制器或中央控制台,控制器/中央控制台应包含控制主板、电源、声光指示、编程、记录装置以及信号通信接口等,常见的入侵报警系统结构如图 4-1 所示。

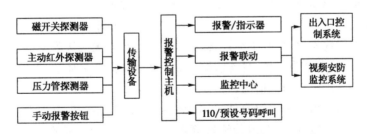

图 4-1 入侵报警系统结构示意图

当探测器检测到非法入侵情况(或者手动报警按钮被触发)就产生报警信号,通过传输系统(有线或无线)传送给报警控制主机。报警控制主机经识别、判断后发出声响报警和灯光报警,还可控制多种外围设备,如打开照明灯、开启相关摄像机和录像机,同时还可将报警信息输出至上一级指挥中心或有关部门。

另外,人为的报警装置,如电梯内的报警按钮,人员受到威胁时使用的紧急按钮、脚踏开关等也属于此系统。

纵深防护体系的四个防护层次,即周界、监视区、防护区和禁区,以不同的方式承担防范入侵的任务,例如:安装于围栏的振动入侵探测器、泄漏电缆入侵探测器等可有效探测入侵者攀爬、翻越围栏;安装在墙上的玻璃破碎入侵探测器及门窗上的门磁开关等可有效探测外部入侵;安装在楼内的运动入侵探测器和红外入侵探测器可感知入侵者在楼内的活动;安装于被保护对象周围的场变化入侵探测器、微波入侵探测器等可以用来保护财物、文物等珍贵物品。

根据信号传输方式不同,入侵报警系统可以分为分线制、总线制、无线制和通过公共网络传输四种方式,如图 4-2 所示。

分线制也称为多线制,分线制是指探测器、手动紧急报警按钮通过多芯电缆与报警控制主机之间采用一对一传输。通常用于距离较近、探测防区较少且比较集中的情况。这种传统结构方式最简单,报警控制主机的每个探测回路与前端探测防区的探测器采用电缆直接连接,多用于小于 16 防区的系统。

总线制是指探测器、手动紧急按钮通过其相应的编址模块与报警主机之间采用总线连接。通常用于距离较远、探测防区较多且比较分散的情况下。该模式前端探测防区的探测器利用相应的传输设备,通过总线连接到报警控制设备,多用于小于 128 防区的系统。

无线制模式是指探测器、手动紧急按钮通过其相应的无线设备与报警主机之间采用无线连接,要求一个防区内紧急按钮的数量不得超过四个。前端每个探测防区的探测器通过分线制连接到现场的无线发射、接收或者中继设备,再通过无线电波传送到无线接收设备,无线接收设备与报警控制主机相连。其中探测器与现场无线发射、接收中继设备,报警控制主机与无线接收设备之间可以为独立设备,也可以合为一体,目前前端多数设备是集成为一体的,采用电池供电。通常用于现场难以布线的情况。

公共网络传输则是通过有线或者无线的网络进行连接,包括局域网、广域网、电话网、有线电视网、电力传输网等现有的或者将来发展的公共传输网络。基于公共网络时应当考虑报警优先原则,同时具有网络安全措施。

事实上,上述网络结构既可以单独使用,也可以组合使用;既可以在单级网络中使用,也可以在多级网络中混合使用。当前大型系统都是由多个安装在不同区域的报警控制主机通过网络连接起来,由报警中心统一管理,构成一个功能强大的入侵报警系统。

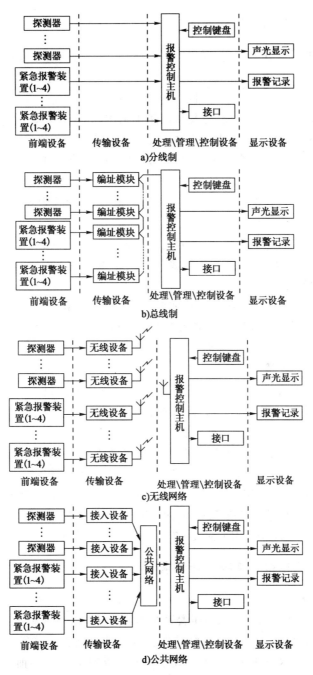

图 4-2　入侵报警系统网络结构

4.1.2 入侵报警系统功能

系统功能可以分为探测、响应、指示、控制、记录与查询和传输等部分。

探测功能主要指入侵报警系统应对可能的入侵行为,进行准确、实时的探测并产生报警状态。应产生报警的行为包括:①打开门、窗、空调系统的百叶窗等;②用暴力通过门、窗、天花板、墙及其他建筑结构;③破碎玻璃;④在建筑物内部移动;⑤接触或接近保险柜或重要物品;⑥紧急报警装置触发。

响应功能是指当一个或多个设防区域产生报警时,入侵报警系统的响应时间应符合下列要求:①分线制入侵报警系统不大于 2s;②无线和总线制入侵报警系统的任一防区首次报警不大于 3s;③其他防区后续报警不大于 20s。

指示功能是指入侵报警系统应能对下列状态的事件来源和发生的时间给出指示:①正常状态;②试验状态;③入侵行为产生的报警状态;④防拆报警状态;⑤故障状态;⑥主电源掉电,备用电源欠压;⑦设置警戒(布防)/解除警戒(撤防)状态;⑧传输信息失败状态。

控制功能是指入侵报警系统应能对下列功能进行编程设置:①瞬时防区和延时防区;②全部或部分探测回路设置警戒(布防)与解除警戒(撤防);③向远程中心传输信息或取消;④向辅助装置发激励信号;⑤系统试验应在系统的正常运转受到最小中断的情况下进行。

记录和查询功能是指入侵报警系统应能对下列事件记录和事后查询:①所有指示事件、控制功能中编程设置;②操作人员的姓名、开关机时间;③警情的处理;④维修。

传输功能必须满足如下要求:①报警信号的传输可采用有线和/或无线传输方式;②报警传输系统应具有自检、巡检功能;③入侵报警系统应有与远程中心进行有线和/或无线通信的接口,并能对通信线路的故障进行监控;④报警信号传输系统的技术要求应符合 IEC60839-5 要求;⑤报警传输系统串行数据接口的信息格式和协议,应符合 IEC60839-7 的要求。

4.1.3 入侵报警系统设计要求

《入侵报警系统技术要求》(GA/T 368—2001)对系统设计规定如下:

(1)规范性和实用性。入侵报警系统的设计应基于对现场的实际勘察,根据环境条件、防范对象、投资规模、维护保养以及接警处警方式等因素进行设计。系统的设计应符合有关风险等级和防护级别标准的要求,符合有关设计规范、设计任务书及建设方的管理和使用要求。设备选型应符合有关国家标准、行业标准和相关管理规定的要求,如《入侵报警系统工程设计规范》(GB 50394—2007)等。

(2)先进性和互换性。入侵报警系统的设计在技术上应有适度超前性和互换性,为系统的增容和改装留有余地。

(3)准确性。入侵报警系统应能准确及时地探测入侵行为、发出报警信号;对入侵报警信号、防拆报警信号、故障信号的来源应有清楚和明显的指示。入侵报警系统应能进行声音复核,与电视监控系统联动的入侵报警系统应能同时进行声音复核和图像复核。系统误报警率应控制在可接受的限度内。入侵报警系统不允许有漏报警现象。

(4)完整性。应对入侵设防区域的所有路径采取防范措施,对入侵路径上可能存在的实体防护薄弱环节应有加强防范措施。所防护目标的5m范围内应无盲区。

(5)纵深防护性。入侵报警系统的设计应采用纵深防护体制,应根据被保护对象所处的风险等级和防护级别,对整个防范区域实施分区域、分层次的设防。一个完整的防区,应包括周界、监视区、防护区和禁区四种不同类型的防区,对它们应采取不同的防护措施。周界应当设置实体或者电子防护设备;监视区内最好设置视频监控设备;防护区内应设置紧急报警装置、探测器和声光报警装置,利用传感器和其他设备进行多重保护;禁区内应当设置两种或者两种以上的基于不同原理的探测器,应设紧急报警按钮和声音复核系统,通向禁区的出入口、通道、通风口、天窗等应当设置探测器和其他防护设备,实现立体防护。防护区内应设立控制中心,必要时还可设立一个或多个分控中心。控制中心宜设在禁区内,至少应设在防护区内。

(6)联动兼容性。入侵报警系统应能与视频监控系统、出入口控制系统等联动。当与其他系统联合设计时,应进行系统集成设计,各系统之间应相互兼容又能独立工作。入侵报警的优先权仅次于火警。

4.2 入侵探测器

入侵探测器是入侵报警系统的重要组成部分,是用来辨别面临危险的不正常情况下而产生报警状态的装置。入侵探测器通常由传感器、处理器和输出接口组成,简单的入侵探测器可以没有处理器和输出接口。传感器用来辨别状态变化,而这个状态变化能指示面临的危险。处理器对一个或多个传感器输出进行处理,并判断是否产生报警状态。输出接口将探测器的状态传送至报警控制器,由控制器作出响应。

入侵探测的工作原理：入侵者在实施入侵时会发出声响、振动、阻断光路、对地面或某些物体产生压力、破坏原有温度场、发出红外光等物理现象，传感器利用某些材料对这些物理现象的敏感性而将其感知并转换为相应的电信号或者电参量（电压、电流、电阻、电容等）；处理器对电信号进行放大、滤波、整形后成为有效的报警信号；输出接口使入侵探测器的输出呈现警戒/报警两种状态。输出接口通常要求警戒状态为无电位的常闭触点或导通电阻不大于 100Ω，报警状态和未加电时为常闭触点开路或开路电阻不小于 $1M\Omega$。

入侵探测器是入侵探测报警系统最前端的输入部分，也是整个报警系统中的关键部分，它在很大程度上决定了报警系统的性能、用途和可靠性，是降低误报和漏报的决定性因素。

4.2.1 入侵探测器分类和性能要求

入侵探测器通常可按传感器类型、工作方式、警戒范围、探测信号传输方式、应用场合等标准来区分。

1）按传感器类型（即探测原理）分类

按传感器类型，即按传感器探测的物理量来区分，通常有：磁开关、振动入侵探测器、声控报警入侵探测器、超声入侵探测器、次声入侵探测器、红外入侵探测器、电场感应式入侵探测器、电容变化入侵探测器、微波入侵探测器和视频移动探测器等。探测器的名称大多是按传感器的种类来称呼的。

2）按工作方式分类

按工作方式分为主动式入侵探测器和被动式入侵探测器两种。被动入侵探测器在工作时不需向探测现场发出信号，依靠检测被测物体自身存在能量而形成信号，通常传感器输出一个稳定的信号，当出现入侵情况时，稳定信号被破坏，经处理后输出报警信号。例如：被动红外入侵探测器原理是热电传感器能检测被测物体发射的红外线能量，当被测物体移动时，把被测物体表面温度与周围环境温度差的变化检测出来，从而触发探测器的报警输出。

主动式入侵探测器在工作时向探测现场发出某种能量，经反射或直射在接收传感器上形成一个稳定信号。当出现入侵情况时，稳定信号被破坏，经处理后输出报警信号。例如：微波入侵探测器由微波发射器发射微波能量，在探测现场形成稳定的微波场，一旦被测物体移动入侵时，稳定的微波场便遭到破坏，微波接收机接收这一变化后，经处理输出报警信号。主动式入侵探测器发射装置和接收传感器可以在同一位置，如微波入侵探测器；也可以在不同位置，如对射式主动红外入侵探测器。

常见被动式入侵探测器有被动红外入侵探测器、振动入侵探测器、声控报警入侵探测器、视频移动探测器等;主动式入侵探测器有微波入侵探测器、主动红外入侵探测器、超声波入侵探测器等。

3)按警戒范围分类

按警戒范围可分成点控制型探测器、线控制型探测器、面控制型探测器和空间控制型探测器。

(1)点控制型探测器是指警戒范围仅是一个点的探测器,当这个点的警戒状态被破坏时,立即发出报警信号;如安装在门窗、柜台、保险柜的磁开关探测器,当这一点出现危险情况时即发出报警信号。磁开关和微动开关探测器、压力传感器常用作点控制型探测器。

(2)线控制型探测器警戒的是一条直线范围,当这条警戒线上出现危险情况时发出报警信号。如主动红外入侵探测器或激光入侵探测器,先由红外源或激光器发出一束红外光或激光被接收器接收,当红外光和激光被遮断,探测器即发出报警信号。主动红外、激光和感应式入侵探测器常用作线控制型探测器。

(3)面控制型探测器警戒范围为一个面,如仓库、农场的周界围网等,当警戒面上出现危害时即发出报警信号;如装在面墙上的振动入侵探测器,当这个墙面上任何一点受到振动时即发出报警信号。振动入侵探测器、栅栏式被动红外入侵探测器、平行线电场畸变入侵探测器等常用作面控制型探测器。

(4)空间控制型探测器警戒的范围是一个空间,如档案室、资料室、武器库等。当这个警戒空间内的任意处出现入侵危害时即发出报警信号,如在微波入侵探测器所警戒的空间内,入侵者从门窗、天花板或地板的任何一处入侵其中,都会产生报警信号。声控入侵探测器、超声波入侵探测器、微波入侵探测器、被动红外入侵探测器、微波红外复合探测器等常用作空间控制型探测器。

4)按探测信号传输方式分类

按探测信号传输方式可分为有线探测器和无线探测器两类。有线传输探测器由传输线(如双绞线、多芯线、电话线、电缆等)来传输探测信号,这是目前大量采用的方式。无线传输探测器由空间电磁波来传输经调制后的探测信号。在防范现场很分散或不便架设传输线的情况下,无线传输探测器有它独特的作用,通常在报警控制主机上增加无线接收机,以实现无线传输。

5)按应用场合分类

按应用场合可分为室外探测器和室内探测器两种。室外入侵探测器又可分为建筑物外围探测器和周界探测器,周界探测器用于防范区域的周界警戒,它是入侵报警系统的第一道防线,常用泄漏电缆探测器、电子围栏式周界探测器等;建筑物外围探测器用于防范区域内建筑物的外围警戒,是入侵报警系统的第二道防线,常用主动红外入侵探测器、室外微波入侵探测器、振动探测器等;室内入侵探测器是入侵报警系统的最后防线,常用微动开关探测器、振动探测器、被动红外入侵探测器等。

入侵探测器的性能包括诸多方面,如灵敏度和探测范围等,后文将根据各种探测器详细介绍,但其中有一些是所有探测器共同的要求,如电源、接口、稳定性等,下面列举了一些共同要求:

(1)电源要求。当入侵探测器的电源电压在额定值的85%~110%范围内变化时,入侵探测器应不需调整而能正常工作,且性能指标应符合要求;过压状态运行条件是入侵探测器在电源电压为额定值的115%时,以每分钟不大于15次的报警速率循环50次,每次均应完成警戒、报警的功能;使用交流电源供电的入侵探测器应有直流备用电源,并能在交流电源断电时自动切换到备用电源;备用电源使用时间方面,银行、仓库、文物单位用的入侵探测器为24h,商业用的入侵探测器为16h;交流电源恢复时应对备用电源自动充电。

(2)接口。入侵探测器的接口警戒状态为无电位的常闭触点或导通电阻不大于100Ω,报警状态和未加电时为常闭触点开路或开路电阻不小于1MΩ。

(3)稳定性要求。入侵探测器在正常气候环境下,连续工作7d不应出现误报警和漏报警,其灵敏度或探测范围的变化不应超过±10%。

(4)耐久性要求。入侵探测器在额定电压和额定负载电流下进行警戒、报警和复位,循环6000次,应没有电的或机械的故障,也不应有器件损坏或触点粘连。

(5)抗干扰要求。入侵探测器应符合GB6833.1中规定的静电放电敏感度试验、电源瞬态敏感度试验、辐射敏感度试验的要求,不应出现误报警和漏报警;抗热气流干扰,入侵探测器在警戒状态下受热气流干扰时应能正常工作,不应出现误报警和漏报警。

(6)绝缘电阻。入侵探测器电源插头或电源引入端子与外壳裸露金属部件之间的绝缘电阻在正常环境条件下应不小于10MΩ(直流电压小于36V,且一端接地者除外)。

4.2.2　开关入侵探测器

开关入侵探测器将防范现场传感器的位置或工作状态的变化转换为控制电

路通断的变化,并以此来触发报警电路。由于这类入侵探测器的传感器工作状态类似于电路开关,故称为开关入侵探测器,属于点控制型入侵探测器。开关入侵探测器常用的传感器有磁开关、微动开关和易断金属条等,当它们被触发时,传感器就输出信号使控制电路通或断,引起报警装置发出声、光报警。

1)磁开关入侵探测器

磁开关入侵探测器俗称磁开关,又称门磁开关。它是由带金属触点的两个簧片封装在充有惰性气体的玻璃管(称干簧管)和一块磁铁组成,有常开/常闭两种形式。以常闭式为例,其工作原理如图4-3所示。当磁铁靠近干簧管时,管中带金属触点两个簧片,在磁场作用下被吸合,a、b接通;磁铁远离干簧管达一定距离时,干簧管附近磁场消失或减弱,簧片靠自身弹性作用恢复到原位置,a、b断开。

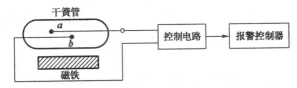

图4-3 常闭干簧管式磁开关示意图(磁铁远离干簧管时)

使用过程中一般是把磁铁安装在被防范物体(如门、窗等)的活动部位(门扇、窗扇),干簧管装在固定部位(如门框、窗框)。磁铁与干簧管的位置需保持适当距离,以保证门、窗关闭磁铁与簧管接近时,在磁场作用下,干簧管触点闭合形成通路。当门、窗打开时,磁铁与干簧管远离,干簧管附近磁场消失其触点断开,控制器产生断路报警信号。磁开关在门、窗的安装情况如图4-4示。

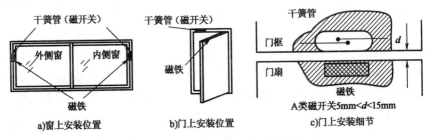

图4-4 磁开关在门窗上的安装示意图

磁开关也可以多个串联使用,把它们安装在多处门窗上,无论任何一处门窗被入侵者打开,控制电路均可发出报警信号,这种方法可以扩大防范范围,安装示意如图4-5所示。

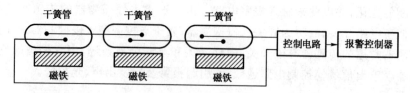

图 4-5　串联使用的磁开关(常闭式)

　　磁开关入侵探测器有一个重要的技术指标是分隔隙,即磁铁盒与开关盒相对移开至开关状态发生变化时的距离。《磁开关入侵探测器》(GB 15209—2006)中规定,磁开关入侵探测器按分隔间隙分为 3 类:A 类大于 20mm;B 类大于 40mm;C 类大于 60mm;特别强调的是这个分类绝非产品质量分级。产品选择时应当选用接点释放、吸合自如,且控制距离较大的磁开关,也要根据安装场所和部位选择。例如,一般家庭推拉式门窗厚度在 40mm 左右,若安装 C 类门磁,门窗已被打开缝,报警系统还不一定报警,此时若用其他磁铁吸附开关盒,则探测系统失灵,作案可能成功,如果选用 A 类产品,则上述情况不易发生;古代建筑物的大门,不仅缝隙大而且会随风晃动,就不适宜安装控制距离较小的磁开关;在卷帘门上使用的磁开关控制距离起码应大于 40mm。总之,一定要根据门窗的厚度、间隙、质地选用适宜的产品,保证在门窗被开缝前报警。

　　磁开关入侵探测器在市场上的产品大致分为明装式(表面安装式)和暗装式(隐藏安装式)两种,应根据防范部位的特点和防范要求加以选择。安装方式可选择螺丝固定、双面胶贴固定、紧配合安装式或其他隐藏式安装方式。一般情况下,特别是人员流动性较大的场合最好采用暗装(即把开关嵌装入门窗框的木头里),引出线也要加以伪装,免遭破坏。

　　磁开关入侵探测器具有结构简单、价格低廉、抗腐蚀性好、触点寿命长、体积小、动作快和吸合功率小等诸多优点,因此在实用中经常采用。在安装和使用磁开关时应注意如下一些问题:①开关盒应装在被防范物体的固定部分,安装应稳固,避免受猛烈振动,使开关盒碎裂;②普通磁开关不适用于金属门窗,因为金属易使磁场削弱,缩短磁铁寿命,磁能损失导致系统的误报警,此时,可选用钢门专用型门磁开关,或选用微动开关,或其他类型开关器件代替磁开关;③报警控制部门的布线图应尽量保密,联线接点接触可靠;④要经常注意检查永久磁铁的磁性是否减弱,否则会导致开关失灵;⑤安装时要注意安装间隙:一般在木质门窗上使用时,开关盒与磁铁盒相距 5mm 左右;金属门窗上使用时,两者相距 2mm 左右;安装在推拉式门窗上时,应在距拉手边 150mm 处,若距拉手边过近,系统易误报警,过远便出现门窗已被开缝,还未报警的漏报警现象。

2）微动开关

微动开关是一种依靠外部机械力的推动,实现电路通断的电路开关,如图4-6所示。外力通过传动元件(如按钮)作用于动作簧片上,使其产生瞬时动作,簧片末端的动触点与静触点 *b*、*c* 快速接通(*a* 与 *b*)和切断(*a* 与 *c*)。外力撤销后,压簧使动作簧片迅速弹回原位,电路又恢复 *a*、*b* 接通,*a*、*c* 切断状态。微动开关可以装在门框或窗框的合页处,当门、窗被打时,开关接点断开,通过电路启动报警装置发出报警信号。微动开关也可放在需要被保护的物体下面,平时靠物体本身的质量使开关触点闭合,当物体被移走时,开关触点断开,从而发出报警信号。

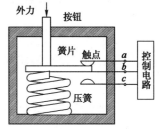

图 4-6　微动开关示意图

微动开关优点是结构简单、安装方便、价格便宜、防震性能好、触点可承受较大的电流,且可以安装在金属物体上;缺点是抗腐蚀性及动作灵敏程度不如磁开关。

3）紧急报警开关

在银行、家庭、机关、工厂等各种场合出现入室抢劫、盗窃等险情或其他异常情况时,往往需要采用紧急报警开关(如按钮开关、脚挑式开关或脚踏式开关)进行紧急报警。按钮开关通常安装在隐蔽之处,按下按钮后,开关接通(或断开),发出报警信号。这种开关安全可靠,不易被误按下,也不会因振动等因素而误报警,解除报警必须由人工复位。

在某些场合也可以使用脚挑式或者脚踏式开关,如在银行或储蓄所工作人员脚下隐蔽安装这类开关,一旦有不法分子进行抢劫,即可使用脚挑或者脚踏,使开关解脱或者断开进行报警。这种形式的开关一方面可以及时向保卫部门或者上一级接警中心发出报警信号,另一方面也不易被不法分子发现,有利于保护工作人员的人身安全。紧急报警开关发出的报警信号,可以根据需要采取有线或者无线方式进行发送。

4）易断金属导线

易断金属导线是一种用导电性能好的金属材料制作的机械强度不高、容易断裂的导线。当使用易断金属导线作为开关入侵探测器的传感器时,可将其捆绕在门窗把手或被保护物体上,当门窗被强行打开或物体被移动、搬起时,金属线断裂,控制电路发生通断变化,产生报警信号。

目前我国使用线径在 $0.1\sim0.5mm^2$ 之间的漆包线作为易断金属导线,也有采用一种金属胶带,像胶布一样粘贴在玻璃上并与控制电路连接,当玻璃破碎时,金属胶条断裂而报警,但是建筑物窗户太多或玻璃面积太大,则金属胶条不太适用。

易断金属导线的优点是结构简单、价格低廉;缺点是不便于伪装,漆包线的绝缘层易磨损而出现短路现象,从而使报警系统失效。

5)压力垫

压力垫也可以作为开关入侵探测器的一种传感器,压力垫通常放在防范区域的地毯下面,如图 4-7 所示,将两条长条型金属带平行相对应地分别固定在地毯背面和地板之间,两条金属带之间有几个位置使用绝缘材料支撑,使两条金属带互不接触,此时相当于传感器开关断开;当入侵者进入防范区,踩踏地毯,地毯相应部位受重力而凹陷,使地毯下没有绝缘物支撑部位的两条金属带接触,此时相当于传感器开关闭合,发出报警信号。

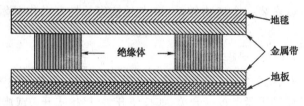

图 4-7　压力垫示意图

4.2.3　红外入侵探测器

红外入侵探测器根据工作方式可以划分为主动红外入侵探测器和被动红外入侵探测器两大类。

1)主动红外入侵探测器

主动红外入侵探测器是由收、发装置两部分组成,发射装置向装在几米甚至几百米远的接收装置发射一束红外线,当红外线被遮断时接收装置即发出报警信号,因此它也是阻挡式入侵探测器或称对射式入侵探测器。

通常发射装置由多谐振荡器、波形变换电路、红外发光管及光学透镜等组成。振荡器产生脉冲信号经波形变换及放大,控制红外发光管产生红外脉冲光线,透过聚焦透镜将红外光变为较细的红外光束射向接收端。接收装置由光学透镜、红外光电管、放大整形电路、功率驱动器及执行机构等组成,光电管将接收到的红外光信号转变为电信号,经整形放大后推动执行机构启动报警设备。

主动红外入侵探测器是线控制型探测器,监控距离较远可长达百米以上,而且灵敏度较高,通常将触发入侵探测器的最短遮光时间,设计成 0.02s 左右,小于普通人以百米赛跑的速度穿过红外光束的时间。这种探测器还具有体积小、质量轻、耗电少、操作安装简便、价格低廉等优点,应用广泛。

主动红外入侵探测器有较远的探测距离,红外线属于非可见光源,入侵者难以发现与躲避,具有较好的隐蔽性且防御界线非常明确,尤其在室内应用时简单可靠。

主动红外入侵探测器用于室外警戒时,由于暴露于外面,易被损坏或被入侵者故意移位或逃避;受环境、气候影响较大,如遇雾天、下雪、下雨、刮风沙等恶劣天气时,能见度下降,作用距离会因此而缩短;同时室外环境复杂,有时遇到野生动物闯过,或落叶飘下也可能会造成误报警;同时光学系统的透镜表面是裸露在空气之中,极易被尘埃等杂物所污染,因此要经常清扫以保持镜面的清洁,否则实际监控距离将会缩短,影响其工作的可靠性。为了确保工作的可靠性,室外应用型主动式红外探测器在结构和电路等方面的设计上要比室内应用型复杂:加设自动增益控制(AGC)电路,当天气恶劣时,探测器会自动增强灵敏度,并采用双射束,以减低误报;附加防雨、防霜、防雾等功能。一般来说,在室外应用时,最好还是再配合一些其他形式的警戒手段,以确保安全防范的可靠性。室外探测距离的设计,应是室内探测距离的 $1/3 \sim 1/2$。

主动红外入侵探测器的安装设计要点如下:①红外光路中不能有阻挡物(如室内窗帘飘动、室外树木晃动等);②探测器安装方位应严禁阳光直射接收机透镜内;③周界需由两组以上收发射机构成时,宜选用不同的脉冲调制红外发射频率,以防止交叉干扰;④正确选用探测器的环境适应性能,室内用探测器严禁用于室外;⑤室外用探测器的最远警戒距离,应按其最大射束距离的 $1/6$ 计算;⑥室外应用要注意隐蔽安装;⑦主动红外探测器不宜应用于气候恶劣,特别是经常有浓雾、毛毛细雨的地域,以及环境脏乱或动物经常出没的场所。

图 4-8 显示了主动红外入侵探测器的几种布置方式:单光路由一只发射器和一只接收器组成,如图 4-8a)所示,但要注意入侵者跳跃或下爬入而产生漏报;双光路由两对发射器和接收器组成,如图 4-8b)所示,图中两对收、发装置的位置分别相对,是为了消除交叉误射,不过有的厂家产品通过选择振荡频率的方法来消除交叉误射,这时两个发射器可放在同一侧,接收器放在另一侧;多光路构成警戒面,如图 4-8c)所示,反射单光路构成警戒区,如图 4-8d)所示。

图 4-9 是利用多组主动红外发射和接收器构成一个矩形的周界警戒线示例。

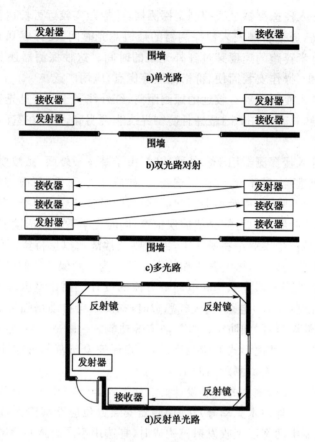

图 4-8　主动红外入侵报警系统设置

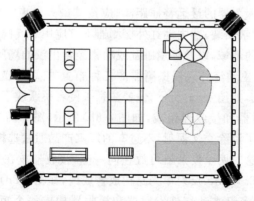

图 4-9　多组收发器构成的休闲运动场主动红外周界防范系统

激光入侵探测器的结构类似于主动红外入侵探测器,也是由发射器与接收器两部分构成,只是发射机发出的是激光而不是红外光。按激光器工作物质划分,激光器可分为如下几种:工作物质为固体的固体激光器,如钕玻璃、红宝石等;工作物质为液体染料的液体染料激光器,如若丹明香豆素等;工作物质为二氧化碳、氦-氖、氮分子等的气体激光器;工作物质是半导体材料的半导体激光器,如砷化镓激光器等。

激光入侵探测器工作与布置方式也与主动红外式探测器相似,发射器发射激光束照射在接收器上,当有入侵目标出现在警戒线上,激光束被遮挡,接收机接收状态发生变化,从而产生报警信号。由于激光穿透能力较强,与红外入侵探测器相比,能够在相对比较恶劣的气候条件下使用。同时由于激光具有直射且不发散的特点,可以通过布置多个反射镜来回反射交织形成一个防护圈或者防护网,比单纯的一道光束更加有效。

2)被动红外入侵探测器

被动红外入侵探测器不向空间辐射能量,而是依靠接收人体发出的红外辐射来进行报警的。任何有温度的物体都在不断地向外界辐射红外线,人体表温度约为 $36\,℃$,故大部分辐射能量集中在 $8\sim12\,\mu m$ 的波长范围内。

被动红外入侵探测器在结构上可分为红外探测器(红外探头)和控制电路两个部分。红外探测器目前用得最多的是使用热释电探测器作为将人体红外辐射转变为电量的传感器。如果把人体(入侵者)红外辐射直接照射在探测器上也会引起温度变化而输出信号,但采用这种方式探测距离比较近,为了加长探测距离需要附加光学系统来收集红外辐射。通常采用塑料镀金属的光学反射系统,或塑料做的菲涅耳透镜作为红外辐射的聚焦系统,由于塑料透镜是压铸出来的,故使成本显著降低,从而在价格上可与其他类型入侵探测器相竞争。

在探测区域内,人体透过衣饰的红外辐射能量被探测器的透镜接收,并聚焦于热释电传感器上,探测器形成的视场既不连续,也不交叠,且都相隔一个盲区。当人体(入侵者)在这一监视范围中运动时,顺次地进入某一视场又走出这一视场,热释电传感器对运动的人体一会儿可探测到,一会儿又探测不到,再过一会又可探测到,然后又探测不到,于是人体(入侵者)的红外线辐射不断地改变热释电体的温度,使它输出相应的信号,这些信号就被作为报警信号。传感器输出信号的频率大约为 $0.1\sim10\,Hz$,这一频率范围由探测器中的菲涅耳透镜、人体(入侵者)运动速度和热释电传感器本身的特性决定。

为了消除日光灯中的红外干扰,需要在探测器前装波长为 $8\sim14\,\mu m$ 的滤光片。为了更好地发挥光学视场的探测效果,目前光学系统的视场探测模式常被设计成多种方式,例如有多线明暗间距探测模式,其中又可划分上、中、下三个层次,即所谓广角型,也有呈狭长形(长廊型)的。

被动红外入侵探测器在三大移动报警探测器中(超声、微波、红外)是发展较晚的一种,之所以具有较强的生命力,有着后来居上的发展趋势,主要是因为它具有如下若干独到的优点:

(1)被动式红外探测器属于空间控制型探测器,由于其本身不向外界辐射任何能量,因此就隐蔽性而言,更优于主动式红外探测器,另外其功耗可以极低,普通的电池就可以维持探测器长时间的工作,所以在一些要求低功耗的场合尤为适用。

(2)由于是被动式,不需要发射机与接收机之间严格校直,安装相对比较简单。

(3)与微波入侵探测器相比,红外波长不能穿越由砖头水泥等建造的一般建筑物,在室内使用时不必担心由于室外的运动目标会造成误报。

(4)在较大面积的室内安装多个被动红外入侵探测器时,因为它是被动的,所以不会产生系统互相干扰的问题。

(5)工作不受噪声与声音的影响,声音不会使它产生误报。

被动式红外探测器根据视场探测模式,可直接安装在墙上、顶棚上或墙角,其布置和安装的原则如下:

(1)探测器对横向切割(即垂直于)探测区方向的人体运动最敏感,故布置时应尽量利用这个特性达到最佳效果。如图 4-10 中 A 点布置的效果好,B 点正对大门效果差。

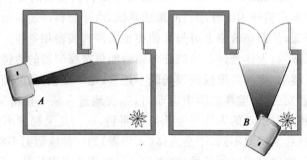

图 4-10　被动式红外入侵探测器安装位置示意图

(2)布置时要注意探测器的探测范围和水平视角。如图 4-11 所示,可以安装在顶棚上(也是横向切割方式),也可以安装在墙面或墙角,但要注意探测器的窗口(菲涅耳透镜)与警戒的相对角度,防止"死角"。全方位(360°视场)被动红外探测器可以安装在室内顶棚上。探测器不要对准强光源和受阳光直射的门窗。

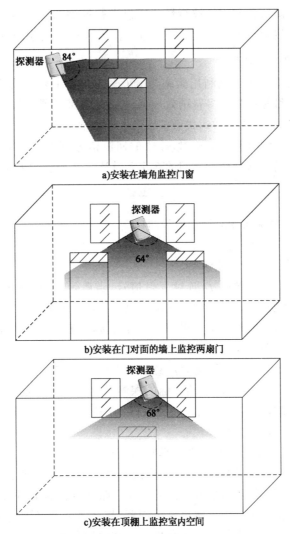

a)安装在墙角监控门窗

b)安装在门对面的墙上监控两扇门

c)安装在顶棚上监控室内空间

图 4-11　被动红外入侵探测器空间布置示意图

（3）探测器不要对准加热器、空调出风口管道。警戒区内最好不要有空调或热源，如果无法避免热源，则应与热源保持至少 1.5m 以上的间隔距离；警戒区内不要有高的遮挡物遮挡和电风扇叶片的干扰，也不要安装在强电处。

（4）选择安装墙面或墙角时，安装高度在 2～4m，通常为 2～2.5m。

4.2.4 微波入侵探测器

微波入侵探测器是利用微波能量的辐射进行探测的探测器,按工作原理可分为微波移动入侵探测器和微波阻挡入侵探测器两种,一般用于监控室内目标。

1)微波移动入侵探测器

微波移动入侵探测器是利用频率为 $300\sim30000\text{MHz}$(通常为 10000MHz)的电磁波对运动目标产生的多普勒效应原理构成的探测器,因此又被称为多普勒式微波入侵探测器,或称雷达式微波入侵探测器。所谓多普勒效应是指微波探头与探测目标之间有相对运动时,接收的回波信号频率会发生变化。探头所接收的回波(反射波)与发射波之间的频率差就称为多普勒频率 f_d 为:

$$f_d = \frac{2v_r f_0}{c}$$

式中:v_r——目标与探头相对运动的径向速度;

c——光速;

f_0——探头发射的微波频率。

微波探头产生固定频率 f_0 连续发射信号,当遇到运动目标时,由于多普勒效应,反射波频率变化,通过接收天线送入混频器产生差频信号 f_d,经放大处理后再传输至控制器。此差频信号也称为报警信号,它触发控制电路报警或显示。这种入侵探测器对静止目标不产生多普勒效应($f_d=0$),没有报警信号输出。

使用微波移动入侵探测器需要注意如下几个方面:

(1)探测器对警戒区域内活动目标的探测是有一定范围的。其警戒范围为一个立体防范空间,其控制范围比较大,可以覆盖 $60°\sim95°$ 的水平辐射角,控制面积可达几十到几百平方米。

(2)微波对非金属物质的穿透性具有两面性。有利的一面是可以用一个微波探测器监控几个房间,同时还可外加修饰物进行伪装,便于隐蔽安装。不利的一面是,如果安装调整不当,墙外行走的人或马路上行驶的车辆以及窗外树木晃动等都可能造成误报警。为了解决这个问题,探测器应严禁对着被保护房间的外墙、外窗安装,同时在安装时应调整好微波探测器的控制范围和其指向性,通常是将报警探测器悬挂在高处(距地面 $1.5\sim2\text{m}$ 左右),探头稍向下俯视,使其方向指向地面,并把探测器的探测覆盖区限定在所要保护的区域之内,这样可使因其穿透性能造成的不良影响减至最小。

(3)探测器的探头不应对着可能活动的物体或者部位,如门帘、窗帘、电风扇、排气扇或门、窗等,否则这些物体都可能会成为移动目标而引起误报。

(4)监控区域内不应有过大、过厚的物体,特别是金属物体,否则在这些物体的后面会产生探测的盲区。

(5)探测器不应对着大型金属物体或具有金属镀层的物体(如金属档案柜等),否则这些物体可能会将微波辐射能反射到外墙或外窗的人行道或马路上,当有行人和车辆经过时,经它们反射回的微波信号又可能通过这些金属物体再次反射给探头,从而引起误报。

(6)探测器不应对准日光灯、水银灯等气体放电灯光源。日光灯直接产生的100Hz的调制信号会引起误报,尤其是发生故障的闪烁日光灯更易引起干扰,原因是在闪烁灯内的电离气体更易成为微波的运动反射体而造成误报警。

(7)探测器属于室内应用型探测器,由其工作原理可知,在室外环境中应用时,无法保证其探测的可靠性。

(8)当在同一室内需要安装两台以上的探测器时,它们之间的微波发射频率应当有所差异(一般相差25MHz左右),而且不要相对放置以防止交叉干扰,产生误报警。

2)微波阻挡入侵探测器

微波阻挡入侵探测器由微波发射机、微波接收机和信号处理器组成,使用时将发射天线和接收天线相对放置在监控场地的两端,发射天线发射微波束直接送达接收天线。当没有运动物体遮断微波波束时,微波能量被接收天线接收,发出正常工作信号;当有运动目标阻挡微波束时,接收天线接收到的微波能量减弱或消失,此时产生报警信号。其工作和布置类似于前文中提到的主动红外入侵探测器。

3)微波/红外双技术入侵探测器

微波/红外双技术入侵探测器是一种典型的双技术入侵探测器,它把微波和被动红外两种探测器结合起来,同时对人体的移动和体温进行探测并相互鉴证之后才发出报警。由于两种探测器的误报基本上互相抑制了,而两者同时发生误报的概率又极小,所以误报率大大下降,例如微波/红外双技术入侵探测器的误报率可以达到对应各自单技术入侵探测器误报率的1/421。

为了进一步提高微波/被动红外双技术探测器的性能,采取了一些新的技术,例如IFT技术和微处理器技术。IFT技术即双边浮动阈值技术,普通双技术探测器的触发阈值是固定的,而IFT技术的触发阈值是浮动的。探测器工作时,若检测的信号频率在0.1～10Hz范围内,即人体移动信号,则触发阈值固定在某一数值,一旦超出此值即报警;若检测的频率不在此范围,则视为干扰信号,其触发阈值将随干扰信号的峰值自动调节,这样就不会引发报警信号,采用IFT技术可以进一步减少误报警。

微处理器智能分析技术也可以进一步减少误报警。普通的双技术探测器在红外与微波两种探测技术都探测到目标时就发出报警信号,这种处理方式在微波受到了干扰的情况下还是容易引起误报警。微处理技术不仅能分析由两种探测技术探测到的波形,而且还对这两个信号之间的时间关系进行分析,即根据红外与微波触发的时间间隔判断警情,只有先触发红外探测器后再触发微波探测器才会引发报警,微波起到了对红外探测进一步确认的作用,通过调节脉冲计数,使红外探测器灵敏度适当,可以减少老鼠、蝙蝠等引起的误报警。

微处理器信号分析技术是探测器的存储器中存储上万种模拟入侵者的信号,并进行编程处理。当任何一种可能触发红外和微波探测器的信号被探测到之后,将其传送到微处理器,微处理器将这些信号与芯片中储存的模拟入侵者信号进行比较和判断,微处理器经处理后就会发出报警信号,否则就不报警。

霍尼韦尔 DT900/DT906 双鉴探测器是工、商业级双鉴探测器,内置微处理器的双鉴/防遮挡探测器,特制的天线提高了灵敏度,降低误报。红外/微波及带

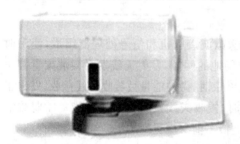

主动红外的防遮挡功能三技术合一,防遮挡功能可大大增强系统的安全性及防破坏能力,长距离反射性光学镜片使得 DT900 系列探测器利用该功能可保证该类探测器在长距离的情况下依然保持良好的探测性能,全密封的防虫设计。设备外观如图 4-12 所示,特性参数如表 4-1 所示。

图 4-12 霍尼韦尔 DT900/DT906 探测器外观

霍尼韦尔 **DT900/DT906** 特性　　　　　　　　　　　　　　表 4-1

探测范围	DT900:15×12 m,27×21 m DT906:37×3 m,61×5 m
电源要求	35mA/12VDC,10～15VDC
灵敏度	探测范围内正常步速 2～4 步
微波频率	10.525GHz
防拆	(NC)25 mA,30VDC,防墙拆或盒盖被拆
报警继电器	C 型继电器,125mA,25VDC,22Ω 保护电阻
防遮挡 & 故障继电器	B(NC)型继电器,25mA,30VDC
工作温度	−15～49℃,5%～95%相对湿度(无冷凝)
抗辐射干扰	30v/m,10～1000MHz
抗白光干扰	6500 Lux
安装高度范围	2～3.6m
尺寸	200mm×170mm×150 mm

超声波入侵探测器的工作原理与微波入侵探测器的工作原理相类似,只是使用的是超声波而不是微波,它也是利用多普勒效应,探测器不断发出特定频率的超声波,当室内有物体移动时,会产生约 100kHz 的频移,接收机不断将接收到的频率与发射频率进行比较,一旦超出范围就开始报警。超声波入侵探测器在密封性较好的房间效果比较好,没有探测死角,但是其容易受风以及空气流动的影响,因此安装时不能靠近排气扇和暖气设备,也不能对着门窗。

4.2.5 振动入侵探测器

振动入侵探测器是一种在警戒区内能感应入侵者引起的机械振动(冲击)而发出报警的探测装置。它是以探测入侵者的走动或进行各种破坏活动时所产生的振动信号作为报警的依据,例如入侵者在进行凿墙、钻洞、破坏门窗、撬保险柜等破坏活动时,都会引起这些物体的振动,以这些振动信号来触发报警。

振动传感器是振动入侵探测器的核心组成部件,它可以将由各种原因所引起的振动信号转变为模拟电信号,经适当的信号处理后转换为可以被报警控制主机接收的电信号(如开关电压信号),当振动信号超过规定的强度时,即可触发报警。

某些结构简单的机械式振动探测器没有信号处理电路,振动传感器本身直接向报警控制主机输出开关电压信号。需要特别强调的是,引起振动产生的原因是多种多样的,如爆炸、凿洞、电钻孔、敲击、切割、锯东西等,各种方式产生的振动波形也是不一样的,即振动频率、振动周期、振动幅度三者均不相同。根据振动传感器结构和工作原理的不同,所能探测的振动形式也各有所长,因此应根据防范现场最可能产生的振动形式来选择合适的振动探测器。

振动入侵探测器按传感器工作原理分类,可分为位移传感器、速度式传感器和加速度传感器、混合传感器等。

1)位移传感器

常见的有水银式传感器、重锤式(惯性棒)传感器、钢球式开关等。它们的工作原理是:当直接或间接受到机械冲击振动时,水银珠(钢珠、重锤等)离开原来的位置从而触发报警。这类传感器灵敏度低,控制范围小,只适合小范围控制,如门窗和保险柜、局部墙面等。钢珠式传感器虽然可用于建筑物振动入侵探测器,但它一般只能控制墙面 4m² 左右,因此很少采用。

2)速度传感器

一般常用电动式传感器,是由永久磁铁、线圈、弹簧、阻尼器和壳体等组成的。这种传感器灵敏度高,控制范围大,稳定性较好;但加工工艺要求较高,因此价格比较高。它适合地音振动入侵探测器和建筑物振动入侵探测器。

电动式振动传感器的原理如图 4-13 所示,它由一根条形永久磁铁和一个绕有线圈的圆形筒组成,永久磁铁的两端用弹簧固定在传感器的外壳上,套在永久磁铁外围的圆筒上绕有一层较密的细铜丝线圈,这样线圈中就存在着由永久磁铁产生的磁通。

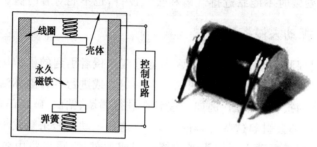

图 4-13 电动式振动传感器原理图(左)与实物(右)

其工作原理如下:探测器固定在墙壁、顶棚板、地表层或周界的钢丝网上,当外壳受到振动时,就会使永久磁铁和线圈之间产生相对运动,由于线圈中的磁通不断地发生变化,根据电磁感应定律,在线圈两端就会产生感应电动势,此电动势的大小与线圈中磁通的变化率成正比,将线圈与报警电路相连,当感应电动势的幅度大小与持续时间满足报警要求时,即可发出报警信号。电动式振动探测器对磁铁在线圈中的垂直速度、位移尤为敏感,因此当安装在周界的钢丝网面上时,对于强行爬越钢丝网的入侵者有极高的探测率。其安装方式可以参考前文中提到的光纤振动入侵探测器的围栏安装方式。

电动式振动探测器也可以用于室外进行掩埋式安装构成地面周界报警系统,用来探测入侵者在地面上走动时所引起的低频振动,因此又称为地面振动探测器(或地音探测器)。每根传输线可以连接几十个(如 25～50 个)探测器,保护约 60～90m 长的周界。

3)加速度传感器

加速度传感器一般是压电式加速度计,最常用的是压电晶体振动探测器,它的核心是一片压电晶体,它可以将施加于其上的机械作用力转变为相应大小的电压即模拟的电信号,此电信号的频率及幅度与机械振动的频率及幅度成正比。

压电晶体振动探测器适用的范围也很广泛:①探测器可用于室内,探测墙壁、顶棚板等处和玻璃破碎时所产生的振动,例如将压电晶体振动探测器贴在玻璃上,可用来探测划刻玻璃时所产生的振动信号,将此信号送入信号处理电路(如高通放大等电路)后,即可触发报警。②探测器也可以用于室外的周界报警系统中,将这种探测器固定在保护栏网或桩柱上,以探测入侵者翻爬、破坏栏网、桩柱时引起的振动。③探测器掩埋在地下、泥土或较硬的表层物下面,可用来探测入侵者在地面上行走时产生的振动。

不同的场合、不同的入侵方式所引起的不同物体的机械振动频率会有所差异,因此为了更准确地探测入侵者的活动,在报警电路中,由压电晶体振动传感器输出的模拟电信号必须经过某一频率范围的带通滤波器,其带通频率与所要探测入侵者的实际入侵活动所产生的机械振动频率相对应,然后再进入信号处理器。例如,入侵者在地面上行走时产生的振动频率比较低,而翻越、破坏栅网时所引起的振动频率比较高,尤其入侵者在划刻窗玻璃时所产生的振动信号频率更高,经适当选择通带的频率范围之后,就可以消除由非入侵活动而引起的振动,避免产生误报警。

4)混合传感器

采用混合振动传感器,可以提高报警可靠性,且对防范区内人员的正常走动或环境干扰等不会引起误报。典型三合一振动探测器的结构如图 4-14 所示。

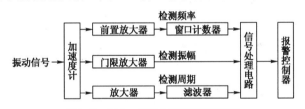

图 4-14 三合一振动入侵探测器原理图

探测器利用数字信号处理技术,对振动入侵时引起的振动频率、振动周期和振动幅度三者进行分析,从而提高了报警准确性,抑制了环境的干扰因素。三合一型振动探测器的保护范围一般是半径 3～4m,最远可达 14m(与保护面的材质及其振动方式有关),适用于金库、银行保险柜等处使用。有些探测器设有可调多级灵敏度,以适应不同环境需要。这类探测器也适合作为地音振动入侵探测器和普通建筑的振动入侵探测器。

振动入侵探测器的主要特点及安装使用要点如下:

(1)振动探测器基本上属于面控制型探测器。它可以用于室内,也可以用于室外的周界报警。优点是在人为设置的防护屏障没有遭到破坏之前,就可以做到早期报警;在室内应用明敷、暗敷均可;通常安装于可能被入侵的墙壁、顶棚板、地面或保险柜上;安装于墙体时,距地面高度 2～2.4m 为宜,传感器垂直于墙面;其在室外应用时,通常埋入地下,深度在 10cm 左右,不宜埋入土质松软地带。

（2）振动入侵探测器安装在墙壁或顶棚板等处时，与这些物体之间必须牢固固定，否则将不易感受到振动。用于探测地面振动时，应将传感器周围的泥土压实，否则振动也不易传到传感器，导致探测灵敏度下降。在室外使用电动式振动探测器（地音探测器），特别是泥土地，在雨季（土质松软）、冬季（土质冻结）时，探测器灵敏度均明显下降，使用者应采取其他报警措施。

（3）振动入侵探测器安装位置应远离振动源（如室内冰箱、空调等，室外树木等）。在室外应用时，埋入地下的探测器应与其他埋入地中的物体，如树木、电线杆、栏网桩柱等保持适当的距离，否则这些物体风吹晃动导致地表层的振动也会引起误报。一般振动传感器与这些物体之间应保持 $1\sim3m$ 以上的距离。

（4）电动式振动入侵探测器主要用于室外掩埋式周界报警系统中，其探测灵敏度比压电晶体振动探测器的探测灵敏度要高。由于电动式振动探测器磁铁和线圈之间易磨损，一般隔半年需要检查一次，在潮湿处使用时，检查时间间隔还要缩短。

4.2.6 玻璃破碎入侵探测器

玻璃破碎入侵探测器是专门用来探测玻璃破碎功能的一种探测器，当入侵者打碎玻璃试图作案时，即可发出报警信号。玻璃破碎探测器按照工作原理不同大体可以分为两类，一类是声控型的单技术玻璃破碎探测器，另一类是双技术玻璃破碎探测器。双技术玻璃破碎探测器又分为两种，一种是声控型与振动型组合在一起的双技术玻璃破碎探测器，另一种是同时探测次声波及玻璃破碎高频声响的双技术玻璃破碎探测器。玻璃破碎入侵探测器原理框图如图 4-15 所示。

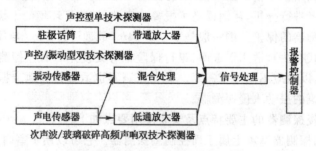

图 4-15　玻璃破碎入侵探测器原理框图

声控型单技术玻璃破碎探测器的工作原理与前述的声控探测器的工作原理很相似，探测器利用驻极体话筒作为接收声音信号的声电传感器，由于它可将防范区内所有频率的音频信号（$20\sim20kHz$）都经过声电转换而变成为电信号，因此为了使探测器对玻璃破碎的声响具有鉴别的能力,通常加一个带通放大器,以便取出玻璃破碎时发出的高频声音信号频率。经过分析与实验表明:在玻璃破碎时发出的响亮而刺耳的声响中,所包括主要声音信号的频率处于大约10kHz～15kHz的高频段范围内,周围环境的噪声一般很少能达到这么高的频率。将带通放大器的带宽选在10kHz～15kHz的范围内,就可将玻璃破碎时产生的高频声音信号取出从而触发报警,但对人的走路、说话、雷雨声等却具有较强的抑制作用,可以降低误报率。

与声控探测器相类似,在玻璃破碎入侵探测器的控制部分也可设置监听装置;只要将报警/监听开关置于"报警"位置,便可进入警戒守候报警工作状态;当开关置于"监听"位置时,也能听到警戒现场的高频声音。综上所述,这种单技术玻璃破碎入侵探测器实际上可以看作是一种具有选频作用的具有特殊用途的声控探测器。

振动型单技术玻璃破碎探测器的工作原理就是检测玻璃被击碎时产生的振动信号。导电簧片开关型玻璃破碎探测器结构如图4-16所示,上簧片横向略呈弯曲的形状,它对噪声频率有吸收作用,绝缘体、定位螺丝将上下金属导电簧片绝缘固定在底座上,而右端触头处可靠接触。玻璃破碎探测器的外壳粘附在需防范的玻

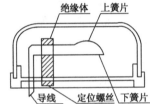

图4-16 导电簧片开关型玻璃破碎探测器结构示意图

璃的内侧,环境温度和湿度的变化及轻微振动产生的低频振动,甚至敲击玻璃所产生的振动都能被上簧片的弯曲部分吸收,不改变上下电极的接触状态,只有当探测器探测到玻璃破碎或足以使玻璃破碎的强冲击力时产生的特殊频率范围的振动才能使上下簧片振动,处于不断开闭状态,触发控制电路产生报警信号。

声控/振动型双技术玻璃破碎入侵探测器是将声控探测与振动探测两种技术组合在一起,只有同时探测到玻璃破碎时发出的高频声音信号和敲击玻璃引起的振动时,才能输出报警信号。与前述的声控式玻璃破碎入侵探测器相比,它不会因周围环境中其他声响而发生误报警,可以有效地降低误报率,增加系统的可靠性,可以全天时(24h)地进行防范工作。

次声波/玻璃破碎高频声响双技术玻璃破碎入侵探测器是目前较好的一种玻璃破碎入侵探测器,是将次声波探测技术与玻璃破碎高频声响探测技术这样两种不同频率范围的探测技术组合在一起,只有同时探测到敲击玻璃引起的次声波信号和玻璃破碎发生的高频声音信号时,才可触发报警。它实际上是将弹性波检测技术(用于检测敲击玻璃窗时所产生的超低频次声波振动)与音频识别

技术(用于探测玻璃破碎时发出的高频声响)两种技术融为一体来探测玻璃的破碎,一般当探测器探测到超低频的次声波后才开始进行音频识别,如果在一个特定的时间内探测到玻璃的破碎音,则探测器才会发出报警信号。由于采用两种技术对玻璃破碎进行探测,可以大大地减少误报,与前一种双技术玻璃破碎探测器相比,尤其可以避免由于外界干扰因素所引起的窗、墙壁等振动所引起的误报。

实验表明,当敲击门窗等处的玻璃(此时玻璃还未破碎)时,会产生一个超低频的弹性振动波,这个振动波属于次声波的范围,而当玻璃破碎时,才会发出高频的声音。当入侵者试图入室作案时,必定要选择在这个房间的某个位置打开一个通道,如打碎玻璃,强行进入;或在墙壁、天窗顶棚、门板上钻眼凿洞,打开缺口;或强行打开门窗等才能进入室内。由于室内外环境不同所造成的气压、气流差,致使在打开的缺口或通道处的空气受到扰动,造成一定的流动性;此外在门窗强行被推开时,具有一定的加速运动,造成空气受到挤压也会进一步加深这一扰动;上述这两种因素都会产生超低频的机械振动波即次声波,其频率甚至可低于 10Hz 以下。产生的次声波会通过室内的空气介质向房间各处传播,并通过室内的各种物体进行反射,由此可见,当入侵者在打碎玻璃强行入室作案的瞬间,不仅会产生玻璃破碎时的可闻声波和相关物体(如窗椎、墙壁等)的振动,还会产生次声波,并在短时间充满室内空间。与探测玻璃破碎高频声响相似的原理,采用具有选频作用的声控探测技术,即可探测到次声波的存在,所不同的是由声电传感器将接收到的包含有高、中、低频等多种频率的声波信号转换为相应的电信号后,必须要加一级低通放大器,以便将次声波频率范围内的声波取出并加以放大,再经信号处理后,达到一定的阈值即可触发报警。

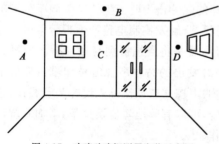

图 4-17 玻璃破碎探测器安装示意图

玻璃破碎入侵探测器通常安装在镶嵌有玻璃的硬墙壁或者顶棚上,如图 4-17 所示,A、B、C、D 都是较好的安装位置。

玻璃破碎入侵探测器适用于一切需要警戒玻璃破碎的场所(除保护一般的门、窗玻璃外),对大面积的玻璃橱窗、展柜、商亭等均能进行有效的控制。安装时应将光电传感器正对着警戒的主要方向,传感器部分可适当加以隐蔽,但在其正面不应有遮挡物,即探测器对防护玻璃面必须有清晰的视线,以免影响声波的传播,降低探测灵敏度。

探测器安装时要尽量靠近所要保护的玻璃,尽可能地远离噪声干扰源以减少误报警,例如像尖锐的金属撞击声、铃声、汽笛的啸叫声等均可能会产生误报警。实际应用中探测器的灵敏度应调整到一个合适的值,一般以能探测到距探测器最远的被保护玻璃即可,灵敏度过高或过低,就可能会产生误报或漏报。

根据工作原理差异,玻璃破碎入侵探测器有的需要安装在窗框旁边(一般距离框 5cm 左右);有的安装在靠近玻璃附近的墙壁或天花板上,但要求玻璃与墙壁或天花板之间夹角不得大于 90°,以免降低其探测力。为确保工作的可靠性,探测器不得装在通风口或换气扇的前面,也不要靠近门铃。

次声波/玻璃破碎高频声响双鉴式玻璃破碎入侵探测器安装方式比较简易,可以安装在室内任何地方,只需满足探测器的探测范围半径要求即可,也可以用一个玻璃破碎入侵探测器来保护多面玻璃窗,这时可将玻璃破碎探测器安装在房间的顶棚板上,并应与几个被保护玻璃窗之间保持大致相同的探测距离,以使探测灵敏度均衡。窗帘、百叶窗或其他遮盖物会部分吸收玻璃破碎时发出的能量,特别是厚重的窗帘将严重阻挡声音的传播,在这种情况下,探测器应安装在窗帘背面的门窗框架上或门窗的上方,同时为保证探测效果,应在安装后进行现场调试。

4.2.7 泄露电缆入侵探测器

这种传感器类似于电缆结构,如图 4-18 所示,中心是铜导线,外面包围着绝缘材料(如聚乙烯),绝缘材料外面用两条金属(如铜皮)屏蔽层以螺旋方式交叉缠绕,并留有方形或圆形孔隙,以便露出绝缘材料层,电缆最外面是聚乙烯塑料构成的保护层。当电缆传输电磁能量时,屏蔽层的空隙处便将部分电磁能量向空间辐射。为了使电缆在一定长度范围内能够均匀地向空间泄漏能量,电缆空隙的尺寸大小是沿电缆变化的。把平行安装的两根泄漏电缆分别接到高频信号发射器和接收器就组成了泄漏电缆周界入侵探测器,发射器产生的脉冲电磁能量沿发射电缆传输并通过泄漏孔向空间辐射,在电缆周围形成空间电磁场,同时与发射电缆平行的接收电缆通过泄漏孔接收空间电磁能量,并沿电缆送入接收器。

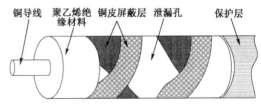

图 4-18　泄漏电缆结构示意图

这种入侵探测器的泄漏电缆可埋入地下,如图 4-19 所示,当入侵者进入探测区时,空间电磁场分布状态发生变化,使接收电缆收到的电磁能量产生变化,此能量变化量就是初始信号,经过处理后发出报警信号。

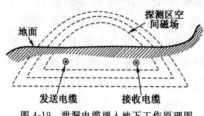

图 4-19　泄漏电缆埋入地下工作原理图

泄漏电缆入侵探测器适用于室外周界或隧道、地道、过道、烟囱等处的警戒,其主要特点如下:①隐蔽性好,可形成一堵看不见的,但有一定厚度和高度的电磁场"墙";②电磁场探测区不受热、声、振动、气流干扰源影响,且受气候变化(雾、雨、雪、风、温、湿)影响小;③电磁场探测区不受地形、地面不平坦等因素的限制,无探测盲区;④可全天候工作,抗干扰能力强,误报和漏报率都比较低,适用于高保安、长周界的安全防范场所。但是系统功耗较大。

泄漏电缆入侵探测器的安装要点如下:①应用于室外时,埋入深度及两根电缆之间的距离依据电缆结构、电缆介质、环境及发射机的功率而定;②泄漏电缆通过高频电缆与泄漏电缆探测主机相连,主机输出送往报警控制主机,主机就近安装于泄漏电缆附近的适当位置,注意隐蔽安装,以防破坏;③周界较长需由一组以上泄漏电缆探测装置警戒时,可将几组泄漏电缆探测装置适当串接起来使用;④泄漏电缆埋入的地域要尽量避开金属堆积物,在两电缆间场区不应有易移动物体(如小树丛等)。

4.2.8　光纤振动/压力入侵探测器

光纤振动/压力探测器也是近年发展起来的一种新型入侵探测器,其核心部件是传感光纤。传感光纤是具有特殊核心层尺寸、保护与封装的光缆,它能保证在不受外界多变的气候和恶劣环境的影响下,仍然能采集细小的振动。

其工作原理如下:光信号从激光器输送进光纤,报警处理单元的探测器接收和处理光信号相位;传感光缆没有受到干扰或光的传输没有变化,那么光信号相位也将不发生变化;当传感光纤受到运动或振动的干扰时,光信号的传输模式就会发生变化。运动、振动或压力等干扰使光信号相位改变,报警处理单元接收器探测相位的改变,然后对探测到的信号进行处理,判断干扰的强度和类型及是否符合触发报警的条件,如果条件符合就触发报警,否则忽略该信号。用户对报警处理单元设置的校准参数是判断探测到的信号是否符合触发报警的标准。

光纤中未发生变化的光传播方式见图 4-20a);当光信号受到运动或振动干扰时,光纤中光的传播途径见图 4-20b);当光缆受到压力干扰时,光纤中光的传播途径见图 4-20c)。

合理地部署传感光纤可以精确地探测到所有周界围栏的威胁,以下三点注意事项非常重要:①传感光纤用来探测运动、振动和压力改变,因此传感光纤必须安装在最理想的地方,能充分地探测到入侵者带来的运动、振动或压力;②传感光纤的敏感度在整个防区都是一致的,所以在振动容易产生的地方只需要一根传感光纤,而在围栏支柱或加固部分不容易产生振动的地方需铺设多根传感光纤,弥补这

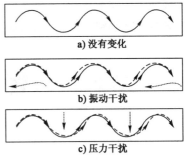

a) 没有变化

b) 振动干扰

c) 压力干扰

图 4-20　光纤中光的传播

部分围栏振动的不足;③探测系统是直线铺设的,所以必须尽可能合理地按周界情况划分多个防区,使报警产生时容易判断其地点。

为确保成功地探测入侵围栏的不法分子,还必须考虑以下几个方面:

(1)围栏噪声:确保围栏不产生过高的噪声。如果是铁丝网围栏,务必重新拉紧铁丝网结构,必要时使用铁丝网金属绑带来消除铁丝网组织之间的碰撞并减少噪声,铁丝网组织和铁丝网支柱也应确保坚固。

(2)围栏材料:确保同一防区内围栏的材质(规格、构造)相同。如在铁丝网围栏中,所有的组织必须处在同一松紧度。

(3)围栏杂质:确保围栏两侧没有任何人为或自然存在的树枝、大岩石、建筑物等物体,因为这些很可能帮助入侵者翻越围栏。

(4)周界有楼房、建筑物和码头或其作为周界的一部分时,必须严加防范入侵者,确保没有门窗或常开物可以让入侵者进入。

根据安全威胁程度来铺设传感光纤的不同方式如下:

(1)串联式安装(雏菊式),这种部署方式针对安全威胁较小的周界,如小偷或蓄意破坏者。这种铺设可以探测基本的入侵意图:如攀爬、匍匐、或剪切铁丝网,见图 4-21a)。

(2)环路式安装,这种部署方法针对需要中等安防要求的周界,如入侵意图更加复杂的入侵者将传感光纤铺设在围栏的中上部和中下部形成一个环路,这样可以使传感光纤更能探测到试图在铁丝网下挖槽或攀爬铁丝网支柱等入侵者,见图 4-21b)。

(3)高度安全的安装,这种安装方式适用于安防要求极高的领域。把传感光纤铺设在铁丝网的突出柱子上,可以增强系统中传感光纤的敏感度,预防受过专业培训擅长周界围墙突破的入侵者,见图 4-21c)。

(4)围栏与埋地混合式安装,这种安装方式实现了使用一种探测器进行两种

不同原理的探测功能,可以有效防止攀爬、借助周边高建筑跃入等受过专业培训擅长周界围墙突破的入侵者,如图 4-21d)所示。

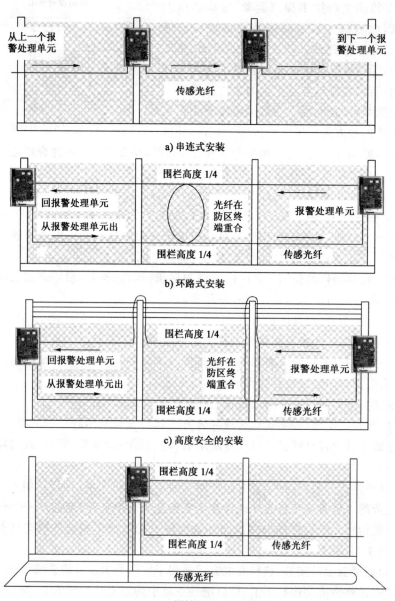

a) 串连式安装

b) 环路式安装

c) 高度安全的安装

d) 围栏与埋入式混合安装

图 4-21 传感光纤安装方式

值得注意的是在第二和第三种配置方法中,形成回路的传感光纤相加长度不是周界长度,这种配置方法叫做"环路式安装",它的优点是增强系统的敏感度,更有效探测入侵者,在所有的环路式安装中,传感光纤被铺设在离围栏顶部和底部横条的 1/4 处。为进一步提高系统的敏感度,传感光纤必须铺设在围栏铁丝网组织和铁丝网支柱之间。在第二和第三种高度安全的区域,传感光纤需从一个防区到下一个防区双重铺设。在高度安全保护的周界安装中,在舷外支架处要铺设额外的传感光纤,铺设方法为将光缆沿着该支架边缘到达其顶部,然后再向下铺设传感光纤。

埋地传感光纤是用于开阔的没有围栏的边界或地区,这些区域包括没有围栏保护,人可以在该周界行走、奔跑、匍匐或挖地道的区域。在埋地传感光纤中,传感光纤以每隔 7~10cm 的蜿蜒的形式埋在地面介质下(如砾石、草地等),走过或进入该周界的入侵者会对地面施加一定的压力,传感光纤探测到这个压力,且在报警处理单元内产生一个报警。

埋地安装时,最好的地面介质是那些容易将入侵者引起的振动传输到传感光纤的物质,推荐使用砾石就是这个原因。沙子和草地也是适用的介质,但是必须遵照以下基本埋地安装原则:在理想的情况下,即当埋地传感光纤安装在砾石中时,光纤可以探测到距其周围 30~46cm 的地方的振动;但在一个不容易振动的介质中,探测范围就跌至光纤附近 30cm 地方的振动,这是因为地面介质越软(如草地),传感光纤探测到的压力多于振动。

4.2.9 其他形式的入侵探测器

1)声控报警入侵探测器

声控报警入侵探测器用传声器做传感器(声控头),用来探测(监听)入侵者在防范区域内走动或作案活动发出的声音(如启闭门窗、拆卸搬运物品、撬锁时的声响),并将此声音转换为报警电信号,经传输线送入报警控制主机。此类报警电信号既可送入监听电路转换为音响,供值班人员对防范区直接监听或录音;同时也可以送入报警电路,在现场声响强度达到一定电平时启动报警装置发出声光报警。

声控报警入侵探测器系统结构比较简单,仅需在警戒现场适当位置安装一些声控头,将音响通过音频放大器送到报警主控器即可,因而成本低廉,安装简便。

声控报警入侵探测器通常与其他类型的报警装置配合使用,作为报警复核装置(又称声音复核装置,简称监听头),可以大大降低误报及漏报率。声控报警入侵探测器与其他探测器配合使用时,在探测器报警的同时,值班员可监听防范现场有无相应的声响,若听不到异常的声响时,可以认为是探测器出现误报;而当探测器虽未报警但是由声控报警入侵探测器听到防范现场有撬门、砸锁、玻璃破碎等异常声响时，可以认为现场已被入侵而探测器产生漏报，此时需要及时采取相应措施。鉴于此类入侵探测器有以上优点，故在规划警戒系统时，可优先考虑采用这种探测器材。

声控报警入侵探测器使用时应该注意如下事项：①声控报警入侵探测器只能配合其他探测器使用；②警戒现场声学环境改变时，要调节声控报警入侵探测器的灵敏度，如警戒区从未铺地毯到铺上较厚的地毯，从未挂窗帘到挂上较厚的窗帘，从较少货物到货物的大量增多等。

2）场变化式入侵探测器

对于高价值的财产防盗报警，如对保险箱等，可采用场变化式入侵探测器（亦称电容式报警系统）。将需要保护的物体（如金属保险箱）独立安置，平时加上电压形成静电场，即对地构成一个具有一定电容量的电容器。当有人接近被保护物体周围的场空间时，电介质就发生变化，与此同时等效电容量也随之发生变化，从而引起 LC 振荡回路的振荡频率发生变化，分析处理器检测到频率变化后立即触发报警。

3）埋地压力管

埋地压力管也是入侵探测中广泛应用的一类探测器，其结构如图 4-22 所示。其工作原理如下：特种材料制成的橡皮管内充满一定压力的液体，入侵者试图进入要保护的区域时会引起保护区域的压力变化，压力变化传递到管上，并由管内的液体传送到传感器内的压电感应膜，压电感应膜将该压力变量转换成相应的电信号，该电信号由电子控制单元来处理，并决定是否输出报警。

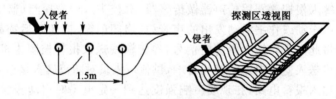

图 4-22　埋地压力管工作原理

当人或车辆从被保护的现场的一边进入另一边过程中，接近探测区域时，作用于地面的压力发生变化，压力管根据探测到压力变化给出相应的报警信号。压力管可以方便地根据每个特定现场的特性（如地貌，土壤结构，地形等）设定最吻合该特定现场的工作参数（即灵敏度，通常通过调节管内液体压力设置），从而保证了系统能极大地降低其误报率。

压力管可以埋在各类地表下，如草地、沥青路面、沙地和石块路面等，也可以安装在水泥预制板下,因为压力可以很容易传递到下面的感应管上。埋地压力管具有很高的探测率,同时又具有很低的误报率。它本身并不辐射出任何能量,因此又是完全隐蔽的。

4)双技术/多技术入侵探测器

各种入侵探测器都有其优点,但也各有其不足之处(如表 4-2 所示),单技术入侵探测器因环境干扰及其他因素引起误报/漏报警的情况。为了解决入侵探测器的误报/漏报警问题,提出互补双技术方法,即把两种(或两种以上)不同探测原理的探测器结合起来,组成双技术(或多技术)的组合入侵探测器,又称双鉴(或多鉴)入侵探测器。前文介绍的红外微波双鉴入侵探测器便是典型应用。

常用入侵探测器选型要求　表 4-2

名称	适应场所与安装方式		主要特点	安装设计要点	适宜工作的环境和条件	不适宜工作的环境和条件	附加功能
超声波多普勒入侵探测器	室内空间型	吸顶	没有死角且成本较低	水平安装,距地宜小于 3.6m	警戒空间要求有较好的密封性	简易或者密封性不好的室内,有活动物或者可能活动的动物,环境嘈杂,附近有金属打击声、汽笛声、电铃声等高频噪声	智能鉴别技术
		壁挂		距地约 1.5～2.2m 左右,透镜的法线方向宜与可能的入侵方向成 180°			
微波多普勒入侵探测器	室内空间型,壁挂式		不受光、声、热的影响	距地约 2.2m 左右,严禁对着房间的外墙和外窗,透镜的法线方向宜与可能的入侵方向成 180°	可在环境噪声比较大,光变化、热变化较大的场合应用	有活动物或者可能活动的动物,微波段高频电磁场环境,防护区内有过大、过厚的物体	平面天线技术,智能鉴别技术
被动红外入侵探测器	室内空间型	吸顶	被动式(多台交叉使用互不影响)功耗低,可靠性较好	水平安装,距地小于 3.6m	日常环境噪声,温度在15～25℃时探测效果最佳	背景有冷热变化,如冷热气流、强光间歇照射等;背景温度接近人体温度,强电磁场干扰,小动物出没频繁	自动温度补偿技术、抗小动物干扰技术,防遮挡技术,抗光电强干扰技术,智能鉴别技术
		壁挂		距地 2.2m 左右,透镜的法线方向宜与可能的入侵方向成 180°			
		楼道		距地 2.2m 左右,视场面对楼道			
		幕帘		在顶棚与立墙拐角处,透镜的法线方向宜与窗户平行	窗户内窗台较大或与窗户平行的墙面无遮挡,其他同上	窗户内窗台较小或与窗户平行的墙面有遮挡或者紧贴窗帘,其他同上	

续上表

名称	适应场所与安装方式		主要特点	安装设计要点	适宜工作的环境和条件	不适宜工作的环境和条件	附加功能
微波和红外被动入侵探测器	室内空间型	吸顶	误报少（与被动红外入侵探测器相比），可靠性高	水平安装，距地小于4.5m	日常环境噪声，温度在15～25℃时探测效果最佳	背景温度接近人体温度，小动物出没频繁	自动温度补偿技术，抗小动物干扰技术，防遮挡技术，双单转接技术。智能鉴别技术
		壁挂		距地2.2m左右，透镜的法线方向宜与可能的入侵方向成135°			
		楼道		距地2.2m左右，视场面对楼道			
被动式玻璃破碎入侵探测器	室内空间型	吸顶与壁挂	被动式；仅对玻璃破碎等高频噪声敏感	所要保护的玻璃应当在探测器保护范围内，并应尽量靠近所要保护玻璃附近的墙壁或者天花板上	日常噪声环境	环境嘈杂、附近有金属打击声、汽笛声、电铃声等高频噪声	智能鉴别技术
振动入侵探测器	室内室外		被动式	墙壁、天花板、玻璃；室外地面表层物下面，保护栏网或者桩柱，最好与防护对象刚性连接	远离振源	地质板结的冻土或者土质松软的泥土地，时常引起振动或者环境过于嘈杂的场合	智能鉴别技术
主动红外入侵探测器	室内、室外（室内机不能用于室外）		红外脉冲，便于隐蔽	红外光路不能有阻挡；严禁阳光直接照射接收机透镜内，防止入侵者从光路上方或者下方侵入	室内周界控制；室外"静态"干燥气候	室外恶劣气候，特别是经常有浓雾、毛毛雨的地域或者动物出没的场所、灌木丛、杂草、树木树枝多的地方	
遮挡式微波入侵探测器	室内室外周界控制		受气候影响小	高度应一致，一般为设备垂直作用的一半	无高频电磁场存在，收发机之间没有遮挡物	高频磁场存在的场所，收发机之间存在遮挡	报警控制设备宜有智能鉴别技术
振动电缆入侵探测器	室内室外均可		可以与其他设备配合使用	在围栏、房屋墙体、围墙内侧或者外侧高度的2/3处，网状围栏上安装应满足产品安装要求	非嘈杂振动环境	嘈杂振动环境	报警控制设备宜有智能鉴别技术

名称	适应场所与安装方式	主要特点	安装设计要点	适宜工作的环境和条件	不适宜工作的环境和条件	附加功能
泄漏电缆入侵探测器	室内外均可	可随地形埋设、可埋入墙体	埋入地域应尽量避开金属堆积物	两探测电缆间无活动物体；无高频磁场存在	两探测电缆间有活动物体；有高频磁场存在	报警控制设备宜有智能鉴别技术
磁开关入侵探测器	各种门窗、抽屉等	体积小，可靠性好	干簧管宜置于固定门框上，磁铁置于门窗等活动的物体上，两者宜安装在产生最大位移的位置，其间距应满足产品安装要求	非强磁场存在的情况	强磁场存在的情况	在特制的门窗上使用时宜选用特制门窗专用门磁开关
紧急报警装置	用于可能发生直接威胁生命的场所（银行营业厅、值班室等）	利用人工启动（手动、脚踏等）发出报警信号	要隐蔽安装，一般装在紧急情况下人员易可靠触发的部位	日常工作环境		防误触发措施，触发报警后能自锁，复位需要采用人工再操作方式

4.3 报警控制主机

报警控制主机也称报警控制器，系统基本结构如图 4-23 所示，各种探测器探测是否有非法入侵，报警控制主机在收到报警信号后，按照程序设置执行警报的本地处理（如发出声光报警信号），同时与监控系统实现联动，控制现场的灯光并记录报警事件和相应的视频图像，将相关的信息上传到报警监控中心，再由报警管理计算机在报警管理软件指挥下执行整个系统管理功能。

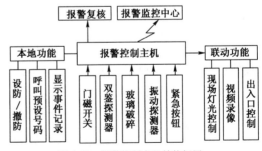

图 4-23 报警控制主机结构框图

4.3.1 报警控制主机类型

控制器按照规模的大小分为小、中、大型系统，报警控制主机的常见结构主要分为台式、柜式和壁挂式三种。

小型系统的控制器多采用壁挂式控制器,其应符合《防盗报警控制器通用技术条件》(GB 12663—2001)中有关要求:应具有可编程和联网功能;设有操作员密码,可对操作员密码进行编程,密码组合不应小于 10000;具有本地报警功能,本地报警喇叭声强级应大于 80dB;接入公共电话网的报警控制主机应满足有关部门入网技术要求;具有防破坏功能。值班室的布局设计控制器应设置在值班室,室内应无高温、高湿及腐蚀气体,且环境清洁,空气清新。

壁挂式控制器在墙上的安装位置:其底边距地面的高度不应小于 1.5m;如靠门安装时,靠近其门轴的侧面距离不应小于 0.5m,正面操作距离不应小于 1.2m;控制器的操作、显示面板应避开阳光直射;引入控制器的电缆或电线的位置应保证配线整齐,避免交叉;控制器的主电源引入线宜直接与电源连接,应尽量避免用电源插头;值班室应安装防盗门、防盗窗、防盗锁、设置紧急报警装置以及同处警力量联络和向上级部门报警的通信设施。

大、中型系统控制设备一般采用报警控制台(结构有台式和柜式)。控制台应符合《防盗报警中心控制台》(GB/T 16572—1996)的有关技术性能要求。控制台应能自动接收用户终端设备发来的所有信息(如报警、音、像复核信息)。采用微处理技术时,应同时有计算机屏幕上实时显示(大型系统可配置大屏幕电子地图或投影装置),并发出声、光报警;应能对现场进行声音(或图像)复核。

4.3.2 报警控制主机功能

报警控制主机的基本功能包括布防与撤防、布防后延时、防破坏以及联网等功能:

(1)布防与撤防功能是指在正常状态下,处于布防状态,如果探测器有报警信号向报警控制主机传送,就立即报警;而当设备处于撤防状态,不会发出报警。报警控制主机既可以手动布防或者撤防,也可以自动对系统进行布防和撤防。

(2)布防后延时功能是指如果布防时人员尚未退出探测区域,报警控制主机能够自动延时一段时间,等人员离开后才生效。

(3)防破坏功能是指如果报警线路和设备被非法撬开或其他形式的破坏,线路发生短路或者断路等任何一种情况发生时,报警控制主机会发出报警,并能显示线路的故障信息。

(4)联网功能是指报警控制主机需具有通信联网功能,使区域性的报警信息能上传到报警监控中心,由监控中心的计算机进行资料分析,并通过网络实现资源共享、异地远程控制等多方面的功能,提高系统自动化程度。

　　系统管理软件应具有系统工作状态实时记录、查询、打印功能;宜设置"黑匣子",用以记录系统开机、关机、报警、故障等多种信息,且值班人员无权更改;应显示直观、操作简便;有足够的数据输入、输出接口,包括报警信息接口、视频接口、音频接口,并留有扩充的余地;具备防破坏和自检功能;具有联网功能;接入公共电话网的报警控制台应满足有关部门入网技术要求。

　　入侵报警系统控制室应当作为重点的防护区域,同时控制室的布局设计应当满足一些要求:控制室应为控制台设置专用房间,室内应无高温、高湿及腐蚀气体,且环境清洁,空气清新;控制台后面板距墙不应小于 0.8m,两侧距墙不应小于 0.8m,正面操作距离不应小于 1.5m;显示器的屏幕应避开阳光直射;控制室内的电缆敷设宜采用地槽,槽高、槽宽应满足敷设电缆的需要和电缆弯曲半径的要求。宜采用防静电活动地板,其架空高度应大于 0.25m,并根据机柜、控制台等设备的相应位置,留进线槽和进线孔;引入控制台的电缆或电线的位置应保证配线整齐,避免交叉;控制台的主电源引入线宜直接与电源连接,应尽量避免用电源插头;应设置同处警力量联络和向上级部门报警的专线电话,通信手段不应少于两种;控制室应安装防盗门、防盗窗和防盗锁,设置紧急报警装置;室内应设卫生间和专用空调设备。

4.3.3　报警控制主机示例

1)VISTA-120/250 报警控制主机

　　VISTA-120/250 报警控制主机是霍尼韦尔安防公司的代表性产品之一,是一款先进的总线制大型多功能控制主机。它可以分为 8 个子系统,同时使用常规四线、总线和无线防区(总共 120/250 个防区),还可以通过可编程继电器控制电器或者联动视频安防监控系统,并可以通过电话遥控主机和控制继电器,系统如图 4-24 所示。

　　该报警控制主机性能特点如下:

　　(1)防区特性:有 9 个基本接线防区,3 个键盘紧急按键防区还有胁持防区,防区 9 可以设置响应为 10ms 或者 350ms,可以通过总线或者无线方式,扩充多达 128/250 个防区。

　　(2)控制特性:可以划分成 8 个子系统以及 3 个公共子系统,相当于

图 4-24　VISTA-120/250 报警系统设备

8 台相对独立的主机;可以选择使用 4146 布防撤防开关锁或者无线控制按钮进行控制;支持 4286 电话接口模块通过电话进行系统遥控;224/1000 个事件记录,可以通过遥控编程下载或者直接从键盘查看,支持 150/250 个分为 7 级的用户密码,可以设置出入及周边防区门铃示警,留守及快速布防时自动旁路内部失效防区。

(3)通信功能:内置拨号器,可以存储多个电话号码,报警时可以自动拨号通告指定的电话、手机,具备 RS232 串口通信和 TCP/IP 通信能力;支持 ADEM-CO3+1/4+1/4+2/4+2 Experss/Contact ID 和 RadioNics/Sescoa 3+1/4+1/4+2 多种通信协议。

(4)电气性能:12VDC,750mA,过流保护。12VDC/7AH 可充电后备电池,16.5VAC,25VA 变压器。12VDC/2A 报警输出,最多 96 个继电器输出;警号电流 2Amps,12VDC。

(5)其他性能:使用 Compass(Windows 版)软件对主机进行遥控编程,实时时钟控制;内置发声器和状态指示灯,软按键,6139 控制键盘;主机内置有键盘控制门禁功能,新版本主机直接支持 8/15 个 Vista-Key 感应卡读卡器门禁模块。

2)豪恩 B501 室内报警主机

B501 室内报警主机是豪恩公司推出的一款经济实用的报警控制主机,其主要性能指标如下:有 8 路可编程有线防区和 10 路可编程无线防区,1 路可编程继电器输出,可选配无线遥控器,3 级密码权限,挟持报警功能。其性能特点如下:

(1)控制性能:可以记录 20 组最近的报警事件和撤防布防操作记录,当用户将主机设置为受远程控制时,可以与远程监控中心实现双向控制,具备联网功能。

(2)电气性能:12VDC,静态 60mA,报警时小于 150mA,过流、过压保护和防雷击。无线接收频率 315/433MHz,报警上传速率 9.6kbit/s,无线采用硬件解码。

(3)其他性能:超大液晶显示屏,触摸屏操作,中文图标显示,语音提示,和弦报警铃声,具备门铃功能。

豪恩家庭报警系统结构如图 4-25 所示。系统采用 RS485/422 总线技术,支持 2×16×16×32 个用户,B201 转换器可以支持 16 个路由器 B301,每个路由器之间最远距离可以达到 1200m,每个路由器 B301 可以支持 16 个总线分配器 B401,路由器与该线上的最远总线分配器可以达到 1200m,每个总线分配器可以支持 32 个报警主机或者报警模块,总线分配器与该线上最远报警主机距离可以达到 1200m。每个用户隔离器最多支持 4 个报警主机或者报警模块,用户隔离器与报警主机之间的最远距离可以达到 50m。

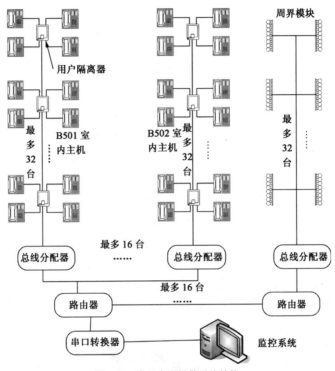

图 4-25　豪恩家庭报警系统结构

4.4　入侵报警系统应用实例

4.4.1　周界防护报警系统

为了对大型建筑物或某些场地的周界进行安全防范,一般可以建立围墙、栅栏,或采用值班人员守护的方法,为了提高周界安全防范的可靠性,可以安装周界报警装置。周界入侵探测器的传感器可以固定安装在现有的围墙或栅栏上,有人翻越或破坏时即可报警。传感器也可以埋设在周界地段的地层下,当入侵者接近或越过周界时产生报警信号,使值守人员及早发现,及时采取措施制止入侵。

本小节以某仓库周界防护报警系统为例,介绍周界防护系统的场地勘察、设

223

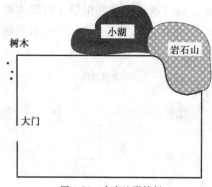

图 4-26 仓库地形特征

计以及选型等方面的内容。该仓库地形主要特征如图 4-26 所示。

在仓库区域一角有一个较大的岩石质矮山，山边有一个湖，在另一面有若干树木。仓库原有一个铁丝网，可以形成一个安全的周界，但是发现常有人在围栏底部挖槽，特别是在地面是沙子和结构松散的地方。岩石山形成了自然周界，故最初没有在大岩石的基部设置围栏，后来发现常有人顺着岩石攀爬，最后跳入仓库区域。

考虑到该防区太宽阔，周界范围接近 8000m，且要防范多种方式的入侵，经过综合衡量，选择使用 Fiber Sensys 公司的 FD-330 系列光纤入侵探测系统，结合红外热成像摄像机构成仓库的周界防范系统。基于光纤入侵探测器的系统设计，使该系统不受电磁、闪电、无线电信号的影响，能排除大部分由环境因素引起的误报，诸如小动物、风、树枝和其他非入侵偶发情况。如前所述，该系统可以有效防范攀爬围栏，剪切围栏，围栏下挖槽，梯子辅助攀爬围栏，埋地设防区域慢走、快跑或匍匐等行为，埋地设防区域地下挖槽等多种入侵行为。

由于周界较长，周界围栏必须被分为若干防区来达到更好的监视目的。防区分布及设备配置如图 4-27 所示。

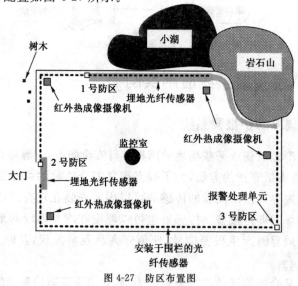

图 4-27 防区布置图

(1)大门的防护

由于大门是活动的,所以它成了围栏传感光纤安装的唯一困难。考虑到大风会使门绕着枢纽旋转,然后撞击门柱、锁具或门插销等,故大门在大风情况下会有误报,因此需要尽可能地把所有门都固定好,避免不必要的运动。

在这种情况下,为了解决这个问题,需要将每个门设置为一个独立防区,当门打开时可以形成一个可靠的周界。此外,与门相邻的围栏加固部分使用独立的围栏支柱与门柱分开,可以有效减少或防止从门传来的振动传到附近安装有带传感光纤的围栏上。在方案中,2号防区就是专为大门设置的。虽然传感光纤不能被实际安装在滑行门本身,但能被安装在支撑横杆上来探测门的运动,支撑横杆能传导任何门对传感光纤的干扰。在滑行门安装中,传感光纤装在围栏上之前被埋入门下泥土中至少1m的地方以确保在有大型交通工具通过的大门处,传感光纤不会对路面振动产生报警。同时安装一个报警关闭线路装置,使安装了传感光纤的大门对授权出入时大门的开关不产生报警。

(2)湖边区域的防护

湖边区域除了需要防范攀爬以外,还需要防范围栏下挖槽等行为,因此使用双防护措施。光纤除安装在围栏上以外,还需要在湖边的区域埋设光纤。对于岩石山脚部分,由于不便修建围栏,故仅在山脚埋设光纤。这部分由1号防区的控制器进行控制,并布置两台红外热成像摄像机。

将过于靠近围栏的树木砍掉,离围栏较远的树木进行修剪,特别是靠近围栏一侧的树枝,尽可能剪掉,同时在这个墙角设置红外热成像摄像机一台。

(3)其他围栏部分

在其他围栏部分,仅使用光纤安装在围栏上。报警处理单元安装在一个封装盒内,盒子固定安装在围栏支柱上或围栏附近。报警处理单元是一个包括激光发生器、光信号探测器和用于处理回到报警处理单元的光信号的电子设备。当所有预设的报警条件都满足时,报警处理单元便会激活受干扰通道的报警继电器,从而改变相应的常开和常闭的继电器接口状态。每个防区由FD-332的独立通道控制,从报警处理单元出来的报警继电器输出将传输到监控室。

4.4.2 无线入侵报警系统

入侵报警系统具有大量网络节点/传感器,全天候长时间工作,数据间断传输、反应灵敏度高等特性。《入侵报警系统工程设计规范》(GB 50394—2007)明确指出:"探测器的无线发射机使用的电池应保证有效使用时间不得少于6个月,在发出欠压信号后,电源应能支持发射机正常工作七天。"因此,无线入侵报警系统要求无线网络必须具备较低的系统/节点成本,可以依靠廉价电池维持较长时间的运转,网络节点连接安全可靠。

目前市场有很多无线入侵报警系统,其中很大一部分都是基于 ZigBee/IEEE802.15.4 无线协议的网络,在硬件结构上,就是在各种探测器的处理器上增加了一个无线传输模块。

本小节给出了一个家庭的无线入侵报警系统,房屋平面如图 4-28 所示。

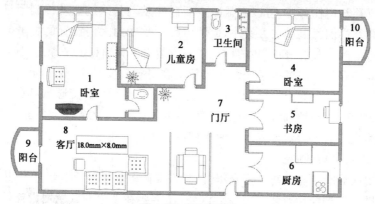

图 4-28　房屋平面图

根据房间情况确定需要防范的范围:从图 4-29 中可以看出,首先 2 个阳台和大门处是最容易受到入侵的位置;其次就是厨房、书房的窗户(由于书房和厨房在平时一般是无人状态,特别是晚上一般空置,容易成为窃贼的入口);再次就是主卧室 1、儿童房 2 和卫生间 3。根据房屋内各个区域容易受到入侵程度确定了防范区域。

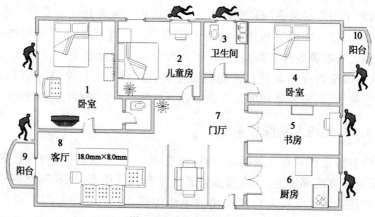

图 4-29　容易入侵的位置

由上面的分析可以知道,重点防护区域为门厅、卧室 4、书房、厨房、客厅和儿童房。防盗系统布置如图 4-30 所示。

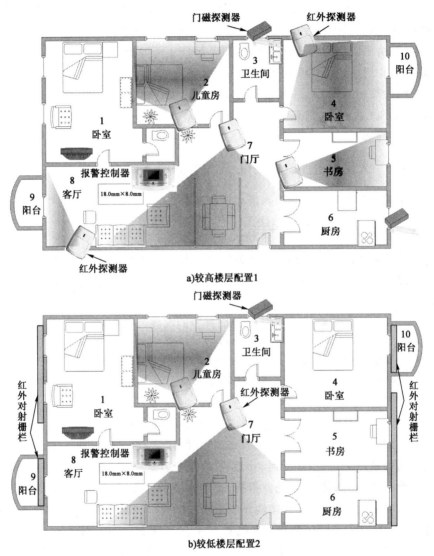

a)较高楼层配置1

b)较低楼层配置2

图 4-30　家庭防盗系统配置

门厅的防护采用门磁开关和被动红外探测器组合,位于门厅对面的被动红外探测器同时监控大门、厨房两处的门,书房的门由门磁开关和一个红外探测器组成双技术入侵探测器,卧室和儿童房考虑到夏天开窗通风等因素,仅用被动红外探测器进行监控。阳台9则是依靠被动红外探测器进行防护,卫生间也使用门磁开关进行防护。

对于居住于4楼以下的住户,显然阳台的防护是严重不足的,因此需要对阳台和卧室1加强防护。在配置2中,增加了一组主动红外对射栅栏,同时为了节约成本,取消了厨房的门磁探测器和书房、卧室4的被动红外探测器。需要特别指出的是,在厨房内必须安装可燃气体报警器。

无线传输是采用CC2430芯片为基础的无线传输模块,构建了基于ZigBee-2006协议的无线网络,具有极低的功耗($0.5\mu A\sim27mA$),可以在断电的情况下维持较长时间的工作。

4.4.3 入侵报警系统的漏报/误报警问题

系统的探测率是指因非法入侵而报警的次数与非法入侵总数的比值,即:

$$探测率=\frac{非法入侵而报警的次数}{非法入侵的总次数}\times100\%$$

漏报率是指因非法入侵而未报警的次数与非法入侵总数的比值,而入侵探测系统漏报警是指"入侵行为已经发生,而系统未能作出报警响应或者指示。"即:

$$漏报率=\frac{非法入侵而报警的次数}{非法入侵的总次数}\times100\%$$

将上述两式相加为1,这说明报警系统的探测率越高,漏报率就越低,反之亦然。探测率和漏报率的测试方法可以模拟入侵者行为,选择不同路径,并以不同速度入侵,系统能及时准确地报警,则探测率、漏报率指标合格。例如:测试被动红外入侵探测器时,以人体为参考目标(正常着装),双臂交叉放在胸前,在探测范围边界,分别以0.3m/s、0.75m/s(约每秒一步)、3m/s的速度相对于探测器视场作横向运动,步行不到3m,系统应报警。

探测率和漏报率均为随机性指标,现场环境条件改变或是系统中某些设备技术参数的变化,都直接或间接地影响系统的探测率和漏报率,使得更难准确地把握这两个指标的具体数值,因此对一个报警系统来说,测试时探测率为100%,漏报率为0,只是一个最基本的要求。工程公司和用户均应定期或不定期地模拟入侵者行为检查系统的工作状态,发现隐患及时处理,保证报警系统具有较高的探测率。

衡量入侵报警系统的另一项指标是误报率,它是指在一定时间内(至少一个月)误报警次数与报警总数的比值,即:

$$误报率 = \frac{误报警的次数}{报警总次数} \times 100\%$$

《入侵报警系统工程设计规范》(GB 50394—2007)认为,误报警是指"由于意外触动手动装置、自动装置对未设计的报警状态作出响应,部件的错误动作或者损坏、操作人员的失误等而发出的报警信号。"按照这个定义,报警系统的误报警与设计、安装、使用、气候、环境等因素都有很大关系。

系统设计时设备选择不当是引起误报警的重要原因之一。报警设备,特别是前端的探测器,种类繁多,又各有特点、适用范围和局限性,因此设备选择不当就很容易引起系统的误报警。例如:靠近振源选择振动入侵探测器;在蝙蝠经常出没的地方选用超声波入侵探测器;有高频电场存在情况选用泄漏电缆入侵探测器等。还有一种是设备功能,技术指标选择的不合理。例如:室外周界,如确定用主动红外入侵探测器警戒,就应当选择室外型、双光束、有自动增益电路且探测距离大于警戒距离的主动红外入侵探测器,否则系统极易产生误报警;在老鼠经常出没的室内,最好选择智能化的微波/被动红外双鉴探测器或四元被动红外入侵探测器,否则老鼠极易引起系统的误报警。要减少由于设备选择不当引起的误报警,工程设计人员必须熟悉各种器材的原理、特点、适用范围和局限性。同时还应掌握现场的环境情况,以便因地制宜地选择器材,降低系统的误报率。

安装时施工不当,包括施工质量低劣是引起系统误报警的又一重要因素,主要表现在焊点的虚焊、接线不实、防护措施不得当、设备安装不牢固或是安装角度不对等,这些都是导致系统误报警的直接原因。加强施工人员的培训,实行持证上岗,推行工程监理制,严格工程检测验收是提高施工质量的有效途径。

由于用户使用不当引起系统的误报警在误报警总数中也占有相当的比例。主要表现为:对系统使用说明了解不够,产生误操作;相关知识贫乏或者管理不严(例如下班后没有插好装有门磁开关的窗户,夜间被风刮开;现场工作人员未撤防而误入警戒区;误触发紧急报警装置;未注意使用程序的改变等);这些行为都会导致系统误报警率的提高。对用户使用不当进行分析,弄清由此产生误报警的原因,有针对性地进行培训,让用户熟悉系统的使用注意事项及简单故障处理技能,可以大大降低系统的误报率。

部件的错误动作或者损坏,通俗地讲就是报警设备故障产生的报警信号也是报警系统的误报警。报警控制主机都有故障报警功能,这就是说一旦系统有了故障,报警控制主机就要发出报警信号。若报警设备质量低劣,故障频发,报警信号就会源源不断。为了提高报警设备质量,2000年国家质量技术监督局和公安部发布的《安全技术防范产品管理办法》中明确规定："生产、销售安全技术防范产品的企业，必须严格执行质量技术管理法律、法规的有关规定，保证产品质量符合有关标准的要求。"

4.5　电子巡查系统

电子巡查系统（以前也称为电子巡更系统）是对保安巡查人员的巡查路线、方式及过程进行管理和控制的电子系统。在指定的巡逻路线上，安装有巡查按钮或者读卡器。保安人员在规定的巡逻路线上，在指定的时间和地点依次接触输入信息，向控制中心发回信号以表示正常。控制中心的管理程序可以设定巡查的路线和方式。如果在指定的时间内，信号没有发到控制中心，或者不按照规定的次序出现信号，系统将认为异常。装备电子巡查系统后，能够很快发现巡逻人员出现的问题或者危险，从而增加了防范区域的安全和巡逻人员的生命安全。

电子巡查系统根据工作方式，一般分为在线式和离线式两类。

4.5.1　在线式电子巡查系统

在线式电子巡查系统一般多以共用入侵报警系统设备方式实现，可由入侵报警系统中的报警控制主机编程确定巡查路线。每条路线上有数量不等的巡查点，巡查点可以是门锁或读卡机，视作为一个防区。在线式巡查系统工作时，保安巡查人员在走到巡查点处，通过按钮、刷卡、开锁等手段，以无声报警信号表示该防区巡查信号，报警控制主机将巡查人员到达每个巡查点时间、巡查点动作等信息记录到系统中，因此保安巡查人员正在进行的巡查路线和到达每个巡查点的时间在控制中心能实时记录与显示。

事后，在控制中心通过查阅巡查记录也可以对巡查质量进行考核，对于是否进行了巡查、是否偷懒绕过或减少巡查点、增大巡查间隔时间等行为均有考核的凭证，也可根据这个记录来判别发案大概时间。

如果电子巡查管理系统与视频安防监控系统结合在一起，更能检查保安巡查人员是否到位以确保安全。控制中心也可以通过对讲系统或内部通信方式与保安巡查人员沟通和查询，例如保安巡查人员配备对讲机，便可随时同中央监控室通话联系。

在线式电子巡查系统具有直观、响应快速等优点，但是它也存在很多缺点：需要布线，施工量大，成本较高；在室外安装传输数据的线路容易遭到人为的破坏；需设专人值守监控电脑，系统维护费用高；已经装修好的建筑再配置在线式巡查系统更显困难。

4.5.2　离线式电子巡查系统

离线式电子巡查系统工作时,保安巡查人员必须确认好设定的巡视路线,在规定时间区段内顺序到达每一巡查点,以巡查探头去触碰巡查点。控制中心的管理软件将巡查情况记录下来,包括巡查日期和经过每一巡查点的地点、时间和缺巡资料,以便核对保安值班人员是否按照规定对每一个要求的巡查点进行巡视,以确保小区的安全。

离线式电子巡查系统由计算机及软件、巡查探头(也称为信息采集器)、接触记忆卡(也称为信息钮)和巡查探头数据发送器(也称为下载器)等设备组成(如图 4-31 所示)。巡查探头通常由金属浇铸而成,内有电池供电的 RAM 存储器,容量 128k 以上,内置日期和时间发生程序,能存储信息。接触记忆卡通常也是由不锈钢封装的存储器芯片,每个接触记忆卡在制作时均被注册了唯一的序列号 ID。接触记忆卡被固定在巡查点上,巡查员将其巡查探头放在巡查点的接触记忆卡上时,互相连通的电路就会将接触记忆卡中的数据存入巡查探头的存储单元中,完成一次存读,同时发出蜂鸣声作为声音提示。在控制中心,将巡查探头插入巡查探头数据发送器,计算机可以读出其中的巡查记录。

图 4-31　巡查探头(左)与接触记忆卡(右)

离线式电子巡查系统灵活、方便,也不需要布线,安装简易、性能可靠,适用于任何需要保安巡逻或值班巡视的领域,也可作为巡查人员的考勤记录,还可延伸用于机动巡逻、监察消防安全、电力煤气用水读数等场合。

离线式电子巡查系统的缺点是巡查员的工作情况不能随时反馈到控制中心,但如果能够为巡查人员配备对讲机就可以简单的弥补这个不足。由于离线式巡查系统操作方便、费用较省,目前全国各地大多数用户选择的都是离线式电子巡查系统。

离线式电子巡查系统依据前端工作方式不同又分为接触式与感应式电子巡查系统两类。感应式电子巡查系统采用最新的感应识别技术,现在已经可以做到成本较低,封装和防水防尘效果都比较好,但相比于接触式电子巡查系统,采集信息时耗费电能较大,使用过程中要经常更换电池;且容易受到强磁干扰,在恶劣环境下持续工作能力相比较差。

接触式电子巡查系统目前使用比较广泛,性能比较好的有美国 DALLAS

电子巡查系统。它的信息钮是一个被密封在防蚀不锈钢中的记忆芯片,芯片中预置了一组 12 位数字识别号码且不重复,可在 $-40\sim+85℃$ 的恶劣环境下长时间持续工作。工作时,巡查人员手持巡查棒到各指定的巡查点接触一次信息钮,便把信息钮上的位置信息和接触的时间信息自动记录成一条数据存储于巡查棒上。

系统管理软件是电子巡查系统的重要组成部分,巡查系统软件应具有以下功能:可根据不同路线编制不同巡查计划,并确定巡查员每到一处巡查点的时间;能够方便查询近期记录与备份记录、巡查地点、巡查员、巡查棒、时间、事件等不同选项结果;可在巡查过程中根据具体情况添加和减少巡查员人数;对巡检点的数量有没有限制,具有多组加密数据密码以防止系统被非法操作;可有效地评估巡查人员的工作状况等。

在线式电子巡查系统在土建施工时就应同步进行;每个电子巡查站点需穿 RVS(或 RVV)$4\times0.75mm^2$ 铜芯塑料线,设有出入口控制系统的小区,通常可用读卡器或者指纹识读设备作为电子巡查站点。离线式电子巡查系统不需穿管布线,电子巡查站点应按设计要求设置在各出入口或其他需要巡查的位置上,每个站点安装一个信息钮,离地面高度宜 $1.3\sim1.5m$,安装应牢固、端正,户外信息钮应有防水措施。

5

出入口控制系统

出入口控制系统是利用人员编码识别、物品编码识别、人体生物特征识别和物品特征识别技术，对出入口目标进行识别并控制出入口执行机构启闭的电子系统或者网络。作为一种身份识别、允许或禁止人员进出等的自动化管理系统，出入口控制系统又俗称门禁系统。但对于广义的出入口控制系统，其范围可以是对人员流动、物品流动、信息流动、资金流动等的管理与控制。本书所指的出入口控制系统，仅是以安全防范为目的，对人员流动、物品流动的管理与控制。

5.1 出入口控制系统概述

5.1.1 出入口控制系统的特点

出入口控制系统的功能是管理建筑内外的出入通道，控制人员出入、在建筑内及其相关区域的行动，限制未授权人员的出入和活动，对出入人员及其出入时间进行记录等。出入口控制系统可以有效解决传统安防系统中诸如人员疏忽、钥匙遗失等造成的潜在安全风险。

出入口控制系统必须具备可靠性、安全性、使用灵活性，做到技术先进，经济合理，实用可靠，同时随着智能建筑系统的不断发展，系统也必须具备可扩展性。

(1)可靠性。出入口控制系统以预防损失、预防犯罪为主要目的，因此必须具有极高的可靠性。一个出入口控制系统，在其运行的大多数时间内可能没有警情发生，因而不需要报警，或者说出现警情需要报警的概率一般是很小的，但是如果在这极小的概率内出现报警时系统失灵，则常常意味着灾难的降临，因此出入口控制系统在设计、施工、使用的各个阶段，必须实施可靠性设计(冗余设计)和可靠性管理，以保证产品和系统的高可靠性。另外，在系统设计、设备选取、调试、安装等环节上都严格执行国家或行业有关的标准，以及公安部门有关安全技术防范的要求。通常所选择的产品须经过多项权威认证，且具有众多的典型用户，有多年正常运行的案例，具备较好的售后服务和技术支持。

（2）安全性。出入口控制系统是用来保护人员和财产安全的，因此系统必须首先保证自身的安全。这里所说的高安全性，一方面是指产品或系统的自然属性或准自然属性，即应该保证设备、系统运行的安全和操作者的安全。例如：设备和系统本身要能防高温、低温、烟雾、霉菌、雨淋，并能防辐射、防电磁干扰（电磁兼容性）、防冲击、防跌落等，设备和系统的运行安全还包括防火、防雷击、防爆、防触电等；另一方面，出入口控制系统还应具有防人为破坏的功能。如：具有防破坏的保护壳体，以及具有防拆报警、防短路和开路等。

关于安全性，需要进一步指出的是，出入口控制系统必须优先保证人员的"安全"。在出入口控制系统中，识读部分和执行部分是出入目标最容易接触的部分，也是最容易对出入目标造成伤害的部分，例如在生物特征识别中，指纹等直接接触的就不如面部识别等非直接接触的识读装置安全，因为直接接触的识读装置的接触面可能成为某些传染性疾病的传播媒介。另外，直接负担阻挡任务的执行机构，其启闭动作本身也必须考虑出入目标的安全，例如电动门关闭动作必须等待目标安全离开。在安全性优先的要求下，出入口控制系统必须满足紧急疏散及消防的需要，保障在火灾等紧急情况发生时，执行部件能够自动释放紧急出口或者疏散出口，不必使用钥匙，人员能够迅速安全地疏散。

（3）可扩展性。随着人们对出入口控制系统各方面要求的不断提高，出入口控制系统的应用范围越来越广泛，不仅可应用于智能大厦或智能社区的出入口管理，而且还可与考勤管理、内部电子消费和人员信息管理等系统一起构成一卡通系统。出入口控制系统应选择开放性的硬件平台，具有多种通信方式，为实现各种设备之间的互联和整合奠定良好的基础，另外还要求系统具备标准化和模块化的部件，以实现与其他系统联动控制，形成集成安防控制系统。

5.1.2　出入口控制系统结构

出入口控制系统主要由识读部分、传输部分、管理/控制部分和执行部分以及相应的系统软件和辅助设备构成。出入口控制系统基本组成如图 5-1 所示。

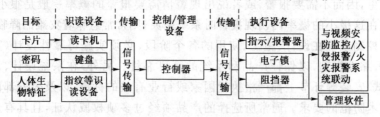

图 5-1　出入口控制系统结构框图

(1)识读部分。其作用是通过识读现场装置获取操作及钥匙信息,并对目标进行识别,然后将信息传递给管理与控制部分进行处理,同时还接收管理与控制部分的指令。实现身份识别的方式主要有四类,分别是证/卡类身份识别、密码类识别、生物识别类身份识别以及复合类身份识别。对识读装置的各种操作和接受管理与控制部分的指令等,识读装置有相应的声、光提示。

(2)管理与控制部分。它是出入口控制系统的核心部分,主要完成运行和处理的任务,对来自于识读部分的信息做出判断和响应,存储目标的钥匙信息(如卡号、密码、指纹等)、操作权限、事件信息等,提供查询与联动等重要功能。与视频安防监控系统联动的出入口控制系统,在事件查询的同时,能够回放与该出入口相关的视频图像。

(3)执行部分。执行部分主要有闭锁部件、阻挡部件和出入准许装置,以及三者组合的部件或者装置,包括各种电子锁具、三辊闸、挡车器等控制设备,这些设备应具有动作灵敏、执行可靠、良好的防潮防腐性能,并具有足够的机械强度和防破坏的能力。出入准许指示装置可采用声、光、文字、图形物体移动等多种指示,且准许和拒绝两种状态易于区分。

(4)线路及通信部分。目前大多数控制器都支持多种联网的通信方式,如RS232、RS485 或 TCP/IP 等,在不同的情况下应用不同的联网方式,以实现在要求的范围内进行系统联网。在某些特殊要求场合下,基于系统整体安全性的考虑,还要求通信必须能够以加密的方式传输,加密位数一般不少于 64 位。

(5)传感与报警部分。传感与报警部分包括各种传感器、探测器和按钮等设备,具有一定的防机械性损伤措施。出入口控制系统中最常用的是门磁开关和出门按钮;可以监测报警状态,如报警、短路、安全、开路、请求退出、干扰、屏蔽、防拆等状态,可防止人为对开关量报警信号的屏蔽和破坏,以提高出入口控制系统的安全性。

(6)系统软件部分。系统软件主要指出入口控制系统的管理软件,目前大多数系统管理软件运行在 Windows2000、Windows2003 或者 WindowsXP 的环境中,支持服务器/客户端的工作模式;支持对不同级别用户操作权限的授权和管理;多使用 SQL Sever、Oracle 等数据库,具备二次开发和集成能力。一些著名品牌的软件功能更加强大,具备更多的附加功能以方便用户,例如设备管理、人事信息管理、证章打印、用户授权、操作员权限管理、报警信息管理、事件浏览、电子地图等功能。出入口控制系统通过与视频安防监控、入侵报警和电子巡查等系统集成,形成综合安防管理系统,完成联动控制和综合管理的功能。

出入口控制系统按照硬件构成模式可以分为一体型和分体型。所谓一体型就是指出入口控制系统各个组成部分通过内部连接、组合或者集成在一起，实现出入口控制的所有功能。分体型则是各个部分通过电子、机电、网络等系统连接为一个整体，当前大多数使用的是分体型。

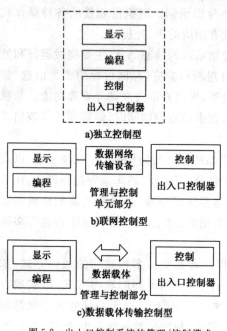

a)独立控制型

b)联网控制型

c)数据载体传输控制型

图 5-2　出入口控制系统的管理/控制模式

出入口控制系统按照其管理/控制方式可以分为独立控制型、联网控制型、数据载体联网控制型三个基本类型：①独立控制型：系统的管理控制部分的全部显示、编程、管理、控制均可以在一个设备（控制器）内完成，如图 5-2a)所示。②联网控制型：上述全部显示、编程、管理、控制等功能不在一个设备中完成，其中显示与编程功能由另外的设备完成，设备之间通过有线或者无线数据通道及网络实现，如图 5-2b)所示。③数据载体传输控制型：与联网控制型的区别在于数据传输方式不同，也就是设备之间的数据传输是通过对可移动的、可读写的数据载体的输入/导出操作完成的，如图 5-2c)所示。

出入口控制系统按照现场设备连接方式，可以分为单出入口控制设备和多出入口控制设备，如图 5-3 所示。

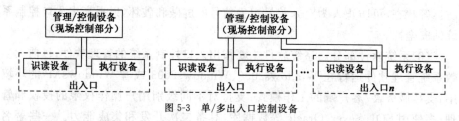

图 5-3　单/多出入口控制设备

按照系统联网模式可以分为总线制、环线制、单级网和多级网四类，如图5-4所示。总线制是指出入口控制系统的现场设备通过联网数据总线与系统管理总线的显示或编程设备相连，每条总线在系统管理中心只有一个网络接口；而环线制则是在中心处由两个网络接口，当总线有一处发生断线故障时，系统仍然可以正常工作并探测到故障地点；单级网通常现场控制设备与管理中心之间采用单一的联网结构；多级网则是可以采用两级以上的串联联网结构，且网络采用不同的通信协议。

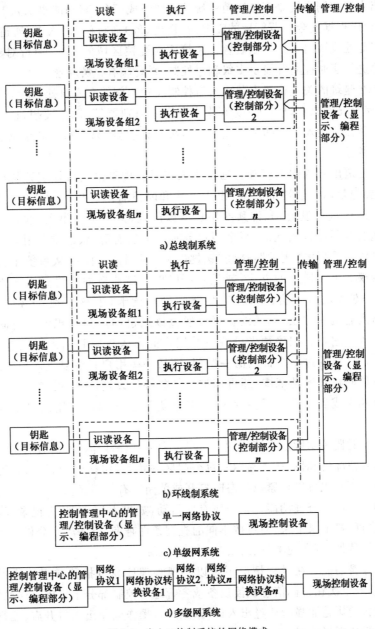

图 5-4　出入口控制系统的网络模式

5.1.3　出入口控制系统的功能

出入口控制系统是安全防范系统的重要组成部分,其功能要求如下:

(1)应根据安全防范管理的需要,在楼内(外)通行门、出入口、通道、重要办公室门等处设置出入口控制装置。系统应对受控区域的位置、通行对象及通行时间等进行实时控制并设定多级程序控制,系统应有报警功能。

①在建筑的关键位置安装出入口控制装置。例如在入口处、金库门、档案室门、电梯等处安装密码键盘、读卡器或者指纹识别器等,用户要想进入,必须刷卡、验证指纹、输入正确的密码或通过多种验证手段,只有持有效卡或密码的人才允许通过。

②通道出入权限的管理。通道出入权限管理是出入口控制系统的核心功能,主要包括出入通道的权限、出入方式和时段管理。出入通道的权限,就是对每个通道进行设置,允许某些用户可以出入,某些不能出入,这是通过对用户钥匙的权限设置实现的,每个用户持有一个独立密码、卡或采用人体生物特征信息作为目标的"钥匙",这些"钥匙"可以根据需要随时从系统中授权或者取消授权。出入通道的方式,就是对可以出入该通道的人进行出入方式的授权,出入方式通常有密码、读卡(生物识别)、读卡(生物识别)+密码三种方式。出入通道的时段,就是设置可以通过该通道的用户在规定的时间范围内可以出入。它是用程序预先设置一个用户的出入权限和出入时间等,例如一部分用户可以通过某个部门的一些门,而另一些用户只可以进入另一组门,控制人员访问权和流动范围;还可以进行某些特殊设置,例如设置一个用户在一周内可几天或者一天内可多少次使用"钥匙",在部门内控制用户出入的次数和活动。

③实时监控功能。系统管理人员可以通过管理计算机实时查看每个门区人员的出入情况(同时有照片显示)、每个门区的状态(包括门的开关,各种非正常状态报警等);也可以在紧急状态时打开或关闭所有的门区。

④出入记录查询功能。系统所有的活动,如出入记录、状态记录等,用存储设备或打印机记录下来,并可按不同的查询条件查询,以备事后分析。如果配备相应考勤软件,可实现考勤、门禁"一卡通"系统。

⑤报警功能。在异常情况下可以实现管理计算机报警或报警器报警。例如:连续若干次在目标信息识读设备或者管理与控制部分上实施错误操作,使用未经授权的钥匙而强行通过出入口,未经正常操作而使出入口开启、强行拆除或者打开识读现场装置,主电源短路,网络传输出现故障,门超时未关等。

（2）系统的识别装置和执行机构应保证操作的有效性和可靠性，宜有防尾随措施。根据系统安全性和功能性的不同需要，出入口控制系统还可以实现一些特殊功能。

①防尾随功能。持卡人必须关上刚进入的门才能打开下一个门，其目的与反潜回实现的目的一样，只是方式不同。

②反潜回功能。持卡人必须依照预先设定好的路线出入，否则下一通道刷卡无效，目的是防止持卡人尾随别人进入。

③网络设置管理监控功能。大多数出入口控制系统只能用一台微机管理，而技术先进的系统则可以在网络上任何一个授权的位置对整个系统进行设置监控查询管理，也可以通过 Internet 等网络进行异地设置管理监控查询。

④逻辑开门功能。简单地说就是同一个门需要几个人同时刷卡（或其他方式）才能打开电控门锁。

⑤电梯控制系统。在电梯内部安装读卡器，用户通过读卡对电梯进行控制，无须按任何按钮。

（3）系统的信息处理装置应能对系统中的有关信息自动记录、打印和存储，并有防篡改和防销毁等措施。应有防止同类设备非法复制的密码系统，密码系统应能在授权的情况下修改。

（4）系统应能独立运行，也应能与电子巡查系统、入侵报警系统、视频安防监控系统等联动。集成式安全防范系统的出入口控制系统应能与安全防范系统的安全管理系统联网，实现安全管理系统对出入口控制系统的自动化管理与控制。组合式安全防范系统的出入口控制系统应能与安全防范系统的安全管理系统连接，实现安全管理系统对出入口控制系统的联动管理与控制。分散式安全防范系统的出入口控制系统，应能向管理部门提供决策所需的主要信息。

（5）系统必须满足紧急逃生时人员疏散的相关要求。疏散出口的门均应设为向疏散方向开启，人员集中场所应采用平推外开门；配有门锁的出入口，在紧急逃生时，应不需要钥匙或其他工具，亦不需要专门的知识或费力便可从建筑物内开启；其他应急疏散门，可采用内推闩加声光报警模式。

系统必须具备相应的防护级别，以确保被保护对象的安全，其中的主要指标包括系统的防破坏能力、防技术开启能力等。系统的防护级别由所用设备的防护面外壳的防护能力、防破坏能力、防技术开启能力以及系统的控制能力、保密性等因素决定。系统的防护级别分为 A、B、C 三个等级。防破坏能力是指在系统完成安装后，具有防护面的设备（装置）抵御专业技术人员使用规定工具实施破坏性攻击，即出入口不被开启的能力（以抵御出入口被开启所需要的净工作时间表示)。防技术开启能力是指在系统完成安装后,具有防护面的设备(装置)抵御专业技术人员使用规定工具实施技术开启(如各种试探、扫描、模仿、干扰等方法使系统误识或误动作而开启),即出入口不被开启的能力(以抵御出入口被开启所需要的净工作时间表示)。

　　一般来说,在系统功能初步设计阶段,应该根据现场勘察记录和安全管理要求,评估每个出入口的安全防护要求,以确定识读模式、控制方案、选择执行设备、明确管理控制模式等。例如安全管理要求可以分为一般、特殊、重要、要害等多种级别,并根据安全管理级别设计出入口控制系统方案:一般场所可以使用进门读卡器、出门按钮方式;特殊场所可以使用出入均需要刷卡的方式;重要场所可以采用进门刷卡加乱序键盘、出门单刷卡的方式;要害场所可以采用进门刷卡加指纹加乱序键盘、出门单刷卡的方式。

5.2　目标信息及其识读设备

　　通过出入口且需要加以控制的人员或者物品称为目标。目标信息是赋予的或者目标特有的能够识别的特征信息,数字、字符、图形图像、人体生物特征、物品特征、时间等均可以成为目标信息。识读就是通过对目标信息进行的判断。一般而言,常用特性信息有:卡片、密码和人体生物特征三个主要类型,如表 5-1 所示。

　　《出入口控制系统工程设计规范》(GB 50396—2007)对识读部分的防护等级作出了详细的要求,见表 5-1,在选择相关设备时必须满足这些要求。

识读部分的防护等级要求　　　　　　　表 5-1

防护等级	外壳防护能力	保　密　性			防破坏		防技术开启
		采用电子编码作为密钥信息	采用图形图像、人体生物特征等为密钥信息	防复制和破译	有防护面的设备（抵抗时间：min）		
普通防护级别(A级)	外壳应符合 GB 12663 的有关要求；识读现场装置应符合 GB 4208—2008 中 IP42 的要求；室外型还应符合 GB 4208—2008 中 IP53 的要求	密钥量 > $10^4 \times n_{max}$ 密钥差异 > $10 \times n_{max}$ 误识率 < $1/n_{max}$	使用的个人信息识别载体能够防复制	防钻	10	防误识开启	1500
					防锯	3		
					防撬	10	防电磁场开启	1500
					防拉	10		

续上表

防护等级	外壳防护能力	保密性			防破坏		防技术开启	
		采用电子编码作为密钥信息	采用图形图像、人体生物特征等作为密钥信息	防复制和破译	有防护面的设备（抵抗时间:min)			
中等防护级别(B级)	外壳应符合 GB 4208—2008 中 IP42 的要求；室外型还应符合 GB 4208—2008 中 IP53 的要求	密钥量＞$10^4 \times n_{max}$，并至少采取如下措施中的一项：①连续输入错误的钥匙信息时有限制操作的措施；②有自行变化的编码；③采用可以更改的编码（限制无授权人员更改)	密钥差异＞$10^2 n_{max}$ 误识率＜$1/n_{max}$	使用的个人信息识别载体能够防复制。无线传输密钥信息的，至少经24h扫描时间（改变不少于5000种编码组合）获得正确码的概率小于4%，或者每次操作后自行变化编码	防钻	20	防误识开启	3000
					防锯	6		
					防撬	20	防电磁场开启	3000
					防拉	20		
高防护级别(C级)	外壳应符合 GB 4208—2008 中 IP43 的要求；室外型还应符合 GB 4208—2008 中 IP55 的要求	密钥量＞$10^6 \times n_{max}$，并至少采取如下措施中的一项：①连续输入错误的钥匙信息时有限制操作的措施；②有自行变化的编码；③采用可以更改的编码（限制无授权人员更改)，不能采用在空间可被截获的方式进行传输	密钥差异＞$10^3 \times n_{max}$ 误识率＜$0.1/n_{max}$	制造的所有钥匙应能够防未授权的读取信息，防复制	防钻	30	防电磁场开启	5000
					防锯	10		
					防撬	30	防误识开启	5000
					防拉	30		
					防冲击	30		60

注：n_{max}指系统的最大容量。

5.2.1　卡片识别及其识读设备

当前出入口控制系统所用的卡片种类繁多,根据与外界数据传输方式分类,有接触式和非接触式两类,根据卡内信息储存的数量及是否可写又可以分为 ID 和 IC 卡。

(1)接触式卡与非接触式卡

接触式卡必须与读卡机实际接触,其工作方式是通过读卡机触点与卡的触点相接触完成信息交换,典型的有磁卡;非接触式卡,又称为感应卡,借助卡内的感应天线,使读卡机以感应的方式读取卡内的资料,典型的有射频识别卡(RFID 卡);除此之外还有在物流系统中常用的光学特征识别卡(OCR 卡),条码卡等,则是通过 CCD 扫描实现识别。非接触式卡与接触式卡相比,具有存储容量大、安全性高、读取速度快,使用寿命长,可以做成各种不同造型等优点,随着生产成本的下降及技术的成熟,非接触式卡已经成为卡片识别系统的主流。在本书中未作特别说明,均指非接触式卡。

(2)ID 卡与 IC 卡

ID 卡全称身份识别卡(Identification Card),是一种含固定的编号、不可写入数据的感应卡,其记录内容(卡号)由芯片生产厂一次性写入。目前市场上 ID 卡主要有台湾 SYRIS 的 EM、Philips、美国 HID、TI、MOTOROLA 等各类 ID 卡。由于 ID 卡不可写入数据,仅能记录卡号,工作时读卡器取得固定编号,控制/管理系统根据编号确定卡片持有者的访问权限,并向执行单元发出命令,系统功能操作要完全依赖于计算机网络平台数据库的支持。

IC 卡全称集成电路卡(Integrated Circuit Card),又称智能卡(Smart Card)。IC 卡可读写,容量大,多分区,有加密功能,数据记录可靠,使用更方便。IC 卡在使用时,必须要先通过 IC 卡与读写设备间特有的双向密钥认证后,对出厂的 IC 卡进行初始化(即加密),目的是在 IC 卡内生成不可破解的系统密钥,以保证系统的安全发放机制。当前成熟品牌的控制器都具备脱机事件存储,联网后上传的功能,因此 IC 卡系统可以实现系统功能操作脱机和在线工作两种不同模式。IC 卡的优点是使用寿命长,应用范围广,操作方便、快捷,但也存在成本相对较高,读写设备复杂,易受电磁干扰等缺点。

IC 卡根据内部结构不同,又可以分为存储卡、逻辑加密卡、CPU 卡。存储卡中一般封装可擦除的可编程只读存储器(EEPROM),卡上信息可以长期保存,也可以使用读写器对其进行修改,数据保护依赖于软件口令的安全性和读写数据的加密,故安全性较差,但是结构简单,通常应用于安全性不高的场合,例如电话卡、水电费卡等。逻辑加密卡内除了封装 EEPROM 外还增加了逻辑加密控制,使得数据更加安全,卡内存储区自身分为多个分区,每个分区可以记录不同内容,每个区的密码和读取控制都是独立的,可以根据实际需要设定各自的密码和存取控制,逻辑加密卡通常用于安全性要求较高的出入口控制系统、一卡通系统等。CPU 卡中集成了 CPU、EEPROM 和随机存储器(RAM)、程序存储器(ROM)及固化于 ROM 中的片上操作系统(Chip Operating System,COS),卡上 CPU 可以处理来自读写器的命令和数据,并具备功能更复杂的数据处理能力,确保卡的安全性,CPU 卡一般应用于安全性要求极高的场合。

(3)射频感应卡

射频感应卡是目前出入口控制系统使用的主要卡片类型之一。射频感应卡成功地将射频识别技术和 IC/ID 卡技术结合起来,将具有微处理器的集成电路芯片和天线封装于塑料基片之中。卡内部结构大致相同,都是一个电感线圈 L、谐振电路和集成电路芯片组成,集成电路芯片是感应卡中储存识别号码及数据的核心元件,被封装在一块 $3mm \times 6mm$ 的超薄电路芯片上,最低启动工作电压为 $2 \sim 3V$,最大工作电流 $2\mu A$,芯片内设置有限压开关功能,当芯片在强力电磁场内产生感应电压超过 $5 \sim 7V$ 时,限压开关开启,对过压电荷进行释放,因此卡片不会有电气损坏。天线用于发射和接收电磁波,收发信息的线圈是由极细的白漆漆包线制成的脱胎线圈。

当射频感应卡工作时,卡内电路在很短的时间内将天线上接收的电波经由滤波电路转换成直流电源,在经过直流电源升压电路将电压提升至芯片的工作电压,以推动芯片将存储在芯片内部存储器中的信息读出,以 FSK 调变的方式把信息依次载入到电波之中,同时依程序设定的方式加入一些随机检查码,最后透过驱动电路将信息由天线发射出去,持续工作到感应卡脱离读卡机的电磁场感应范围为止。

射频感应卡的一种工作方式是根据发射和接收的频率不同来识别的,一般接收频率为发射频率的一半。例如美国西屋公司产品发射频率为 $140kHz$,接收频率为 $70kHz$,全双工工作。当感应卡进入就读范围后马上发射回返信号,而此时回返信号与激发电磁场同时存在,两组电磁场的频率偏差可以保证在一定范围内,不论感应卡在任何环境都可以维持较好的效果。大部分制造商皆采取这种方式制造 RFID 辨识系统。

读卡器采用 K 频段及磁感应技术,通过无线方式对卡片中的信息进行读写并采用高速率的双工/半双工通信协议。目前多采用一致性较好的专用读卡模块进行处理,其内部包含发射与接收天线、发射电路、接收电路、滤波电路、解码/译码电路和通信接口等设备。其工作方式是由发射电路透过发射天线提供一组水滴状的激发磁场,如果感应卡进入激发磁场范围内,感应卡会马上开始工作,利用激发磁场返回包含内部信息的回返信号,接收天线就会将这些回返信号接收到后送入解译电路,同时核查编码是否正确,如果编码正确则由通信接口送出提供控制器使用。

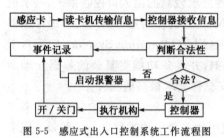

图 5-5 感应式出入口控制系统工作流程图

目前,射频感应卡的有效读取距离一般为 50~200mm,最远读取距离可达数米(应用在停车场管理系统)。利用射频等感应辨识技术的感应式出入口控制系统的工作流程框图如图 5-5 所示。

(4)典型产品介绍

Mifare 智能卡是 Philips 公司拥有的 13.56MHz 非接触式辨识技术,是典型的 IC 卡,也是目前广泛应用的系统之一。一般的 Mifare 智能卡标准读卡距离为 2.5~10cm,一张卡中有 16 个分区,其中第一个分区用作卡片编号外,其余的 15 个区可以用于存储资料,最多可以提供 15 种不同的应用,从而具备了一卡多用的特点,可以用于一卡通和综合安全防范系统,但是 Mifare 智能卡内的资料不能加密。

Mifare 智能卡主要由天线、高速射频接口,ASIC 专用集成电路三部分组成。天线只有绕线的线圈,很适合封装到卡片中,它相当于 LC 串联谐振电路,在读卡机固定频率电磁波的激励下产生共振,从而为卡工作提供电源。高速射频接口对接收天线中产生的电压进行整流和稳压,并具有时钟发生信号和复位上电等功能,射频接口还能调制/解调从读写设备到卡和卡到读写设备的数据。ASIC 专用集成电路由数字控制单元和 8kbit 的 EEPROM 组成。数字控制单元包括防碰撞、密码校验、控制与算术单元、EEPROM 接口、编程模式检查五个部分。EEPROM 分为 16 个扇区,用于存放数据,每个扇区的密码和读取控制都是独立的,可以根据实际需要设定各自的密码和存取控制,这是 Mifare 智能卡实现一卡多用的技术原理。

Mifare 智能卡读卡机系统工作时,利用读卡机产生的电磁场,激发感应卡内的编程芯片,编程芯片发射出一组识别码(标识码 ID)传回读卡机,读卡机将其信号模组放大后传至解码器,解码器将信号解读后通过通信接口和主机进行通信,完成感应识别功能。随着技术的不断发展,目前 13.56MHz 的 Mifare 卡可以通过近场磁耦合进行通信,通信距离一般为 2~5m,尽管是被动性通信,但是这种技术在停车场系统中应用尤为广泛。

除了 Mifare 智能卡外，LegIC 卡应用也比较多，而且 LegIC 卡的特点是可以加密，读卡距离较远，有 8～15cm 和 50～60cm 可供选择，每个分区可在 2～255 个字节中选择，应用比较灵活，双向多重验证技术使得抗干扰能力更强，可用于安全要求比较高的场合。

目前市场上也出现了一些双频的卡片产品，这种卡包含了 125kHz 和 13.56MHz 的芯片和天线，当与 125kHz 读卡机并用时，可以提供较大的感应范围，并有 13.56MHz 的频率的附加弹性设计来辅助。

表 5-2 是一些常见的 IC/ID 卡的信息。

常用 IC/ID 卡的比较 表 5-2

IC 卡	产地	型号	频率(Hz)	ID 编码(位)	存储容量	感应距离(cm)	卡厚(mm)
HID	美国 休斯敦	1326	125k	64		20～700	1.8
		1386	125k	64		20～700	0.79
		1431 复合卡	125k/ 13.56M	64	8kbit	20～700/ 20～50	0.79
Indala	美国 Indala	FP121T＋A	125k	16		20～700	1.8
		FPISO～ 30＋A	125k	16		20～700	0.76
Ti	美国 Texas	R4ff	125k	64		20～1000	1.2
		W4ff	125k	64	1360bit	20～1000	1.2
		RI-02-110A	13.56M	64	256bit	20～1000	0.76
EM	瑞士	EM-126	125k	64		20～800	0.76
		EM-226	125k	64		20～800	1.3
		EM-W126	125k	64	64bit	20～800	0.76
Mifare	荷兰 Philips	M-1	13.56M	32	8kbit	20～50	0.76
		M-L	13.56M	32	384bit	20～50	0.76
LegIC	瑞士		13.56M	64	22/256/ 1k/8kbit	20～800	0.76
Temic	德国	E5550	125k	64	264bit	20～800	0.76

射频识别技术作为一股技术潮流，经过实践验证已经具备了实用价值，可以广泛应用于安保、食品安全、物资管理、交通管理等诸多领域。2008 年北京奥运会历史上第一次全面使用电子票证系统也是国际大型活动中第一次成功应用射频识别技术。电子票证系统综合运用射频识别技术、信息处理技术、光学成像技

术等先进技术,每张门票都对应着购票者的详细信息,当这些信息显示在验票机后的电脑显示屏时,摄像设备瞬时拍摄照片并迅速进行人像识别和匹配检测,待完全通过验证后才亮绿灯通行,整个过程仅需 2s。电子票证系统是奥运安保科技系统的亮点之一。

读卡器是卡片识别系统的另一个部分。例如,Honeywell 出入口控制系统的 OmniProx 系列 125kHz 感应式读卡器,完全兼容 HID 技术。其感应式读卡器需要在有破坏危险的环境下工作,诸如大学、学校、电梯、监狱等,针对这个要求,OP90 防破坏读卡器标配了一个锌质铸模外壳,兼容 ADA 的内置音频蜂鸣器,主机 LED 控制和防干扰输出光学防拆探测装置向主机输出信号,Wiegand 输出,外观如图 5-6 所示。

图 5-6　OmniProx 系列 125kHz 感应式读卡器

尽管大多数用户更加注重产品的性能,但是卡/读卡器的外观也在出入口控制系统中起着一定的作用,为此很多厂商针对家居、小区、宾馆、会展中心等不同应用场合的装修风格,提供更多与环境融为一体的出入口控制系统设备供用户选择。

5.2.2　人体生物特征识别及其识读设备

人体生物特征识别是借助目标人员个体与生俱有的、不可模仿或者极难模仿的那些体态特征信息或者行为,且可以被转换为目标独有的特征信息进行识别,是一种安全性最高的个人识别方法。常见的人体生物特征识别系统包括指纹、掌纹、视网膜/虹膜、声音等生物特征识别。

(1)指纹识别

指纹识别技术是最早的通过计算机实现的身份识别手段,过去,它主要应用于刑侦系统。近几年来,它逐渐走向市场成为广泛应用的生物特征识别技术。指纹识别是通过分析指纹的全局特征和指纹的局部特征,其特征点如嵴、谷和终点、分叉点或分歧点等,根据特征值可靠地确认一个人的身份。一般而言,平均每个指纹都有几个独一无二可测量的特征点,每个特征点都有大约七个特征,我们的十个手指产生最少 4 900 个独立可测量的特征。指纹识别仪如图 5-7 所示。

指纹识别通常采用光学技术来采集指纹图像,将光源通过棱镜反射到放在取像头的手指上,光线照亮指纹从而采集到指纹。指纹识别具有众多优点:指纹是人体独一无二的特征,并且它们的复杂度足以提供用于鉴别的足够特征,误识别率非常低;指纹扫描速度快,使用方便;读取指纹时,用户必须将手指与指纹采集头相互接触,与指纹采集头直接接触是读取人体生物特征最可靠的方法;指纹采集设备已经采用小型的半导体指纹传感器,价格低廉。此外对于诸如指纹脱皮的识别难题,目前也已经有了较好的解决方法。

指纹识别也存在一些缺点:某些人的指纹特征少,难成像;设备中不存储任何含有指纹图像的数据,而只是存储从指纹中得到的加密指纹特征数据,对存储容量要求较高;每一次使用指纹时都会在指纹采集头上留下用户的指纹印痕,而这些指纹痕迹存在被用来复制指纹的可能性。

(2)面部识别

面部识别是根据人的面部特征来进行身份识别的技术,包括标准视频识别和热成像技术两种。标准视频识别是透过普通摄像头记录下被拍摄者眼睛、鼻子、嘴的形状及相对位置等面部特征,然后将其转换成数字信号,再利用计算机通过复杂的数学模型计算人脸的相似度进行身份识别。视频面部识别是一种常见的身份识别方式,现已被广泛用于公共安全领域。热成像技术主要透过分析面部血液产生的热辐射来产生面部图像。与视频识别不同的是,热成像技术不需要良好的光源,即使在黑暗情况下也能正常使用。

人脸识别性能受外部环境影响较大,如光照变化、表情变化、年龄变化、配饰(眼镜、胡须)变化等的影响,其中光照变化对人脸识别的影响最为关键。

中科院自动化所生物识别与安全技术研究中心研制的人脸识别系统(如图5-8),成功应用于2008年北京奥运会。该系统事先对入场券持有者提交的人脸身份照片进行扫描,提取人脸特征,并录入信息数据库。在进入现场时,利用视频摄像头对入场券持有者进行人脸图像采集,并与数据库中的数据进行对比,从而实现人脸身份识别。对真实票证持有者放行,对冒用者转交相关部门处理。该系统能适应不同环境光照变化,包括傍晚的阳光直射和不同身高的使用者。

图5-7　指纹识别仪

图5-8　中科院人脸识别技术用于2008年北京奥运会开幕式

（3）眼纹识别

眼纹识别有两种方法,利用眼底视网膜上的血管花纹或者利用眼睛虹膜上的花纹,首先进行光学摄像,然后对比和识别。

视网膜识别利用低强度红外线,经瞳孔直射眼底,将视网膜上的花纹反射到摄像机,拍摄下花纹,并进行比较和识别。视网膜是一种极其固定的生物特征,失误率几乎为零,使用者无需和设备直接接触,识别准确迅速,但是睡眠不足导致的视网膜充血、糖尿病引起的视网膜病变等因素会导致无法识别。

虹膜是位于眼睛黑色瞳孔和白色巩膜之间的圆环状部分,总体上呈现一种由里到外的放射状结构,由复杂的纤维组织构成,包含有大量相互交错的类似于斑点、细丝、冠状、条纹、隐窝等细节特征,这些特征在出生之前就以随机组合的方式确定下来了,一旦形成终生不变。虹膜识别的准确性是各种生物识别中最高的。虹膜识别技术的过程一般来说分为:虹膜图像获取、图像预处理、特征提取和特征匹配四步。图 5-9 为某种虹膜识别仪的外形图。

（4）手形识别

手形识别系统(手形仪)采集手指的三维立体形状进行身份识别,由于手形特征稳定性高,不易随外在环境或生理变化而改变,使用方便,在过去的几十年中获得了广泛的应用。手形识别技术根据用于获取指形特征所扫描的手指数量的多少发展了三种技术,一种是扫描整个手的手形的技术,一种是仅扫描单个手指的技术,还有一种是结合这两种技术的扫描食指和中指两个手指的技术(指形识别技术)。通常称扫描整个手形的手形仪为掌形机或掌形仪,扫描两个手指的手形仪称为指形机。RSI 公司 HandKey II 掌形门禁机外观如图 5-10 所示。

图 5-9　中科虹霸嵌入式虹膜识别仪　　　图 5-10　RSI 公司 HandKey II 掌形门禁机

通过提供门禁控制和监控功能,HandKey II 掌形门禁机具有很高的系统可靠性;每台 HandKey II 内置一个完整的门禁控制器用于门锁操作、开门响应和警报监控;包括掌形数据、决策响应等全部数据都可保存在本地机器上,这就保证每个门的安全;即使在网络发生故障,无法同主机进行通信时门禁系统也能正常工作。Handkey II 掌形仪提供了独立工作、主/从工作、直接联网、以太网、电话调制解调器等多种工作方式,通信方式有 RS485(4 线和 2 线),RS232,可连接读卡器和集成到第三方门禁系统中。

掌形仪顶部设置有数字键盘,供使用者输入 ID 号;同时还设置了一块液晶显示屏,用于显示输入的 ID 号和运行指令;前部还有红绿两个 LED 指示灯,用来显示掌形识别与否,以便观察系统的状况。掌形仪的底部是一个掌板,是一种用特殊抗菌材料制作的反射屏,上面有五个定位柱。

指形机与掌形仪采用同样的原理与技术,使用掌形仪时必须将整个手掌放在其定位装置上,其定位需要五个定位柱,而使用指形机时只需要将左手或右手的食指和中指放在仅有两个定位柱的装置上。从使用角度上来讲,指形机定位点少,易于使用,而且对于习惯左手或右手的人均适用。而从技术上来讲又可以达到与掌形机相同的识别精度和各种性能指标;从生产和制造成本上讲,指形机体积可以减小,成本降低。

手形机系统是成熟的生物识别技术,具有诸多优点;其最大的特点是其识别的"唯一性",也就是说只有合法用户本人的手指才能被识别和允许通过,在现有的科技条件下,无法仿造出人的手指的三维特征,完全杜绝了钥匙和 IC 卡被盗用或密码被破解等导致他人非法进入的现象。美国所有军事机关、90% 以上的核电站均使用手形识别设备构成出入口控制系统以保证重要场所的安全;1996 年奥运会上手形仪在奥运村使用,接受了 6 万 5 千多人注册,处理了一百多万次出入记录。另外手形仪还广泛应用于银行、大学、俱乐部、医院、度假村等场所;也可以与考勤系统结合应用。

(5)声音识别和签字识别

声音识别主要是利用人的声音特点进行身份识别,其工作原理是利用每个人的声音差异以及所说的指令内容不同来进行比较和识别,但是声音会随音量、音速和音质的变化而影响,声音可以被模仿,且使用者容易受感冒等疾病的影响而导致声音变化,其安全性受到影响。

签字是一种传统身份认证手段,现代签字识别技术主要是透过测量签字者的字形及不同笔画间的速度、顺序和压力特征,对签字者的身份进行鉴别。签字与声音识别一样,也是一种行为测定,同样会受人为因素的影响。

表 5-3 是常用人体生物特征识读设备选型要求,在设备选择过程中可以参考选择。

常用人体生物特征识读设备选型要求　　　　　表 5-3

名称	主 要 特 点	安装设计要点	适宜工作 环境与条件	不适宜工作 环境和条件
指纹识读设备	指纹识读设备易于小型化;识别速度很快,使用方便;需要人体配合的程度较高。操作时需要人体接触识读设备	用于人员通道门,宜安装于适合人手配合操作,距地面 1.2~1.5 m 处;当采用的识读设备,其人体生物特征信息储存在目标携带的介质内时,应考虑介质被伪造而带来的安全性影响	室内安装,使用环境应当满足产品选用的不同传感器所要求的使用环境	操作时人体需要接触识读设备,不宜安装在医院等容易引起交叉感染的场所
掌形识读设备	识别速度较快;需要人体配合的程度较高。操作时需要人体接触识读设备			
虹膜识读设备	虹膜被损伤、修饰的可能性很小,也不易留下可被复制的痕迹;需要人体配合程度很高,需要培训才能使用,操作时不需要人体接触识读设备	用于人员通道门,宜安装于适合人眼部配合操作,距地面 1.5~1.7 m 处	环境亮度适宜、变化不大的场所	环境亮度变化大的场所,背光较强的地方
面部识读设备	需人体配合程度较低,易用性好,适用于隐蔽地进行面相采集、对比	安装位置应便于摄取面部图形,设备能最大面积、最小失真地获得人脸正面图像		

5.2.3　密码识别及其识读设备

密码识别是早期出入口控制系统常用的一种识别方法,其做法是首先在控制器上预登记一个密码,在访问时输入这个预先登记的密码进行确认。这种方式简单易行,花费较低,但是系统可靠性比较低,不能识别个人身份,会遗忘和泄漏密码,且密码需要定期更改以确保系统的安全性。

密码识别系统主要通过键盘接受输入信息,经过加密之后,发送到控制器或者主机上进行识别。密码通常由 4 到 10 位阿拉伯数字构成,键盘上"＊"和"＃"键通常是指"错误"或者"删除"的辅助功能,有的键盘可能还带有其他的附加功能键。键盘与系统的安全性与由组成键盘的键和由数字组成的密码关系非常大。有许多键盘编码的方法,以提高非法进入的难度(通常依靠键盘核查以获准通行的方式),例如乱码键盘(随机编码)通过随时改变键上面的标签的办法来处理密码偷窥问题。这些编码键盘通常会有一个显示屏,屏上用以显示那些键对应于哪些不同的数字,使得输入密码时的手指模式不断变化。

目前市场上主流的出入口控制系统很少将密码单独作为身份识别标志,而是与卡片识别或者生物识别相结合,作为一种辅助手段。图 5-11 显示了一个密码与指纹识别系统相结合的身份识别系统。

图 5-11　密码(左)、密码与指纹识别系统相结合(右)

表 5-4 为常用编码识读设备选型要求,在设备选择过程中可以参考。

常用编码识读设备选型要求　　　　　　表 5-4

项目	适应场所	主　要　特　点	安装设计要点	适宜工作环境与条件	不适宜工作环境和条件
普通密码键盘	人员出入口;授权目标较少的场合	密码易泄漏,易被窥视,保密性差,密码需经常更换	用于人员通道门,宜安装于距门开启边 200~300mm,距地面 1.2~1.5 m 处;用于车辆出入口,宜安装于车道左侧距地面 1.2m,距挡车器 3.5m 处	室内安装,如需室外安装,需选用密封性良好的产品	不易经常更换密码且授权目标较多的场合
乱序密码键盘	人员出入口;授权目标较少的场合	密码易泄漏,不易被窥视,保密性较普通键盘高,密码需经常更换			
磁卡识读设备	人员出入口;较少用于车辆出入口	磁卡携带方便、便宜,易被复制、磁化,卡片及读卡设备易被磨损,需要经常维护			室外可被雨淋处,尘土较多的地方,环境磁场较强的场所
接触式 IC 卡读卡器	人员出入口	安全性高,卡片携带方便,卡片及读卡设备易被磨损,需要经常维护		室内安装,适合人员通道	室外可被雨淋处,尘土较多的地方,静电较多的场所
接触式 TM 卡读卡器	人员出入口	安全性高,卡片携带方便,不易被磨损		可安装在室内外,适合人员通道	

项目	适应场所	主要特点	安装设计要点	适宜工作环境与条件	不适宜工作环境和条件
非接触只读式读卡器	人员出入口，停车场出入口	安全性高，卡片携带方便，不易被磨损。全封闭的产品具有较高的防水、防尘能力	用于人员通道门和车辆出入口，一般情况同上，用于车辆出入口远距离有源读卡器（读卡距离大于5m），应根据现场情况选择安装位置，应避免尾随车辆先读卡	可安装在室内外，近距离读卡器（读卡距离小于500mm）适合人员通道；远距离读卡器（读卡距离大于500mm）适合车辆出入口	电磁干扰较强的场合；较厚的金属材料表面，工作在900MHz频段下的人员出入口，无防冲撞机制，读卡距离大于1m的人员出入口。（防冲撞：可依次读取同时进入感应区域的多张卡）
非接触可写不加密式读卡器	人员出入口，消费系统一卡通应用场合，停车场出入口	安全性不高，卡片携带方便，易被复制，不易被磨损。全封闭的产品具有较高的防水、防尘能力			
非接触可写、加密式读卡器	人员出入口，消费系统一卡通应用场合，停车场出入口	安全性高，卡片携带方便，不易被复制，不易被磨损。全封闭的产品具有较高的防水、防尘能力			
条码识读设备	用于临时车辆出入口	介质一次性使用，易被复制，易损坏	安装在出口收费岗亭内，由操作员使用	停车场收费岗亭内	非临时目标出入口

5.3 控制器及执行设备

5.3.1 控制器

控制器是系统的中枢，性能好坏直接影响着出入口控制系统的稳定性，而系统的稳定性直接影响着客户的生命和财产安全。影响控制器安全性的因素很多，通常表现在以下几个方面：

（1）控制器的分布。控制器必须放置在专门的弱电间或设备间内集中管理，控制器与读卡器之间具有远距离信号传输的能力。

（2）防破坏措施。控制器机箱必须具有一定的防砸、防撬、防爆、防火、防腐蚀的能力，尽可能阻止各种非法破坏的事件发生。

（3）电源供应。控制器内部本身必须带有 UPS 系统，并且不间断电源必须放置在控制器机箱的内部,在外部的电源无法提供时,至少能够让控制器继续工作几个小时,以防止发生有人切断电源从而导致出入口控制系统瘫痪的事件。

(4)报警能力。控制器必须具有各种即时报警和故障提示能力,如机箱被打开的警告信息,电源和 UPS 等各种设备的故障提示,以及通信或线路故障等。

(5)开关量信号的处理。出入口控制系统中有许多信号会以开关量的方式输出,例如门磁信号和出门按钮信号等,由于开关量信号只有短路和开路两种状态,所以很容易遭到利用和破坏,会大大降低出入口控制系统整体的安全性,能够将开关量信号加以转换传输才能提高安全性,如转换成 TTL 电平信号或数字信号等。

另外,影响控制器的稳定性和可靠性的因素也非常多,通常表现在以下几个方面:

(1)控制器的整体结构设计是非常重要的,设计良好的出入口控制系统将尽量避免使用插槽式的扩展板,以防止长时间使用氧化而引起的接触不良。

(2)使用可靠的接插件,方便接线并且牢固可靠;元器件的分布和线路走向合理,减少干扰,同时增强抗干扰能力。

(3)机箱布局合理,增强整体的散热效果。控制器是一个特殊的控制设备,不应该一味追求使用最新的技术和元件。控制器的处理速度不是越快就越好,也不是门数越集中就越好,而是必须强调稳定性和可靠性,够用且稳定的控制器才是好的控制器。

(4)电源是控制器中非常重要的部分,提供给元器件稳定、干净的工作电压是稳定性的必要前提,但 220V 的市电经常不稳定,可能存在电压过低、过高、波动、浪涌等现象,这就需要电源具有良好的滤波和稳压能力,此外电源还需要有很强的抗干扰能力,所谓干扰包括高频感应信号、雷击等。

(5)控制器的程序设计对可靠性和稳定性影响非常大。大多数控制器在执行一些高级功能或与其他系统联动时,完全依赖计算机及软件来实现,由于计算机的不稳定性,可能出现计算机发生故障而导致整个系统失灵或瘫痪。为了提高系统可靠性,出入口控制系统中所有的逻辑判断和各种高级功能的应用,最好依靠控制器硬件系统来完成,即须由控制器的程序实现。这种方式也使得控制器有最快的响应速度,而且不会随着系统的不断扩大而降低整个系统的响应速度和性能。

(6)继电器的容量也是关键因素之一。控制器工作时,控制器的输出是由继电器控制的,故继电器要频繁开合,且每次开合时都有一个瞬时电流通过,如果继电器容量太小,瞬时电流有可能超过继电器的容量而损坏继电器。一般情况下,继电器容量应大于电控锁峰值电流3倍以上。继电器的输出端通常是接电控锁等大电流的电感设备,瞬间的通断会产生反馈电流冲击,所以输出端宜有压敏电阻或者反向二极管等元器件予以保护。

(7)控制器的保护也至关重要。控制器元器件的工作电压一般为5 V,如果电压超过5 V就会损坏元器件,使控制器不能工作。这就要求控制器的所有输入、输出口都有动态电压保护,以免外界可能的大电压加载到控制器上而损坏元器件。另外控制器在读卡器输入电路还需具有防错接和防浪涌等保护措施,防错接可以使即使电源接在读卡器的数据端子也不会烧坏电路,防浪涌保护可以避免因读卡器质量问题影响控制器的正常运行。

《出入口控制系统工程设计规范》(GB 50396—2007)对控制器部分的防护等级作出了详细的要求,在选择相关设备时必须满足这些要求(表5-5)。

控制器部分的防护等级要求　　　　　　　　　　表5-5

等级	外壳防护能力	控制能力				保密性		防破坏　防技术开启	
		防目标重入控制	多重识别控制	复合识别控制	异地核准控制	防调阅管理与控制程序	防当场复制管理与控制程序	有防护面的设备（抵抗时间：min）	
普通防护级别（A级）	有防护面的管理与控制部分,其外壳应符合 GB 4208—2008 中 IP42 的要求；否则外壳符合 GB 4208—2008 中 IP32 的要求	无	无	无	无	有	无		
中等防护级别（B级）	有防护面的管理与控制部分,其外壳应符合 GB 4208—2008 中 IP42 的要求；否则外壳符合 GB 4208—2008 中 IP32 的要求	有	无	无	无	有	有	有防护面的管理与控制部分,与表5-1要求相同,对于没有防护面的管理与控制部分不作要求	
高防护级别（C级）	有防护面的管理与控制部分,其外壳应符合 GB 4208—2008 中 IP42 的要求；否则外壳符合 GB 4208—2008 中 IP32 的要求	有	有	有	有	有	有		

Honeywell NetAXS™混合型控制器可以使用户使用 Web 浏览器或者传统的出入口控制软件更加灵活地管理和配置出入口控制系统,同时通过这种方式,用户也可以采取更加广泛和灵活地设计和集成出入口控制系统。控制器可以通过 Web 或者出入口控制软件进行通信,内嵌 Linux Web 服务器,通信模式可以

选择 10/100 内嵌式网络模块、RS232 串口通信和 RS485 多点通信,每个控制器支持 4 个读卡器,每个 RS485 链路可以支持 30 个控制器,内置输入输出模块包含 4 个读卡器输入、14 个输入和 8 个输出,输入输出模块支持 64 输入和 64 输出,支持最多 10000 张 64 位卡及 25000 条事件,可以数据库和配置存档。控制器外观如图 5-12 所示,使用 NetAXS™混合型控制器组网如图 5-13 所示。

图 5-12　NetAXS™混合型控制器外观

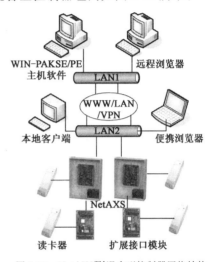

图 5-13　NetAXS™混合型控制器网络结构

5.3.2　执行设备

执行设备主要由三类设备构成:闭锁部件、阻挡部件和出入准许装置,以及三者的组合部件或者装置。由于管理要求、安全要求等的不同,使得执行部分的产品形式和结构都有很大的差异。《出入口控制系统工程设计规范》(GB 50396—2007)对执行部分的闭锁部件和阻挡部件的防护等级作出了详细的要求,对指示装置则未作要求,在选择相关设备时必须满足这些要求(如表 5-6)。

执行部分防护等级要求　　　　　　表 5-6

等级	外壳防护能力	控制出入的能力		防破坏/防技术开启
		执行部件	强度要求	抵抗时间(min)或次数
普通防护级别(A 级)	有防护面的管理与控制部分,其外壳应符合 GB 4208—2008 中 IP42 的要求;否则外壳符合 GB 4208—2008 中 IP32 的要求	机械锁定部件(锁舌、锁栓等)	符合《机械防盗锁》(GA/T73—1994)A 级别要求	符合《机械防盗锁》(GA/T73—1994)A 级别要求

等级	外壳防护能力	控制出入的能力		防破坏/防技术开启
		执行部件	强度要求	抵抗时间(min)或次数
普通防护级别（A级）	有防护面的管理与控制部分,其外壳应符合 GB 4208—2008 中 IP42 的要求;否则外壳符合 GB 4208—2008 中 IP32 的要求	电磁铁作为间接闭锁部件	符合《机械防盗锁》（GA/T73—1994)A 级别要求	符合《机械防盗锁》(GA/T73—1994) A 级别要求。防电磁开启大于 1500min
		电磁铁作为直接闭锁部件	符合《机械防盗锁》（GA/T73—1994)A 级别要求	符合《机械防盗锁》(GA/T73—1994) A 级别要求。防电磁开启大于 1500min;抵抗以出入目标 3 倍正常速度的撞击 3 次
		阻挡指示部件（如电动挡杆等）	指示部件不作要求	指示部件不作要求
中等防护级别（B级）	有防护面的管理与控制部分,其外壳应符合 GB 4208—2008 中 IP42 的要求;否则外壳符合 GB 4208—2008 中 IP32 的要求	机械锁定部件（锁舌、锁栓等）	符合《机械防盗锁》（GA/T73—1994)B 级别要求	符合《机械防盗锁》(GA/T73—1994)B 级别要求
		电磁铁作为间接闭锁部件	符合《机械防盗锁》（GA/T73—1994)B 级别要求	符合《机械防盗锁》(GA/T73—1994) B 级别要求。防电磁开启大于 3000min
		电磁铁作为直接闭锁部件	符合《机械防盗锁》（GA/T73—1994)B 级别要求	符合《机械防盗锁》(GA/T73—1994) B 级别要求。防电磁开启大于 3000min;抵抗以出入目标 5 倍正常速度的撞击 3 次
		阻挡指示部件（如电动挡杆等）	指示部件不作要求	指示部件不作要求
高防护级别(C级)	有防护面的管理与控制部分,其外壳应符合 GB 4208—2008 中 IP42 的要求;否则外壳符合 GB 4208—2008 中 IP32 的要求	机械锁定部件（锁舌、锁栓等）	符合《机械防盗锁》（GA/T73—1994)C 级别要求	符合《机械防盗锁》(GA/T73—1994)C 级别要求
		电磁铁作为间接闭锁部件	符合《机械防盗锁》（GA/T73—1994)C 级别要求	符合《机械防盗锁》(GA/T73—1994) C 级别要求。防电磁开启大于 5000min
		电磁铁作为直接闭锁部件	符合《机械防盗锁》（GA/T73—1994)C 级别要求	符合《机械防盗锁》(GA/T73—1994) C 级别要求。防电磁开启大于 5000min;抵抗以出入目标 10 倍正常速度的撞击 3 次
		阻挡指示部件（如电动挡杆等）	指示部件不作要求	指示部件不作要求

出入口控制系统中电控锁是主要的执行部件,主要有以下几种类型:

(1)电磁锁:断电后门是开启的,符合消防要求,并配备多种安装架方便安装使用。这种锁具适于单向的木门、玻璃门、防火门、对开的电动门。

(2)阳极锁:也是断电开门型,符合消防要求,它安装在门框的上部。与电磁锁不同的是阳极锁适用于双向的木门、玻璃门、防火门,而且它本身带有门磁检测器,可随时检测门的安全状态。

(3)阴极锁:一般的阴极锁为通电开门型,适用单向木门。安装阴极锁一定要配备 UPS 电源,因为停电时阴极锁是锁门的。

电子门锁是随电子技术的发展而发展起来的,其使用的方便性、防技术开启、智能管理功能是机械锁无法比拟的。电子门锁从产生到现在经历了从磁片机械锁、磁卡锁、IC 卡插卡锁(和 TM 卡锁)到射频卡电子门锁的发展历程。目前市场上流行的主要是磁卡电子门锁、IC 卡插卡电子门锁、TM 卡电子门锁、射频卡电子门锁。在电子门锁的选择中建议把握以下几个原则:

(1)功能要结合使用的环境

根据应用确定功能上的需求,酒店、办公室、写字楼或者家庭由于不同的使用环境有不同的功能侧重点。例如酒店使用,客房管理要符合宾馆的规范管理,门锁的管理功能不仅要方便客人,而且能提高酒店的管理,所以酒店电子门锁对所有的钥匙卡必须有时间限制、开门记录等功能。在基础的功能上,为适应今后的发展,可以考虑锁系统的扩展(系统能管理酒店员工办公室、公用通道、专用通道等)、考虑一卡通系统的技术接口等问题。

办公室、写字楼使用电子门锁,必须考虑物业管理的要求,要做到可以实时监测房间门的状态,在非常事件情况下可以控制门的开启等。最好的方案是联网门锁,并一起考虑其他 IC 卡系统的接口,以便实现一卡通。

对家庭、智能小区使用电子门锁,首先要考虑家庭使用一卡可以开多个门(可以随意增加或减少),在钥匙卡丢失时可以在数据库中删除,并可以和小区的大门、楼道门、对讲系统都能一卡通。

(2)强调安全性、稳定性

门锁(机械或智能式)作为安全防范产品首先必须具有安全性、稳定性。安全性可从防破坏和防技术开启两方面来衡量。防破坏是指防范故意破坏、恶作剧和蓄意的撬、钻等暴力手段。在此方面,目前机械锁和电子门锁的机械强度都够。而在机械锁和电子门锁中只有射频卡电子门锁是全封闭结构,其安全性也最好。防范技术开启方面,机械锁的防技术开启能力很差,不管哪种结构的机械锁都可被其他手段开门。钥匙可以复制都会有很大的安全隐患,在电子门锁中,磁卡因无密码限制,其钥匙卡易被复制;IC 卡和射频卡则具备较好防范技术开启能力。

门锁的稳定性也同样非常重要。接触式卡片锁具有很多弱点,例如钥匙卡、磁卡怕强磁场,IC 卡怕油污、灰尘和静电(尤其干燥天气下和毛纺品放一起)。射频卡片锁具全密封、防水、防静电、防灰尘的特点,从读卡方式上讲,只有射频卡读卡不接触,其使用寿命最长,使用过程中可以降为零故障,稳定性是最好的。

(3)符合技术的发展趋势

设备选择时,要尽可能选择符合技术发展的设备,以备升级和更新换代。IC 卡可作为身份识别、票证、电子钱包等;接触式 IC 卡(如插卡式)由于操作不方便、环境适应能力差等问题而逐渐被淘汰,尤其在公共和半公共的使用环境中,如考勤、就餐消费、公交系统、停车场等已经较少使用接触式 IC 卡。非接触式 IC 卡电子门锁则由于具备操作快捷方便、可靠性和安全性高、使用寿命长,系统资源和设备资源可最大共享等诸多优点而被广泛应用,成为市场的主流。

常见的执行机构除了门锁以外,在公共场合例如图书馆、旅游景区等场所还有三棍闸、伸缩栅栏、电动式伸缩栅栏机等。表 5-7 给出了常用执行设备选型要求,在设计和使用过程中需要注意遵守。

常用执行设备选型要求　　　　　　　　　　　　　　　　　表 5-7

序号	应 用 场 所	常采用的执行设备	安装设计要点
1	单向开启、平开的木门(含带木框的复合材料门)	阴极电控锁	适用于单扇门,安装位置距地面 0.9~1.1m 边门框处,可与普通单舌机械锁配合使用
		电控防撞锁	适用于单扇门,安装门体靠近开启边位置距地面 0.9~1.1m 处;配合件安装在边门框上
		一体化电子锁	
		磁力锁	安装于上门框,靠近门开启边;配合件安装于门体上,磁力锁的锁体不能暴露在防护面(门外)
		阳极电控锁	
		自动平开门机	安装于上门框,应选用带闭锁装置的设备或者另外加电控锁;外挂式门机不应暴露在防护面(门外)
2	单向开启、平开镶玻璃门(不含带木框门)	阳极电控锁 磁力锁 自动平开门机	同本表第 1 条相关内容
3	单向开启、平开玻璃门	带专用玻璃门夹的阳极电控锁和磁力锁,玻璃门夹电控锁	安装位置同本表第 1 条相关内容;玻璃门夹的作用面不应安装在防护面(门外);无框(单玻璃框)门的锁引线应有防护措施

序号	应用场所	常采用的执行设备	安装设计要点
4	双向开启、平开玻璃门	带专用玻璃门夹的阳极电控锁；玻璃门夹电控锁	同本表第 3 条相关内容
5	单扇、推拉门	阳极电控锁	同本表第 1、3 条相关内容
		磁力锁	安装于边门框；配合件安装于门体上，不应暴露在防护面（门外）
		推拉门专用电控挂钩锁	根据锁体结构不同，可安装于边门框或者上门框；配合件安装于门体上，不应暴露在防护面（门外）
		自动推拉门机	安装于上门框，应选用带闭锁装置的设备或者另外加电控锁；应有防夹措施
6	双扇推拉门	阳极电控锁	同本表第 1、3 条相关内容
		自动推拉门机	同本表第 5 条相关内容
		推拉门专用电控挂钩锁	应选用安装于上门框的设备；配合件安装于门体上，不应暴露在防护面（门外）
7	金属防盗门	电控防撞锁；磁力锁；自动门机	同本表第 1、5 条相关内容
		电机驱动锁舌电控锁	根据锁体结构不同，可安装于门框或者门体
8	防尾随人员快速通道	电控三棍闸；自动启闭速通门	应与地面有牢固的连接；常与非接触式读卡器配合使用；自动启闭速通门应有防夹措施
9	小区大门、院门等（人员车辆混行通道）	电动伸缩栅栏门	固定端应与地面有牢固的连接；滑轨应水平铺设；门开口方向应在值班室（岗亭）一侧，启闭时应有声光指示，应有防夹措施
		电动栅栏式栏杆机	应与地面有牢固的连接；适用于不限高的场合，不宜选用闭合时间小于 3s 的产品；应有防砸措施
10	一般车辆出入口	电动栏杆机	应与地面有牢固的连接；用于有限高的场合，栏杆应有曲臂装置；应有防砸措施
11	防闯车辆出入口	电动升降式地挡	应与地面有牢固的连接；地挡落下后，应与地面在同一水平上；应有防止车辆通过时，地挡顶车的措施

以双向开启、平开玻璃门为例,图 5-14 给出了详细的安装与布线图。

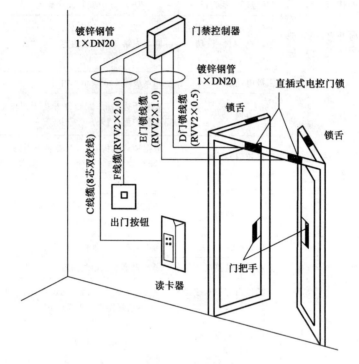

图 5-14　双向开启、平开玻璃门安装示意图

一般而言,门磁开关可以选择 2 芯普通通信线缆 RVV 或者 RVS,每芯截面积为 0.5mm^2;读卡机与现场控制器连线可以采用 4 芯通信线缆(RVVP)或 3 类双绞线,每芯截面积 0.3～0.5mm^2;读卡机与输入/输出控制板之间可以采用 5～8 芯普通通信线缆(RVVP)或 3 类双绞线,每芯截面积 0.3～0.5mm^2;输入/输出控制板与电控门锁、出门按钮等均可用 2 芯普通通信线缆 RVV,每芯截面积为 0.75mm^2。

5.3.3　其他辅助设备

其他辅助设备主要指传感器、报警器、提示设备等。

传感器单元的基本功能是检测当前门的启闭状态,一般是通过安装在门顶端的门磁开关实现的。在开门指令发出后,控制主机会根据门磁的状态判断动作的执行情况;在门打开超过一定时间之后,控制主机也会通过门磁检测门是否关闭。

传感单元的另一项功能是在执行设备动作时,确保不会对人员造成伤害,例如在门关闭时,需要检测门的一个安全范围内是否仍然有人员,防止门夹伤人员。

在需要高级应用的出入口控制系统中,与视频监控系统相结合,可以检测防护面内出现的异常行为,例如人员扎堆和徘徊、长期滞留,有遗留物品等异常状况。

在对公共安全要求比较严格的场合,出入口控制系统还需要配置金属检测器、X光检查器、爆炸品检查器等防爆安检设备。例如在军事禁区中,需要检查出入人员是否把枪支或者其他机密设备带出禁区,在火车站、机场等场所是否有人携带违禁物品等。

报警单元功能是发现各种异常后以声、光等方式提醒操作人员/保安人员的手段。例如发生门超时没有关闭、持无效钥匙反复访问、尾随等情况,除了需要记录以外,还需要报警。

出入口控制系统的另外一个组成部分是提示设备,它以文字、图像、符号等形式提醒人员正确进行操作、访问结果等。例如在掌形机中,需要提示用户如何将手掌正确地置于光学设备上;在密码输入出错后需要提示用户密码错误等。

5.4　访客对讲系统

随着居民住宅的不断增加,小区的物业管理就显得日趋重要。其中访客登记及值班看门的管理方法已不适合现代管理快捷、方便、安全的需求。

对讲系统作为一项必备的小区出入口控制系统,已经成为标准配置之一。传统的对讲系统利用内部电话系统使访客和住户进行交流,从而决定是否接受访客。随着技术的不断发展,利用可视对讲识别访客,杜绝闲杂人员随便出入。它可完成可视对讲、紧急报警、图像监视以及遥控开锁等功能。目前,以访客对讲系统为核心,综合家庭防盗报警系统、出入口控制系统和电子巡查系统的智能小区系统获得了很多的关注,市场上已经有许多产品。

访客对讲系统按照对讲功能,可以分为单对讲型和可视对讲型;按照结构(或者线制),可以分为总线制,总线多线制和多线制三种类型。多线制系统结构简单,通话线、开门线和电源线共用,每户增加一个门铃线,适合于小型系统。总线多线制采用数字编码技术,一般每层使用一个解码器(四用户或者八用户),解码器与解码器之间总线连接,解码器与室内机之间采用星形连接,系统功能多而强。总线制则是将数字编码移至用户室内机中,从而省去解码器,使得接线更加灵活,适应性更强。

在系统设计过程中,应该针对不同的住宅结构、小区分布和功能要求来选择。有些适宜于非封闭式管理的住宅,能够实现呼叫、对讲和开锁功能,并具有夜光指示的功能,适用于低层至高层的各种住宅结构;封闭式管理的小区则可选用带有安全报警功能的室内机,用户可根据各自需要安装门磁、红外探头、烟雾报警、煤气泄漏报警装置等;封闭式的小区还可设置管理中心机,可储存报警记录,可随时查阅报警类型、时间和报警住户的楼栋号和房号,中心机可监控和呼叫整个小区与单元门口;为兼顾不同用户的需要和经济条件,可视系统中彩色与黑白机分机兼容,用户可采用彩色机,也可选用黑白机,还可选用不带可视功能的对讲室内机;为方便工程布线,根据不同的小区分布,大系统总线可采用星型布线和环型布线;为彻底解决大系统信号衰减,在同一根电缆上视频双向传输双向放大可采用智能化信号增强器。

一些访客对讲系统还具备电梯控制功能,利用住户家中的可视对讲系统与电梯控制系统进行联动,住户在为访客开启单元门的同时,使用电梯召唤键释放该楼层的按键控制权限,访客在进入电梯后按键到达该楼层。这种由用户直接认证的方式,理清了住户和物业之间的责任,具备很高的识别率和安全性。

GST-DJ6000可视对讲系统是海湾公司开发的集对讲、监视、锁控等功能于一体的新一代可视对讲产品。GST-DJ6000可视对讲系统分为对讲和可视对讲两大系列产品,其中可视对讲系列产品又可选择彩色图像或黑白图像显示模式。产品造型美观,系统配置灵活,是一套技术先进、功能齐全的可视对讲系统。

GST-DJ6952系列免提可视室内分机是安装于住户室内的可视对讲设备,住户可通过免提可视室内分机接听小区门口机(联网时)、室外主机的呼叫,并为来访者打开单元门的电锁,还可看到来访者的图像,与其进行可视通话;可实现户户对讲;同户内室内分机可进行对讲;可视室内分机支持小区信息发布(与相应的联网设备配套使用)。另外,住户遇有紧急事件或需要帮助时,可通过室内分机呼叫管理中心,与管理中心通话。

该系统主要特点有:可实现与室外主机、管理中心机、小区门口机的可视对讲;具有单元门锁控功能;支持一户多室内分机,同户室内分机互呼;当单元具有多个入口时,可依次监视本单元室外主机;提供8路报警接口,支持火警、盗警、门磁、窗磁、燃气泄漏等报警;室内分机可扩带紧急求助按钮,具有紧急求助功能;提供100mA/12V输出,可为外接传感器供电;可外接警铃,为警铃提供50mA/14.5V~18V输出;具备图像存储功能。

以某小区系统为例,如图5-15所示,它由各单元口安装防盗门、单元(小区)可视主机、可视门前铃(备选)、楼宇出入口的对讲主机、电控锁、闭门器及用户家中的可视对讲分机通过专用网络组成。每个单元(小区)入口处安装可视主机，业主室内安装的可视分机，访客来访时，可以在单元(小区)入口处用可视主机呼吁住户或管理中心，住户可以拿起话筒与之通话(可视功能)，以实现访客与住户对讲，对访客进行辨认，并决定接受或拒绝来访；住户同意来访者进入后，遥控开启楼门电控锁。住户家中发生事件时，住户可利用可视对讲分机呼叫小区的保安室，向保安室寻求支援。在保安监控中心安装管理中心机，专供接收用户紧急求助和呼叫。

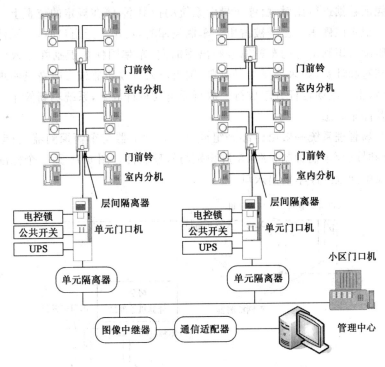

图 5-15　访客对讲系统结构

5.5　停车场管理系统

根据建筑设计规范，大型建筑必须设置汽车停车库，以满足交通管理需要，保障车辆安全，方便公众使用。对于办公楼按照建筑面积每 $10000m^2$ 需要设置 50 辆小型车停车位，对于商场则是按照营业面积每 $1000m^2$ 需要设置 10 个停车位。

为了使地面有足够的绿化面积和道路面积，同时为了保证提供规定数量的停车位，多数大型建筑都在地下室设置停车库。当停车库的车位面积超过 50 个时,通常要考虑建立停车场管理系统,以提高停车场管理的质量、效益和安全性。

通常,停车场管理系统的工作是这样的,车辆驶近入口时,可以看到停车场指示信息标志,标志显示入口方向与车库内空余车位的情况,若车库停车满额,则车满灯亮,拒绝车辆入库,如果未满则放行。但是驾驶人必须购买停车卡或者专用停车卡,通过验读机认可,入口电动栏杆升起放行,车辆驶过之后,栏杆自动放下,阻挡后续车辆进入。进入的车辆可以由车牌摄像机摄入并送至车牌识别软件,然后送入车牌数据库。在较大型停车场,一般是指定停车位,由车牌数据与停车凭证数据进行比对,由停车导引系统的指引下,停在规定的位置上。管理系统就会记录该停车位已经被占用。车辆离库时,汽车驶近出口时,出示停车票卡并经验读机识别出行的车辆编号和出库时间,车牌同样被识别并送入管理系统进行核对和计费,如果需要当场收费,则由出入口收费器或者收费员实现。手续完成后,出口电动栏杆升起放行。放行后电动栏杆放下,系统刷新停车入口指示信息及停车状态。

停车场管理系统一般由四部分组成:发卡/读卡器与车辆探测器、自动车辆闸门、自动导引/车辆管制系统、车牌识别与管理软件。图 5-16 是一个标准的一进一出集中配置的停车场出入口。

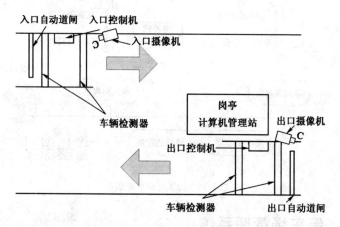

图 5-16 标准的一进一出集中配置的停车场出入口

控制机是停车场出入口的主要设备之一。对于控制机,读卡是其基本功能,有的时候也直接使用读卡机称呼。入口控制机一般兼具发卡和读卡双重功能,对于固定卡用户,LED 显示屏会提示例如卡信息、停车位信息等相关的信息。出口控制机则仅需读卡即可,同时在 LED 显示屏上提示停车时间/收费金额等信息。

读卡器是控制机的重要组成部分,大多数的读卡器的基本功能就是读取车主卡上信息,并记录至管理中心。对于临时用户,还需要一个发卡器。本章前文已经详细介绍了各种卡片的优缺点,IC/ID 卡均可根据需要选用。在要求远距离不停车收费的停车场管理系统中,通常选择近磁场耦合技术的 Mifare 卡,最大可以达到 3~6m 的读卡距离。

车辆探测器主要有红外检测和线圈检测两种方式,如图 5-17 所示。红外检测时,在水平方向上设置红外收发装置,当车辆通过时,红外光线被遮断,接收端即发出检测信号。图中检测器使用两组收发装置,是为了检测驶入车辆的行进方向和判断是行人还是车辆。环形线圈检测使用电缆或者绝缘电缆做成环形,埋在车路地下,当车辆(金属)驶过时,其金属体使线圈发生短路效应而形成检测信号。

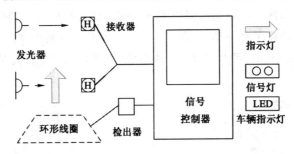

图 5-17　车辆探测器

信号灯控制系统并不是停车场必备的系统,它只是在出入口为同一口且同一车道,或者同一口不同车道的情况下使用,用以检测车辆的出入情况,并为车辆提供指示。

自动车辆闸门有多种形式,常用的闸门按照移动方式有起落栏杆式,电动栅栏式和起落地桩等多种形式;安装驱动方式有电机驱动和液压驱动两种方式。以停车场系统常用的起落栏杆式闸门为例,通常采用电机驱动,起落时间在 2~4s,有防砸车设置,起落上下限位。

车辆导引/管理控制系统主要在较为大型的停车场使用。有些停车场在没有停车位时才显示车满灯,而较为大型的停车场,则需要根据各个不同分区的情况进行显示,例如"地下一层已满"、"请开往第三区停放"等提示。无论采用哪种方式,原理不外乎两种,按照车辆计数或者检测车位上是否有车辆存在。车辆计数就是根据车道上的检测器的加减出入车辆数,或者通过出入口处出入车库信号进行计算,当达到某一特定数值后,就显示车位已满。车位车辆检测的方法,就是在每个车位设置探测器,探测器常有光反射法和超声波反射法两种,超声波法由于设备简单可靠,故比较常用。

车牌识别通常是使用出入口的摄像机拍摄出入车辆的车牌,然后送入专门的车牌识别软件,然后得到结果,管理软件则是实现车辆出入记录、计时和计费等多项功能。

5.6 出入口控制系统应用实例

5.6.1 以访客对讲系统为中心的智能小区

出入口控制系统被广泛地应用于智能小区系统,与视频监控系统、防盗报警系统一起构成了小区安全防范的三道防线。对于住宅楼而言,人员出入相对较少,且身份背景较为单纯,因此通常采用较为简单的出入口控制系统。为了节约成本,一些智能小区系统以访客对讲系统为核心,完成出入口控制系统与访客对讲系统的结合,简化了系统结构,降低成本,提高了设备利用率。其中典型的产品是 Honeywell Hello 系列可视对讲系统产品为例,其系统结构如图 5-18 所示。

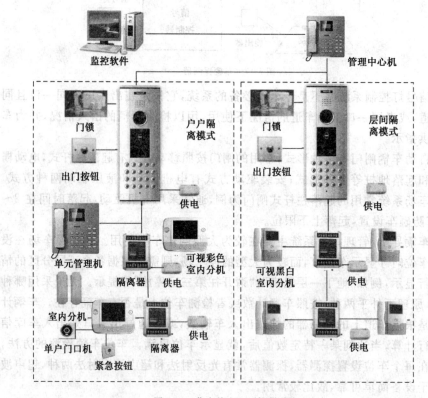

图 5-18 住宅楼出入口控制系统

　　整个系统采用分级分布式控制原理,利用模块化设计技术,将众多功能有机地结合在一起。整个系统有两级控制,四层设备,构成了一个树形总线分布式的控制通信网络。两级控制联线均采用 RS485 串行总线通信,简化系统连线,方便施工安装,各层设备之间互换性好,信号传输距离远,安全可靠。

　　系统设备外观如图 5-19 所示。

　　单元门口机内嵌 1/4″彩色 CCD 摄像头,红外夜间补光,可以呼叫用户并可视对讲;支持同时管理 240 个室内机;四字符 LED 显示 0～9 数字和 A～H 字母,按键有夜灯模式;支持非接触式感应卡刷卡开门,Mifare 卡,最多支持 3000 张卡;支持公共密码和每户私人密码开门,支持独立工作模式,可以支持 9 个单元门子机,支持小区入口机工作模式。

　　一个中心机最多支持 240 个单元,通信方式为 RS485 总线,波特率 4800bps,语音失真小于 5%,语音信噪比大于 50dB,摄像头大于 380 线。

彩色可视室内机

单元门口机　　黑白可视室内机

图 5-19　系统设备外观

　　室内分机有彩色和黑白两种,拥有对讲、监视和开锁功能,提供多种铃声,且管理中心机的来电拥有单独的铃声,方便用户区分,简洁易操作,两分钟通话自动切断,防止单用户长时间占线,可以接多个室内非可视分机,管理员呼叫专用按钮方便在关键时刻呼叫管理中心机。

　　管理中心机为系统的最高应用层,能记录各住户的报警、求助、开锁、撤/布防、保安巡逻打卡信息,以及呼叫小区内任一住户。

5.6.2　某大学教学实验楼出入口控制系统

　　某大学实验教学楼中包含有多个不同功能的区域,其中教师办公室、研究生自修室、开放式物理教学/实验室和国家重点实验室等,各个区域对安全的要求不一致,其中国家重点实验室出入要求最高,教师办公室和研究所自修室要求次之,普通物理教学/实验室对安全要求最低。因此本系统主要对办公区和国家重点实验的出入口进行监控。系统结构图如图 5-20 所示。

　　在本系统工程中,考虑到和整个校园"一卡通"工程配套,选用了 NetKing 出入口控制系统,作为出入口控制系统的大脑。智能出入口控制管理系统是"NetKing 一卡通系统"的重要组成部分;智能出入口控制管理系统以 IC 卡作为信息载体,利用计算机控制系统对 IC 卡中的信息作出判断,并给电磁门锁发送控制信号以控制房门的开启。同时将读卡时间和所使用的 IC 卡号等信息记录、存储在相应的数据库中,方便管理人员的随时查询,同时也加强房门的安全管理工作。

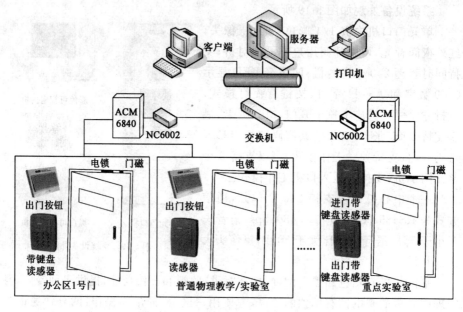

图 5-20 大学教学实验楼出入口控制系统

系统是基于 Windows/NT 操作系统上的 32 位应用系统,支持 WindowsXP、Windows2000 等多个版本的操作系统;采用当前最流行的 SQL Server 数据库存取数据,保障数据的安全性、稳定性,方便与其他系统的集成;系统完全支持 TCP/IP 协议,主控程序、应用服务器、通信服务器、数据库可以集中安装在一台计算机上或者分开安装在控制器局域网(广域网)的任意一台计算机上;系统可集中管理,亦可分散管理;可以设置多台管理主机(安装并运行主控程序的计算机),支持多人在不同的主机上同时进行全功能操作;系统支持 RS232、RS485 或 TCP/IP 通信模式,满足各种控制器连接架构需要;系统可实时分类显示和监视控制器各类事件的发生;系统支持卡加密码共同使用开门和多卡开门以及防跟随等技术,满足高度安全领域的需要;内置电子地图功能,方便用户直观监视门点信息;支持内外联动功能,满足紧急消防情况等特殊需要;可设置 365d 内任意时间组合的出入口控制计划和门状态计划;支持控制器输出的手动控制。

ACM6800 系列智能化出入口控制控制器是深圳科松电子有限公司产品，ACM6840 控制器为四门控制器，可以控制四个单向刷卡门或者两个双向刷卡门。控制器有 4 组标准 RJ45 读卡器输入端口，4 组标准门状态输入端子，4 组出门请求按钮输入端子，8 组输出端子（可带 12VDC 电源输出），4 组门锁控制输出，4 组扩展输出，具备动态电压保护功能，一个 RS232 接口，自动设置；直接或通过 MODEM 和 PC 通信，一个 RS485 网络通信口，连接 64 个控制器。

CSM100k 是采用 LegIC 公司最先进的 SM05-S 模块开发而成的新一代产品，其读取数据的速度更快、安全性更高，并采用先进的逻辑运算设计，多方面保证读取数据的高度安全性。

设备主要性能：读感距离 7～10cm；提供 Wiegand 26bit 输入格式；可与其他厂商控制器出格式兼容；工作频率为 13.56MHz；支持标准 3×4 键盘"0"～"9"、"＊"、"＃"12 位数字键盘；带有蜂鸣器。

根据各个区域对安全要求的不同，划分为三个不同的受控区域，其中国家重点实验室要求出入均刷卡并输入密码，教师办公室和研究所自修室进需要刷卡并输入密码，开放式物理教学/实验室仅需进门刷卡即可。为了节约成本和扩大应用范围，本系统的卡片直接使用校园"一卡通"通用的 LEGIC 卡。

发卡时，对于需要出入教师办公室、研究生自修室和国家重点实验室的教师和研究生，持本人的卡片在控制中心登记密码，而对于仅需出入开放式物理教学/实验室的本科学生，则无需设定密码。

5.6.3　校园一卡通系统

校园一卡通系统是数字化校园的基础工程，是数字化校园中重要组成部分。它为数字化校园提供了全面的数据采集平台，结合学校的管理信息系统和网络，形成全校范围的数字空间和共享环境，为学校管理人员提供具有开放性、灵活性、面向学校的应用服务管理平台。以校园一卡通系统为平台，可充分利用银行的金融服务，实现"一卡在手，走遍校园"，满足数字化建设的需求及目的。本节以某大学校园一卡通系统为例，介绍一卡通系统设计、安装和使用等内容。

1）功能概述

针对学校的实际情况，一卡通系统实现以下三个方面的内容：

（1）电子钱包一卡通：在各校区内，所有消费网点都可以使用校园卡作为电子钱包进行交易，所有校内商户或收款单位均可以实现授权代理收款、结算、实时转账。应用范围：水控（浴室、宿舍、开水房）、食堂餐饮、超市购物、缴费、洗衣房、上机收费、医疗收费、电控、校内宾馆、发放补助、发放奖学金等。

(2)身份识别一卡通：校内使用的各种证卡(包括工作证、学生证、借书证、医疗证、上机卡、会员证)，均可由校园卡代替，实现图书馆、电子阅览室、宿舍楼、学生公寓、考务、考勤的身份识别一卡通。实现校内所有重要场所的出入口控制管理。

(3)银校一卡通：用户持一张银行借记卡及一张校园卡，可根据用户需求实现与银行的自助圈存、批量转账及交易结算，利用信息化手段实现财务管理、杜绝财务漏洞、提高资金使用效率。在校外，学生可以使用与校园卡关联的银行卡进行消费、存取款、转账结算等金融业务。家长可以使用银行系统的全国异地通存通兑业务，给学生卡中汇款。通过设在校园内的圈存机，可以实现银行卡到校园卡的电子钱包圈存并可自助查询银行账户余额。另外可根据需要设置代收费功能，如收固定电话费、移动电话费、学杂费。

2)系统组成与网络结构

根据学校建筑布局结合现有走线管道，并基于安全性考虑，一般有两种一卡通子网的组建方案：在现有校园主干网中分一个VLAN，将所有一卡通系统的计算机全部接入这个VLAN，以达到一卡通网络与校园网逻辑上分开互相不能访问，这个方案投资最省，不用重新布网络线；利用现有管道重新铺设线路并添置新的网络设备(交换机、集线器等)，将一卡通系统组成一个单独的网络，这样在物理上与校园网分开。

一卡通服务器放置在一卡通控制中心，实现对一卡通硬件设备的管理和监控；在财务结算中心实现财务结算、报表及查询等功能；卡管理中心实现对卡的注册开户、挂失解挂、充值补助、撤户等功能。各子系统工作站放置在各自的场所。RS485通信网络采用屏蔽两芯双绞线，用于终端机与工作站之间的长距离通信。可以结合建筑内部管道进行布线，以下场所需要布RS485线路：考勤点、巡更点。

一卡通系统主要由一卡通服务器、子系统工作站、终端机及网络接入设备等组成。子系统包括：①发卡结算中心子系统；②用水管理子系统；③收费/售饭管理子系统；④图书馆管理子系统；⑤考勤管理子系统；⑥用电管理子系统；⑦机房管理子系统；⑧银校转账子系统；⑨多媒体查询子系统；⑩学籍管理子系统；⑪公用电话管理子系统；⑫出入口控制管理子系统；⑬其他子系统。

系统网络结构：一卡通网络系统网络结构分为两层，第一层是以数据库服务器为中心的一卡通主干网，采用TCP/IP协议通信，该层可连接各个子系统的工作站、前置机、圈存机及多媒体查询机。第二层是由各子系统工作站控制的

RS485 通信网络,该层网络使用 PC 机作为工作站通过 485 通信卡实时控制各个终端机的运行,采集交易记录并上报至一卡通服务器。

校园一卡通系统通常需要满足如下要求:

(1)扩展性。系统最好采用客户机/服务器(C/S)或者浏览器/服务器(B/S)模式,各子系统的工作站可以根据实际需要增加或减少;对终端机的个数无限制,系统可根据校园业务的发展而任意增加终端机的个数;一般建议采用是 SQL Server2000 等大型数据库,其容量能够适合数万人大学的规模。

(2)跨校区一卡通设计,多校区数据定时交换。这对于具有多个不同地点的校区的学校非常有用,服务器设置在总校区,分校区的子系统工作站可以通过专网或公网定时与服务器之间交换数据。数据包通常需要加密以保证数据的完整性和安全性,实现多校区集中管理、一卡通用、分区结算。

(3)黑白名单机制。挂失时工作站将挂失记录作为黑名单发一个广播给所有的终端机。当终端机处于脱机工作模式时,会自动到黑名单表中的进行核对。白名单用于联机交易验证卡的有效性,以防止校园卡被非法破解。

(4)联机交易。当 RS485 线路正常时,系统自动处于联机交易状态,采用类似银行卡的交易模式,当终端机刷卡后,立即向工作站请求账户数据,工作站对该卡的有效性进行验证,确保校园卡数据的安全性,如果发现无效卡立即冻结该账户。万一校园卡被破解,电子钱包被修改,亦可轻松识别并冻结其账户。

(5)脱网正常使用。脱网有两种类型,一是连接工作站与服务器的校园网故障,造成子系统工作站脱网;二是 RS485 网络故障,造成工作站与终端机之间脱机。对于各种原因造成的线路故障,终端均可以实现脱网、脱机正常运行,即单机仍可正常工作。脱机时终端机自动使用卡上的电子钱包功能,当线路畅通时,自动上传交易数据。

(6)即时挂失、多点挂失。由于采用的是联机交易模式,所以挂失操作相当简单,只需对该数据库中账户的记录置一个挂失标志位即可。可以通过操作员或触摸屏自助挂失和解挂,即时可生效。

(7)双机备份。对于关键服务器和子系统工作站可以实现双机热备份及双硬盘镜像。

除了上述通用的要求以外,根据大学校园中一些特殊要求,还需包括:方便快捷的补助系统。在给校园卡发放补助时直接将数据写入数据库账户表,便可在校园卡中立即实现补助,无需用户到指定的刷卡机上领取;允许多种方式充值,可以采用现金充值、自动批量转账、补助直接发放等方式。

系统组成及网络结构如图 5-21 所示,系统性能指标如表 5-8 所示。

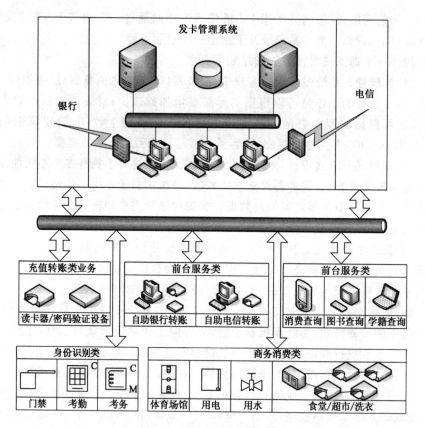

图 5-21 校园一卡通系统结构图

系 统 性 能 指 标   表 5-8

指 标 项 目		参　数	备　注
系统容量	系统账户容量	20 万	可扩充至 50 万
	子系统接入数量	128	可扩充至 1024
	收费终端	200 台/工作站	总容量最大 25600 台
	电控终端	10000 点/工作站	可增加工作站扩容
	水控终端	4096 点/工作站	可增加工作站扩容
系统平台	中心数据库	SQL Server 2000	
	操作系统	Windows Server 2000/2003	
	工作站操作系统	Windows98/2000/XP	
服务器交易效率	系统工作特征	7×24h 实时系统	
	实时交易处理	30000 笔/min	(P4 2G 512M SCSI)

指 标 项 目		参 数	备 注
账务系统	流水账保留天数	不限	由用户自行定义
	记账精度	0.01 元	
主干网系统	主干网通信协议	TCP/IP	
	主干网结构	星型拓扑	
	主干网通信距离	不限	
终端子网系统	子系统通信	RS485	
	子系统结构	总线型拓扑	
	子系统通信距离	1200m	
密钥系统	通信密钥体系	动态分配	
	加密算法	DES/MD5/HASH 等	金融级
	卡片密码体系	一人一密/一卡一密/一区一密	
电话系统	并发处理能力	最多 64 路并发	
	语音卡接口	PCI/ISA	
第三方接入	第三方接口方式	通过 PC 互联、通过校园卡互联	保证安全措施
银校转账	银校卡绑定方式	校园卡与银行卡一一对应	银校两卡分离
	银行转账方式	自助圈存、自动批量	
充值系统	卡片充值方式	批量转账、现金充值、自助圈存	
补助系统	补助领取限制	不受时间地点限制，自动到账	
	补助充值时间	即时到账，无需等待	
终端机	黑名单存储量	20 万个/每台终端设备	脱机时使用
	交易记录存储量	6000 笔/每台终端设备	脱机时使用
	交易模式	兼容联机/脱机交易模式	
	后备电源	8h	
挂 失	挂失卡生效时间	立即生效	

3) 卡片选择

卡片选择通常有两种方案，一种是校园卡使用银行卡代替，即使用两卡合一的双界面卡，另一种是银行卡和校园卡两卡分开。目前大多数情况下均选择银行卡和校园卡分开，共同实现银校一卡通的功能，通过校园一卡通的账户表建立关联，使之一一对应并完成批量转账功能，这样两卡独立，可以单独挂失，单独换卡。校园卡可以即时挂失即时更换新卡，不影响学生在校园内使用，不推荐使用两卡合一的双界面卡，一旦发生卡片丢失或损坏的情况，银行不能提供立即换卡的服务,一般都要 7 天以上,这样会造成学生使用上的不便。除此之外,双界面卡成本较高,每次换卡必须要到银行和学校两处注册。

系统使用 Philips 公司 Mifare 系列非接触式的 IC 卡,卡基印刷精美的校园标志性图案,正面通过证卡打印机打印学生照片、学号、姓名、系别、班级等信息。背面可印刷该卡使用规则及注意事项。该校园卡可作为校内一卡通消费(食堂就餐、机房上机、商场消费、洗浴收费)、身份识别(作为持卡人身份证明,如学生证、教师证、工作证身份证件使用,在出入口控制验证、图书借阅、考务/考勤管理等)及各项查询(学籍、成绩查询,卡消费查询、物品领取查询等)介质。

4)系统安全

系统安全是一项重要指标,关系到一卡通系统应用的方方面面,从底层硬件,通信链路到系统数据库、防火墙等,需要给予高度的重视。

(1)通信链路的安全性。尽管校园一卡通系统仍然是校园网建设的一部分,但是由于应用特殊性,它实质上是一个专用网络,即一个小型的局域网,唯一出口就是通过链路到银行和电信部门,不得从其他地方进入一卡通系统的。为了确保安全性,系统最好使用独立的网络或者使用 VLAN,服务器通过防火墙接入一卡通网络,对于每个子系统的工作站必须进行授权后方可访问服务器。与银行和电信部门通信方面,最好采用一卡通前置机与银行/电信前置机单线直联,不经过交换机,以保证传输的可靠性和安全性。

(2)数据通信的安全性。在系统网络上,由于通信线路的公共化和电脑的易操作性,使得电子金融犯罪可能通过以下三个主要手段而得逞:一是窃取客户储蓄卡上的 PIN;二是伪造和篡改财务交易信息;三是窃取(物理和电子)密钥。为此,网络上必须建立完备的数据安全保密体制,所以要确定三个针锋相对的防范原则:不允许 PIN 的明码在通信线路和人工可操作的电脑存储媒体上出现,对任意一个交易信息作真伪鉴别,制定严格的密钥管理制度。

基于上述原因,推荐使用以下方案进行解决:采用特定的数据包格式,与银行共同定制一套数据报文格式,报文之间规定各个含义字段的约束关系,即使数据报文被截获,截获者也难以理解其中的意思;数据通信的加密功能,为了保证数据传输的安全性,在通信的过程中,对数据包进行加密,目前常用的是 DES 加密算法;在系统中设定两个密钥,主密钥和工作密钥。其中工作密钥是用来对每次的通信数据包进行加密,而主密钥是用来交换工作密钥。

(3)校园卡的安全性。通常采用黑白名单验证机制,无论联机交易还是脱机交易,都会对卡片的有效性进行再次的验证,确保万无一失。

(4)数据库的安全性。建议采用网络数据库 SQL Server 作为校园一卡通的数据库,通过对不同的管理员设定不同的数据库访问权限来保证数据库的安全;对账户关键数据字段进行特定的算法处理,生成唯一的校验项,如果账户被非法改动,系统自动冻结该账户。

(5)跨校区互联安全性。通常应用代理服务器机制,设置一台工作站作为一卡通通信代理服务器,代理服务器提供对外的查询接口,它本身不存放任何数据,只是接受用户的查询并转发服务器中的数据,以此保护数据库服务器免受攻击,如 WEB 查询服务、多媒体查询机(触摸屏)、电话语音查询等均运行在代理服务器上。在代理服务器上运行专用通信软件,定时负责与各个分校区的一卡通子系统交换数据,所有通信的数据包都采用加严密的加密算法和动态密钥交换机制,确保数据安全。

(6)系统可靠性设计。服务器和工作站可以实现双机热备份;服务器和工作站可以实现双硬盘镜像,并加装防病毒软件;服务器数据库自动备份;当一卡通网络故障时,子系统工作站可以脱网运行;当 RS485 线路断线时,收费终端机可以脱机运行。

5)关键子系统简介

(1)卡管理中心

卡管理中心由以下部分组成:计算机及 Windows 2000 Server / Professional 操作系统平台,管理系统软件,彩色扫描仪、证卡打印机、数码相机、普通打印机(或报表打印机)、通用智能卡读写器,如图 5-22 所示。

主要功能包括卡的整体管理和账户管理。卡的整体管理内容有:卡加密、分类、重用、更改信息、信息查询、卡升级、卡流水查询等。账户卡管理有:开户、销户、修改信息、存取款、卡挂失解挂、遗失卡冻结、临时卡管理等。

(2)财务清算中心(会计业务系统)

财务清算中心由以下部分组成:计算机及操作系统、财务清算系统软件、报表打印机、通用智能卡读写器。

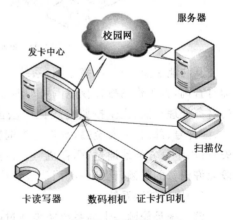

图 5-22 卡管理中心

主要功能包括普通账户管理、独立账户管理、财务报表管理、凭证管理、操作员管理等多项内容。普通账户管理内容包括:卡户充值、转账、信息查询、流水查询、信息修改、密码修改、异常卡管理、其他信息查询。独立账户管理内容包括：独立账户开户销户、转账、冻结解冻、信息查询、流水查询、密码修改、信息修改、取款。财务报表管理内容包括：日常报表、日报表、阶段报表、商户报表、卡日报、对账表、日结单、账户、流水统计、结账。凭证管理内容包括：凭证设置、凭证查询、自动结转凭证、取消自动结转文件。操作员管理内容包括：开设操作员、修改信息、修改权限、修改密码、查询操作员。

（3）综合消费系统

综合消费系统是一卡通业务的核心内容之一，它由计算机、综合消费系统软件、数据采集器、专用收费 POS 机、专用 RS485 线路或局域网等构成，结构如图 5-23 所示。

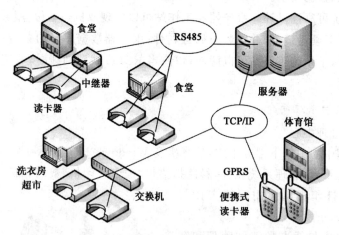

图 5-23　消费子系统结构

其功能主要包括：网络监测，系统具备收费终端工作状态的网络监测功能；即时查询，各工作站按授权范围可即时查询系统运行情况；财务处理，具备完善的财务处理功能，完全按照复式记账法出具财务报表；消费查询，提供卡号、姓名、证件号、部门、消费金额、身份等查询特征，进行查询统计并生成报表；及时挂失，可以十分方便地通过"圈存机"进行挂失；限额消费，可以自由设定不同时间段允许消费的限额，比如一次消费限额或一天消费限额等。

（4）银行转账系统

该系统是校园一卡通系统实现通过电子货币进行各种结算的主要部分和关键所在，利用计算机网络和圈存终端设备实现持卡人的银行账户资金向校园卡账户划转、将校园卡系统原有手工现金存款方式转变为持卡人自主操作的银行卡与校园卡之间的资金转账，减少现金流动，延长服务时间，极大地方便了持卡

人。系统结构如图 5-24 所示,资金流转如图 5-25 所示:

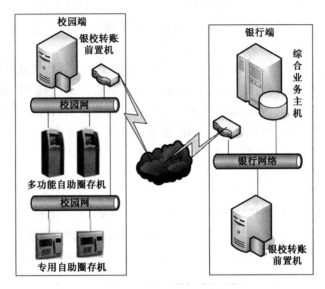

图 5-24　银行转账系统结构

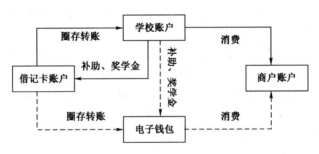

图 5-25　资金流转图

功能主要包括:登记转账请求,相应的撤销操作;取消转账请求,相应的撤销操作;修改转账相关信息(校园卡号、银行卡号、部门信息、姓名);查询转账的相关信息;转账,相应的撤销;转账业务的查询;代理银行卡的口头挂失操作;代理银行卡的账户查询操作;对账、打印相关报表和凭证;对账的请求必须双方都能主动提出。

(5)考勤管理系统

考勤系统完成考勤工作相当简单,教职员工只需于上下班时,持卡在考勤机有效范围内轻轻一晃,瞬间完成考勤工作。该考勤记录不仅会立即显示在考勤机的 LCD 显示屏上(包括姓名、卡号、工号、刷卡时间等信息),还会动态、实时地上传至系统管理中心的计算机监控屏幕上。

考勤系统可进行：实时记录教职员工上、下班时间，并上传至系统管理中心；随时可对教职员工的考勤情况进行查询；考勤数据的计算、分析与汇总；生成个人考勤月报表，提供每天的上、下班、迟到与缺勤记录。

功能包括：人员管理（部门设定、人员增加、减少、调动、档案数据管理）、条件设定（设置各种班次的名称以及代号、内容、节假日设定、考勤条件，如迟到、早退的界限时间等）、考勤约束（部门排班、个人排班、请假记录、日历查询等）、考勤统计（考勤数据的采集、编辑、删除、统计、个人以及部门数据汇总等）、打印输出（月底数据结转、各种方式的数据查询打印）、系统管理（考勤机管理、系统各种数据格式维护、日期、时间设定等）。

（6）考务管理系统

考务管理系统针对目前经常出现的"枪手"现象，为了实现规范、公平、纪律严格的考场制度而制作的。考试前，监考员将考场考生数据下载到手持机内，在手持机上验证考生信息是否吻合，并通过校园卡上的考生照片、准考证照片与本人的对比完成考生身份识别。

功能包括考场定义以及分配、手持机定义以及分配、监考员定义以及授权、考场数据编辑、数据下载、统计考场数据等。考务管理系统流程如图 5-26 所示。

（7）图书管理系统

图书管理系统使图书借阅更加方便，使用校园卡代替原来的条形码和手工录入方式，使用读写器，实现图书借阅的身份认证和记录。自动实现收费和扣款，通过 POS 机或读写器直接在校园卡中扣款（如延期扣款、损坏扣款、丢失赔偿等），并通过网络上传到校园卡中心数据库。方便快捷地提供临时卡，可以用临时卡在图书馆实现借阅图书。系统结构如图 5-27 所示。

（8）出入口控制系统

学校的教职员工和学生每人将持有身份证卡，根据所获得的授权，在有效期限内可开启指定的门锁进入实施出入口控制控制的公共通道或房门，通过在读卡器上采集的数据，形成考勤管理，对各个防区，通过安装各种探测器，传感器和各种报警装置实现报警功能。控制中心的计算机记录所有系统事件，配置相关的管理软件按管理要求进行记录查询并自动生成各种报表。

出入口控制系统必须与消防报警联动，保证发生火灾时自动开启；本出入口控制系统所选用的电锁为断电开，在发生火灾停电时锁全部打开，保证全楼各个房间的人员疏散；系统所选用的执行器预留信号输入接口，可与其他探测设备联动，为学校形成一个立体、全方位、综合安全防范系统。

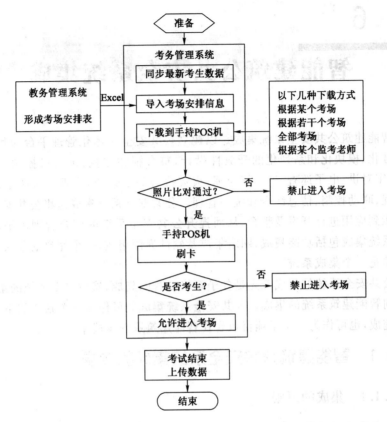

图 5-26 考务管理系统流程图

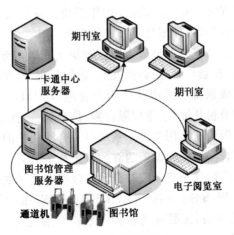

图 5-27 图书管理系统

6

智能建筑公共安全系统集成

智能建筑公共安全系统集成是以建立公共安全一体化管理平台为目的，应用标准化、模块化和系列化的开放性设计，整合视频监控、出入口控制、入侵报警、楼宇对讲、电子巡查、停车场管理、火灾报警等子系统，实现子系统之间的集中监视、联动控制、信息综合和统一管理。公共安全系统集成是将公共安全系统从功能到应用进行开发及整合，从而提升公共安全系统的综合管理水平。公共安全系统集成包括功能集成、网络集成及软件界面集成，一个完整的公共安全系统必须是一个集成系统。

公共安全系统的集成首先是各子系统自身的集成，然后是全系统的集成，最后是向智能建筑系统的集成。公共安全系统集成既可作为一个独立的系统集成项目完成，也可作为一个子项目包含在智能建筑系统集成中。

6.1 智能建筑公共安全系统集成的要求

6.1.1 集成的原则

公共安全系统集成要基于网络化的体系结构，遵循工业化的技术标准，采用模块化设计，运行于 Windows 和 Linux 操作系统。系统集成必须满足实用性、安全性、开放性、先进性和可伸缩性等方面的要求。

(1)实用性。集成系统要能够最大限度地满足智能建筑公共安全的各项需求，方便信息的监视、控制与管理，界面友好、运行稳定、操作简单、维护方便。

(2)安全性。集成系统要采用统一用户管理(UUM)机制来对注册的用户进行管理，提供包括身份认证、多级权限控制、信息保密、保证数据完整性等一整套完善的安全体系，拒绝非法用户进入系统以及合法用户的越权操作，防止系统数据窃取和篡改，符合国家安全保密的有关规定。

(3)开放性。通信协议和接口应符合国家现行有关标准的规定，满足主流国际标准 J2EE、XML、Web Services/SOA、OPC、LonWorks、CAN 等的要求，同时兼顾对.NET 技术的支持，互联互通各种子系统。系统应能够与上一级管理系统进行更高一级的集成。

（4）先进性。集成系统要采用浏览器/服务器（B/S）架构，个性化界面（包括无线 WML 网页），基于规则引擎的报警（短信、E-mail）和联动，应用服务器支持 MS SQL2000、DB2 等多种数据库，可实现跨平台、跨系统、跨应用、跨地域工作。

（5）可伸缩性。集成系统要满足公共安全系统，在结构、容量、通信能力、产品升级、数据库、软件开发等方面的可扩展性和可维护性要求。集成系统应在确保性能、安全性的前提下，灵活采用免费系统如 mySQL、Tomcat 等，以降低系统建设投资。

6.1.2 集成的功能

系统集成将整个公共安全系统连接成为一个有机的整体，协调报警、统一控制，为公共安全系统的各个子系统之间建立了开放的信息通道；综合信息、集中管理，丰富了公共安全系统的功能；提前发现隐患、及时处理突发事件，确保建筑物的安全。公共安全系统功能包括如下方面：

（1）安全认证功能。包括用户授权、身份认证、分级管理等内容。为不同级别的人员赋予不同的操作权限，防止系统信息泄露和被非授权人员所干扰。

（2）实时监视功能。通过网络互联与个性化定制，用户在浏览器上可实时地监视所关心的任何一个子系统的任一个设备或关键点的状态信息，这些信息在页面上以图形、文字、动画等方式显示出来。提供流媒体服务，有效利用传输带宽，实时再现视频与语音信息。

（3）报警与联动功能。集成系统对操作安全、状态报警和应急处理作为全局事件进行统一管理，分类形成报警报告。根据需要设置报警规则、联动规则，系统提供 E-mail、GSM/GPRS/CDMA 短信、网页等多种报警发送机制，系统管理员和用户可在系统配置页面上（可远程），根据预定权限设置进行报警事件的记录、操作、跟踪，实现电子地图与报警点视频联动功能。各子系统本身是独立工作的系统，但集成系统可以根据需要和联动规则，允许改变设置参数和进行操作控制，执行 OPC 联动及视频联动。

（4）历史数据分析功能。根据所设置查询条件，查询历史数据，提供多种输出格式的统计报表（HTML 格式、PDF 格式、Excel 格式等）和数据分析工具，提供设备使用情况明细、趋势分析、辅助决策等功能。

（5）数据库更新与维护。系统配置与运行数据，包括设备的状态、报警及控制信息，均需要及时地更新在数据库中。各子系统有独立的数据库，集成系统设置商用数据库，数据库需要定期维护。

(6)自动化管理功能。以 ODBC/JDBC、Web Services、门户方式与企业办公自动化系统进行数据交换和集成,实现信息综合与共享。集成入侵报警、火灾报警、视频监控、物业管理等工作流程,提供多种综合应用模块(应急预案管理、辅助决策等),实现协同事务处理。

6.1.3　系统的联动控制

联动控制是系统集成的一项基本功能。联动控制是在安全需要时,不同子系统之间的相互支持和共同工作,以发挥最大的安全效益。尽管公共安全系统分为视频监控、出入口控制、入侵报警和火灾报警等子系统,但是所有子系统的工作目标是一致的,就是保证建筑物或建筑区域的安全。系统集成平台是公共安全系统的枢纽,联动控制一般经过系统集成平台进行。当子系统之间直接进行联动控制时,也必须通知系统集成平台。公共安全系统的联动控制具有以下功能和要求。

(1)视频安防监控系的联动控制

视频安防监控系统是公共安全系统的基本子系统。在出现报警时,出入口控制、入侵报警、火灾自动报警、停车场管理、访客对讲、电子巡查等子系统,均要求与视频监控子系统联动,以获取最直观的图像信息。

报警时,视频监控的一般联动程序为:将所关联的摄像机转到报警区域,使报警显示器显示报警图像,保卫部门多媒体工作站显示报警信息和处理预案,硬盘录像机或长时间磁带录像机进行报警录像。先进的视频监控系统具有对报警目标的自动识别以及自动跟踪功能,结合电子地图,实现对报警目标的准确判断、定位和控制。

(2)火灾报警时的联动控制

火灾发生时,除了联动消防系统进行自动灭火、通风系统进行防火排烟、视频监控系统进行火情监视以及对广播、电梯和应急照明进行联动控制之外,根据安全管理规定,出入口控制系统必须与火灾报警系统联动,做到火警时打开消防通道和相应区域全部出入口,保证人员的紧急逃生。

火警出现时,出入口控制的联动程序为:火灾报警系统的火警信号接入消防门锁的继电器控制回路中,由继电器控制接触器,由接触器立即切断锁电源,并向出入口控制主机发送火警信号;同时,该消防门锁接入控制主机的控制回路,在必要时可以授权值班人员通过集成软件远程开锁,利于大宗货物的运输,而不影响消防设备。出入口控制系统的电压等级是不同的,控制电源为 24VDC,各楼层锁电源为 12VDC。

(3)出入口控制系统报警时的联动控制

出入口系统在出现非法闯入、打开门时间过长、无效卡刷卡等报警时,应驱动监控子系统的对应摄像头进行联动控制。视频联动采用本地网络的软件联动,实现视频和出入口控制系统公用出入口软件控制。由出入口系统软件提供报警联动设置,监控系统执行,从而实现监控与出入口控制的 CCTV 联动。同时出入口控制系统报警时,电梯系统按运行的方向和楼层打开电梯门。

(4)电子巡查子系统报警时的联动控制

电子巡查子系统报警时,周界系统开启照明控制和广播控制,并按规则进行通道控制;同时在电子地图上显示报警位置,并联动相关视频监控摄像机工作。

(5)入侵报警系统报警时的联动控制

当入侵报警信息上传到管理中心时,联动出入口软件控制通道电控锁,封锁报警区域。同时在电子地图上显示报警位置,并联动相关视频监控摄像机工作。

(6)根据实际需要,还有电子巡查系统与出入口控制或入侵报警系统进行联动,出入口控制系统与入侵报警联动,访客对讲系统与入侵报警联动,停车场管理系统与入侵报警联动等。子系统之间的互联和互操作性问题,是一个多厂商、多协议、面向各种应用的体系结构,需要解决各类设备、子系统之间的接口、协议、系统平台、应用软件、建筑环境、运行管理等各种面向集成的问题。

6.2　智能建筑公共安全系统集成方法

6.2.1　系统集成协议

系统集成协议是公共安全系统各部分互联互通的通信标准,由各级标准化组织或权威专业机构制定发布。公共安全系统各种设备和子系统遵循通信协议要求,是进行系统集成的前提和基础。系统集成支持的常见接口协议或方式如下:

(1)通过计算机系统底层的网络和通信协议方式

标准的异步串行通信协议,如 RS-232/RS-422/RS-485 等;现场总线协议,如 CAN、Modbus、LONmark、BACnet 等;标准的以太网 IEEE802.X 和 TCP/IP 协议;其他标准的网络通信协议,如 IPX/SPX 、NetBIOS 等。

(2)通过计算机系统高层的应用编程接口(API)

通用的应用编程接口(API),动态数据交换(DDE),对象的连接和嵌入(OLE),网络分布对象组件(DCOM 、OPC)。

(3)通过计算机系统高层的开放式数据库编程接口

子系统监控软件支持开放的数据库通信接口(ODBC)等,实现一体化集成的公共安全系统各子系统的配置、监视、控制与管理信息,均存储在系统开放式数据库中。

通过采用这些主流标准的通信接口协议之后,系统可以实现与任意品牌、任意型号的设备集成,同时还可方便地实现与用户其他应用系统,如办公自动化系统等实现集成,达到信息、资源与任务共享的目的。

6.2.2　系统集成方式

公共安全系统集成从最初的采用结构固定的硬件方法连接,到现在的采用结构灵活的软件方法连接,出现了多种形式,主要有以下几种。

（1）采用硬接点方式的系统集成

这种方式是系统集成最初的手段,通过增加一个设备子系统的输入/输出接点或传感器,接入另一个设备子系统的输入/输出接点进行系统互联。这种集成方式往往需要增加许多硬件设备,如在消防和安防系统中通过增加输出点,接入到楼宇自控系统的输入点上,以达到统一监视和联动控制的目的。但是由于硬接点数量的限制,系统功能改变的灵活性差,也不具备系统开放性的要求。

（2）采用串行通信方式的系统集成

系统集成的突出优点,吸引着很多设备制造商将产品加以改进,使之具备集成的功能。常见的方式是将现场控制器加以改造,增加串行通信接口,使之可以与其他设备子系统进行通信。设备子系统之间的信息交换通过通信协议的转换实现。这种集成方式由于采用的接口标准和通信协议对产品的依赖性大,所以系统的开放性和可维护性差,也增加了系统以后升级维护的成本。

（3）采用网络化平台的系统集成

随着网络技术的发展,公共安全系统制造商将产品和网络紧密结合起来,使公共安全各子系统可以通过计算机网络相互连接起来,一个子系统可以应用其他子系统的信息并进行联动控制。采用网络化平台系统集成的结构简单,极大地减少了系统集成的工作量,并提高了系统的运行稳定性。新型公共安全各子系统产品均具有网络接口,因而公共安全系统的集成均为网络化的集成。

图 6-1 为智能建筑公共安全系统网络化集成一例。该集成系统通过以太网将数字视频系统与模拟视频系统集成在统一的数字化管理平台上,同时公共安全的其他子系统,如防盗报警系统、门禁控制系统等,也都通过以太网集成到数字化管理平台上,实现视频、报警、认证、控制、配置的统一管理。

根据我国的有关行政管理规范,公共安全系统集成基本上是将安防系统与消防系统分开进行的。但是由于安全报警的统一管理能够提升快速反应能力和提高投资效益,因而随着技术及管理规范的发展,尤其是平安城市建设的推进,安防系统与消防系统的融合与集成是大势所趋。

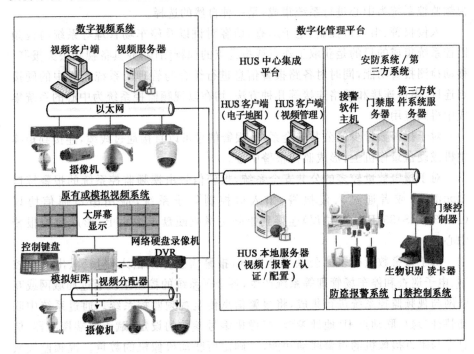

图 6-1　网络化系统集成关系图

6.3　智能建筑公共安全系统集成主要类型

公共安全系统集成中,一般以一个规模较大的子系统为集成平台,其他子系统都集成在这个集成平台上,形成公共安全集成系统。目前最基本的做法是以视频监控系统或访客对讲控制系统为平台进行系统集成,其着眼点是实现视频监控、入侵报警和出入口控制三大子系统的集成。国外也有以消防系统或楼控系统为平台进行集成的。另外由于公共系统仅是智能建筑的子系统之一,因此公共系统向上集成则是与智能建筑一体化管理系统(IBMS)的集成。

6.3.1　以视频监控为中心

视频监控系统是公共安全系统中结构复杂、设备众多的系统,既具有视频摄制、显示、切换、存储、回放、联网和联动控制功能,又具有电子地图功能,具备系统集成的基础。模拟视频监控系统以矩阵切换器为中心,数字视频监控系统以硬盘录像机为中心。无论是矩阵切换器还是硬盘录像机,均可接受视频信号和报警信号,而公共安全系统中的输入信号则主要是视频信号和报警信号,因而以视频监控系统为中心进行系统集成,是一种自然的选择。

入侵报警、出入口控制、电子巡查、访客对讲以及停车场管理等系统与视频监控系统集成的目的是获取工作点或报警点的视频图像,并具备视频丢失报警、移动检测报警功能,同时对各路报警信息进行综合与管理。系统集成中的硬接点连接、串口连接和网络连接等几种方法,均在以视频监控系统为中心的系统集成中得到应用。

对于报警数量少的公共安全系统,报警信号可以直接通过线缆,连接到矩阵主机或硬盘录像机上,形成监控报警中心。

对于报警数量较多的公共安全系统,报警信号由视频监控系统的报警接口单元汇聚,或者通过入侵报警、出入口控制等子系统,应用串口通信协议(RS232/RS485/RS422 协议)连接到矩阵主机或硬盘录像机上,形成监控报警中心。

对于报警数量很多的公共安全系统,报警信息分别由入侵报警、出入口控制、电子巡查和停车场管理等系统产生,各个子系统的控制主机通过局域网或互联网与视频监控系统进行集成,将报警信息传至视频监控系统。通过系统中联动特征参数、联动点 IP 地址参数、摄像机编号参数的设定,赋予前端探测器/信息点与附近摄像机的报警联动功能,并确定所联动摄像机的数量。视频监控系统应配置多台监视器,以便当报警出现时,报警点的电子地图和报警视频图像显示在不同的监视器上。

图 6-2 是一种以视频监控为中心的系统集成产品的系统逻辑架构图。该产品的网络中心管理平台 SDK 由应用层、开发层、服务层和设备层组成。应用层直接面向用户,服务层包括媒体服务、存储服务、报警服务和电子地图服务。设备层支持 DVR、NVS、网络球机和网络摄像机等设备。

网络监控中心管理系统组成如图 6-3 所示,网络监控集成管理系统具有一系列优点:①高效的媒体数据流转。使用智能视频传输协议,最大限度地利用网络带宽,特别对于前端网点网络带宽有限的情况下,系统在保证图像质量的基础上,在很低的网络带宽下,也能保证系统正常运行。支持分布式部署,集中管理,实现系统强大的可伸缩性。②系统支持分布式部署,集中管理,在保证整体性的同时,可灵活增添服务器,有效提升系统处理能力。③强大的二次开发功能,可支持 B/S、C/S 应用开发。提供 B/S、C/S 应用的二次开发控件、SDK 等,方便用户迅速有效地开发业务应用。④灵活的视频集中存储服务。提供报警录像、重要录像、全部录像多种选择的集中存储。⑤强大的报警联动。系统集成了专业报警系统的报警输出，与实时(历史)视频数据进行关联，实现报警与视频联动资源在更大范围内的整合。⑥支持 DDNS。支持动态域名服务，使得系统可以支持动态 IP 地址，例如 PPPOE 拨号等。⑦支持电子地图服务。系统支持电子地图服务，使得系统使用者可以轻松掌控系统全局布置情况以及报警位置等。

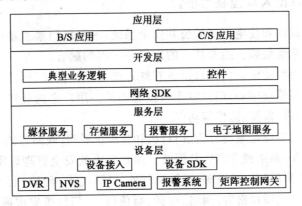

图 6-2　系统逻辑架构

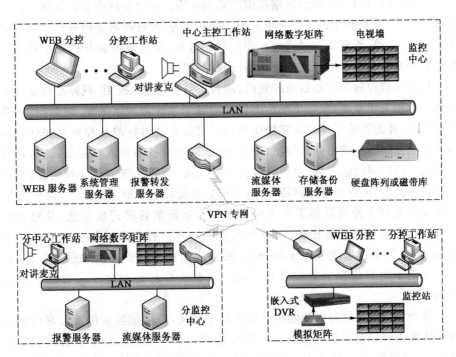

图 6-3　网络监控中心管理系统

网络监控集成管理系统可以用于整合优化视频监控资源,对内提升工作效率,对外威慑犯罪行为;转变工作方式,从事中的监控、事后的监督,转向事前的防范。一些犯罪行为可以通过对实时监控录像进行智能分析,在事前就能得以发现并制止,从而防止犯罪行为的发生。

6.3.2 以出入口控制为平台

小规模建筑物和住宅小区的公共安全系统,一般以门禁系统或访客对讲系统为中心进行系统集成。随着技术的发展和功能的融合,门禁系统实现了可视化和电子地图导引功能。门口机设置有红外或低照度摄像机,进门人员的视频图像可以传输到管理中心,门口机也有报警功能。用户室内分机是家庭管理中心,具有视频对讲、报警、通信等功能。

系统集成的基础是室内分机、门口机和管理机联网,联网方式可以是 RS485 网络、LONworks 网络或 TCP/IP 网络。用户室内的安全管理以室内分机为中心,实现安全探测(门磁、玻璃破碎、被动红外、可燃气体、火灾)、设备控制(灯光、空调、门、窗等)、视频和报警(网络、电话、短信等)。门口机完成刷卡、密码等安全认证,控制门的启闭,管理所辖范围的室内分机。安全管理中心的管理机为系统集成中心,有数据库和各种应用界面,视频、报警、设备控制等信号通过管理机实现显示、存储,管理机完成网络和设备状态诊断,并形成报表存档或上报。报警信息可动态显示在电子地图上,并联动视频图像。

以出入口控制为中心的系统集成,涵盖了门禁、报警、巡更、视频监控及停车场管理等相关子系统,在一个平台上完成对各子系统的数据采集、联动控制、系统管理等,并为其他智能化系统提供接口。集成系统包括前端控制器和管理平台。前端控制器实现出入口控制、报警、电子巡查设备的接入和控制,这些设备包括出入口控制的读卡器、电锁、出门开关、门磁;报警系统的红外探测器、振动或声音探测器、周界对射探测器等;电子巡查系统的读卡器、按钮等。而管理平台则主要是设置控制器的工作内容及采集控制器的各种记录信息,并对各种事件进行相应的处理和控制,例如实时反映出入口控制系统的持卡者的读卡状态,将报警事件反映在电子地图上,形象化地反映保安人员的巡逻状态,有问题的电子巡查信息会提醒管理人员。这些工作都是通过一套管理软件完成的。

管理平台也提供对电视监控系统的控制功能,此功能实现的前提是电视监控系统的矩阵控制器具备接受外部指令的串口。如果需要对电视监控系统的 DVR 进行控制,那么需要 DVR 具备 TCP/IP 网络通信功能。此外,通信网络是非常易于搭建而且简洁明了的。

集成系统可管理上千道门、数千个报警点,且每个出入口控制读卡器都可以设置成电子巡查读卡器。多路由、多工作站、多用户、多公司的方式,可以满足各种网络结构用户的要求。软件操作、通信线路的加密手段,保证了系统在安全的环境下运行。防跟随(本地、全局及定时)、双门互锁、陪同一人多卡、多人、区域定位,照片显示,电梯楼层授权、电子地图、报警联动、自动/手动布撤防、巡逻路线和班组的编制修改、制证、报表等等功能,让用户安装的系统发挥最大的效率。在对持卡者授权上灵活、直观且便于操作。

系统的所有报警事件(出入口控制、报警、电子巡查等),都可以联动控制电视监控系统的硬盘录像系统和矩阵控制器做出相应的反应。例如当出入口控制系统中某道门被非法打开时,系统会控制电视监控系统的矩阵控制器,将此道门对应的摄像机图像切换到电视监控系统显示屏的主屏上,同时硬盘录像机进行录像。如果这个摄像机为带云台摄像机,那么能够通过解码器控制云台转到设置好的预置位上。还可以通过出入口控制系统的报警事件记录查看当时现场录像。系统的矩阵控制模块通常也已经内置了 Pelco、Philips、Panasonic 等矩阵控制器的控制协议,能够对所选择摄像机的解码器直接控制,并且还为其他品牌的矩阵通信预留开发了接口,增加了应用的灵活性。系统结构如图 6-4所示。

6.3.3 以 IBMS 为基础的一体化系统集成

智能化建筑物管理系统(IBMS),是集成了建筑物的网络与通信、办公自动化、楼宇自动化和公共安全等弱电系统的一体化管理系统。公共安全系统向IBMS 集成是建筑智能化的必然要求。

一体化公共安全系统是针对大规模系统组网、多级别管理远程联网、全系统无缝集成环境下的分布式管理平台,监控和管理不同类型的视频监控系统、入侵报警系统、出入口控制系统等子系统,是综合性公共安全集成管理平台。其基本功能以界面定制、数据库和网络通信管理为主,包括使用权限管理、操作日志管理、报警管理、视频管理、电子地图、历史数据库、数据通信转发、应急联动、网络监测等。集成系统的建立往往以图形模板、数据库模板和设备模板"复制"的方式完成。大型公共安全系统集成必须考虑大量 C/S 或 B/S 客户端,对视频和报警历史数据库系统并发访问的实时性问题。下面介绍几种典型的一体化公共安全集成系统。

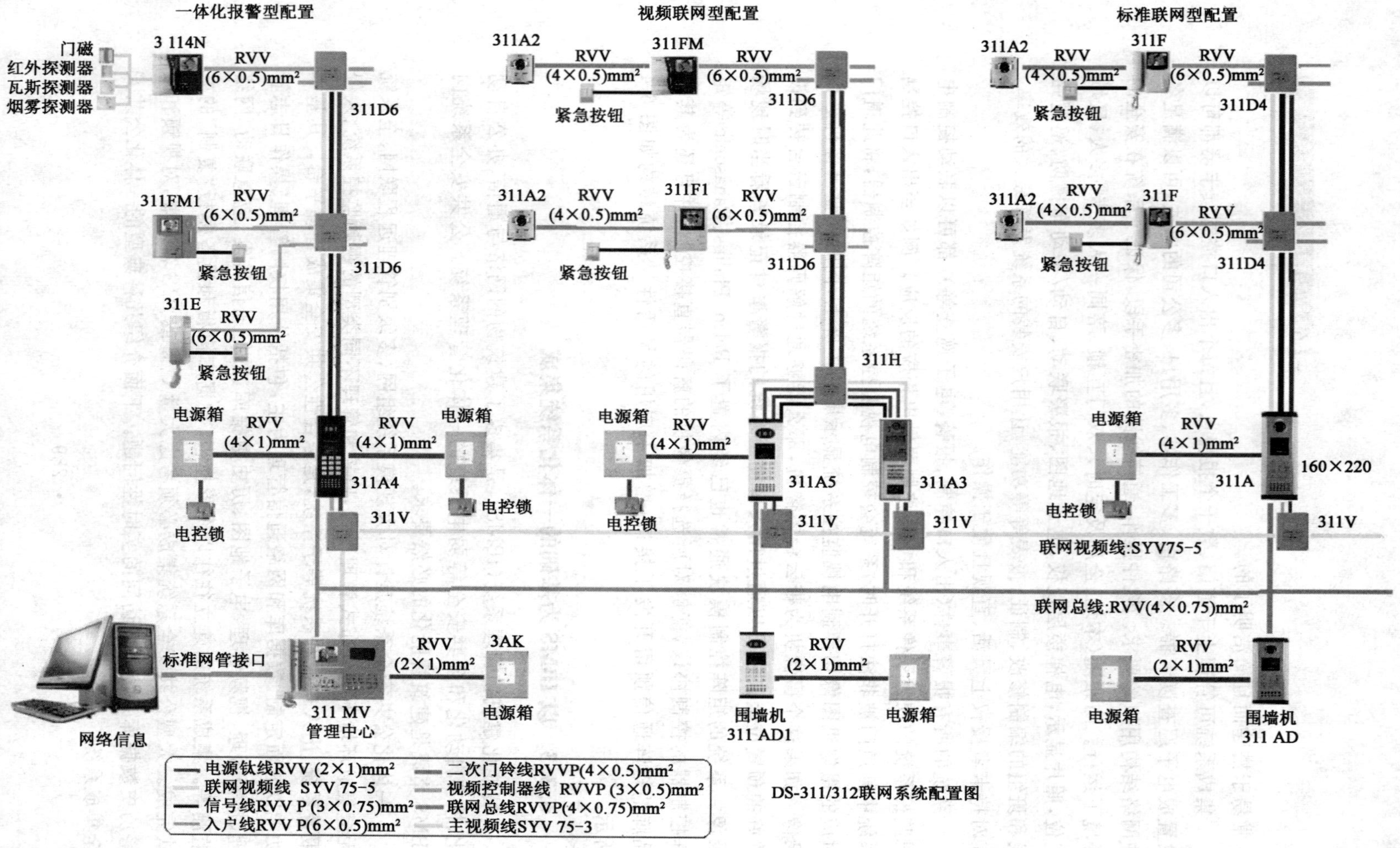

图6-4 以出入口控制为平台的系统集成

6.3.3.1 霍尼韦尔安防综合管理集成平台 HUS

HUS(Honeywell Universal Surveillance Integration Platform)集成平台是一种一体化的公共安全集成系统。HUS集成平台实现远程联网多级管理,面向网络化、智能化、行业化和高度集成管理的综合性平台,以满足不同行业客户高可靠性、灵活性和业务化的安全防范管理需求,适合于在大型组网、多级管理的分布式环境下对视频编解码器、网络硬盘录像机、模拟矩阵主机、入侵报警设备、出入口控制系统以及第三方系统的集中监控与管理。

1)HUS集成平台组成

HUS集成平台的系统结构如图6-5所示。HUS集成平台主要有七个功能模块,分别是 Web 配置管理中心、报警事件和控制服务器、视频流媒体服务器、视频管理客户端、电子地图客户端、IE 浏览器和系统接入。

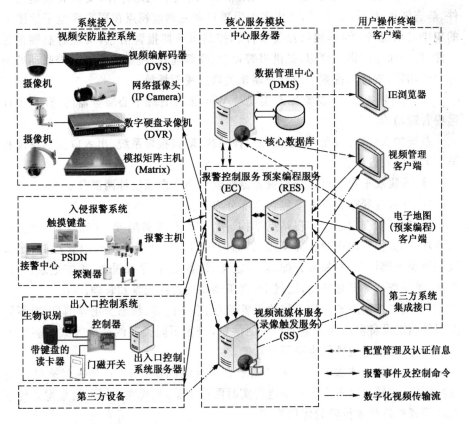

图 6-5 以 IBMS 实现的一体化公共安全系统集成

Web 配置管理中心实现多级组织结构管理、设备配置中心、权限授予分配等管理功能,提供设备类型定义、报警信息记录、用户操作日志的详细信息,通过 IE 浏览器实现远程管理。

报警事件和控制服务器用于报警状态、事件信息及设备控制命令的解析及转发,客户端从报警事件和控制服务器接收报警状态及事件信息的变化,并通过报警事件和控制服务器转发对前端设备的操作和控制命令。

视频流媒体服务器集成不同类型的数字化视频设备,转发接收到的视频流媒体数据,客户端从视频流媒体服务器接收实时视频图像或历史视频资料。

视频管理客户端接收从数字化视频设备或视频流媒体服务器发出的视频图像,浏览多路实时图像、查询历史视频记录,提供对设备的参数设置,接收报警事件和控制服务器报警信息,支持与电子地图客户端的互动操作。

电子地图客户端提供基于 GIS 系统的矢量电子地图操作,支持矢量地图文件、静态图片、CAD 文件等,实现多个报警点和视频监视点在同一张电子地图上的集中显示、操作管理,接收报警事件和控制服务器报警信息,实现对前端报警事件、控制命令的集中管理,提供报警接收、视频监控、视频绑定及报警联动处理等管理功能,支持与视频管理客户端相关联的视频播放。

IE 浏览器提供 IE 浏览界面实现对 Web 配置管理中心服务器的访问,实现远程管理功能。

系统接入(前端设备)包含视频监控系统、防盗报警系统、出入口控制系统和第三方系统或设备。

HUS 集成平台又可以分为服务器端软件和客户端软件两部分。

HUS 服务器端软件主要包含六部分内容:

(1)数据管理中心。实现站点架构、用户管理、设备配置、存储设置、信息查询等功能,提供双向用户管理模式、界面的一站式管理和全面权限管理,满足多级别组织中架构管理、权限分配、设备定义、设备配置、录像设置、报警记录、用户操作、录像查询等管理功能,通过 IE 浏览器实现远程配置和管理。

(2)报警控制服务。用于接收报警信息、事件内容、状态变化等信息,对不同类型的前端设备发出操作指令和控制信息,兼容不同类型的通信方式和多种通信格式,具备信息内容的本地缓存功能。

(3)视频流媒体服务。用来存储来自多台编码器或 DVR 传输过来的实时视频图像,并转发给多个客户端进行实时图像浏览,实现在不同网络带宽条件下大规模视频流媒体传输的优化管理。

(4)录像触发服务。提供对数字化视频监控系统的录像触发服务,实现对多台视频流媒体服务器录像功能的综合管理,保障大规模长时间视频存储系统的可靠性和稳定性。

(5)预案编程服务。提供预案解析、状态监控、规则管理等功能,通过图形化的直观编辑界面对各类设备及事件报警进行逻辑化的编程,实现应急情况下的自动执行预案规则,直接交互式的用户界面,便于确认警情的实际状况,及时干预和阻止异常事件。

(6)管理工具。自动从数据管理中心获取数据实现数据同步功能,并提供连接配置、事件查看、服务程序监视。

相应地,HUS 客户端软件也包含六部分内容:

(1)视频管理客户端。用于对视频监控系统的集中和统一管理,融合数字化视频设备和模拟矩阵主机,实现对编解码器、DVR、IP 摄像机的图像浏览、实时控制、录像存储、历史查询,并能通过视频流媒体服务器的转发功能,实现在广域网上的大范围视频播放,接收报警控制服务器的各种类型报警、事件或状态信息,支持与电子地图客户端的视频联动操作。

(2)电子地图客户端。通过地图显示方式实现设备信息及报警事件的综合管理,支持 GIS 系统矢量电子地图操作,以及 CAD 文件、静态图片等格式的平面电子地图,实现多种设备在同一张电子地图上的集中管理,提供报警警情、事件信息、视频监控等联动管理功能,接收来自报警控制服务器的信息,支持与视频管理客户端的关联视频播放。

(3)预案编程客户端。通过图形化的直观编辑界面对各类设备及事件报警进行逻辑化的编程,实现应急情况下的自动执行预案规则,直接交互式的用户界面,便于确认警情的实际状况,及时干预和阻止异常事件。

(4)网管工具软件。主要用于对集成平台上所有服务模块、硬件设备、客户端的状态监视、配置及控制,便于实现系统的实时监测和运行维护。

(5)键盘控制台。用于连接和管理系统中的矩阵控制键盘,可以同时管理一个或多个矩阵控制键盘,实现矩阵键盘控制系统和操作管理功能。

(6)IE 浏览器。提供 IE 浏览界面实现对数据管理中心服务器的异地访问,远程管理站点架构、用户管理、设备配置、存储设置、信息查询等功能。

2)HUS 集成平台功能

HUS 集成平台采用开放性架构及标准,是公共安全的集成管理平台与命令指挥控制中心,具有中心冗余备份机制和分布式体系及架构,主要功能如下:

(1)安全防范集成平台。整合视频监控、入侵报警、出入口控制等不同类型的安防系统集成和相互间的无缝联动。各子系统实现独立运行系统自治,汇集系统设备运行状态故障信息,集成平台实现分散控制集中管理。分级别的远程指挥控制能力,集操作、控制、指挥、命令的综合平台,远程指挥中心实现资源组织与业务应用。

(2)报警信息接收中心。统一平台对报警或事件远程监控,实现电子地图融合报警信息精确定位和防范异常事件指导报警处理流程。

(3)全数字化视频管理。视频图像的全数字化统一管理,多种格式图像压缩方式、分辨率,不同的码流适合网络传输存储。基于网络交换的数字视频矩阵切换系统,无缝融合模拟矩阵、DVR、视频编解码器,提供中心大屏显示、矩阵操作管理。

(4)开放性架构及标准。基于开放性平台及架构环境下开发,系统架构及标准符合国际主流应用,提供不同类型安防设备及系统接入许可,拥有标准化设备及系统接口方式,多种通信协议、格式适应不同类型系统。

(5)多级视频调度策略。有利于多级组网视频优化调度机制,视频流媒体服务器转发和存储策略,不同码流策略适合于网络带宽调整。

(6)系统设备信息管理。不同类型设备的信息综合与归类管理,以报警和事件为核心的安全防范机制,对系统设备及组件的状态诊断及统计。

(7)权限日志管理和分布身份认证机制。严格的用户权限和设备权限授权机制,完善的日志记录和用户操作管理系统,保障大规模系统多用户操作的安全性。集散式架构实现区域自治和中心管理,组织架构与用户角色管理紧密结合,级别控制及设备权限实现相互关联。

(8)电子地图精确定位和高级视频分析功能。根据报警或事件类型精确地图定位,提供矢量电子地图 GIS 的高级应用,支持标准格式的图片文件直接导入(BMP/JPEG/AutoCAD)应用高级智能视频分析及追踪判断技术,提供专业视频分析模块、记录目标的入侵轨迹,实现入侵检测、目标追踪、丢弃物定位、违章停放和资产移位。

(9)资源逻辑重组功能。提供不同种类资源的逻辑重组功能,实现设备或系统交叉配置多重利用,保证共享设备的开放性和专用设备的私密性。

(10)预案编程引擎驱动。提供不同类型安防系统预案编程功能,管理不同等级事件或报警的关联信息,面向业务流程的预案编辑及执行方案。

6.3.3.2 清华同方智能建筑信息集成系统软件

清华同方智能建筑信息集成系统软件 ezIBS3.0 将面向服务架构(SOA)技术应用于楼宇智能化、区域安防、消防等传统控制领域,为企业级的管理信息系统与上述以专有协议为主导的控制领域之间建立了开放的信息通道,实现楼宇智能化系统进一步向高级别的综合信息系统的集成。其最终目标是对辖区内所有建筑设备、安防设备、消防设备进行全面有效的监控和管理,确保楼宇内所有设备处于高效、节能、最佳运行状态,为用户提供一个安全、舒适、快捷的工作环境。

1)ezIBS3.0 系统技术特点

(1)采用"平台＋套件"的设计理念。"平台＋套件"的技术设计理念使业务基础平台的通用软件构件和行业业务构件松散耦合,注重实用性和国际标准化。六大核心基础模块既可单独使用也可组合使用。

(2)实现 IT 系统和控制系统的融合。基于 ezONE 的 ezIBS 智能建筑套件利用其技术架构上的优势实现"可上可下"的目标,也就是"上"可以成为 IBMS/EAI/ERP 中央集成系统,"下"可以作为一个 BAS 系统来使用。

(3)开放性。ezONE 业务基础平台及行业套件遵循主流的国际标准:J2EE、XML、Portlet(JSR168)、WSRP、WFMC/BPM、JCA、Web Services/SOA、OPC、LonWorks 等,同时兼顾对.NET 技术的支持。

(4)安全性。ezONE 业务基础平台采用了统一用户管理(UUM)机制来对注册的用户进行管理,提供了包括身份认证、多级权限控制、信息保密、保证数据完整性等一整套完善的安全体系。

(5)HMI 组态。采用 SVG 技术可生成比传统的 Bitmap 等技术质量相当的组态图形。SVG 矢量图形通过基于 XML 的文本格式表达和传送,数据量可比同等质量的图形减少 10 倍以上,大大提高了网络传输效率并减少了存储空间。任何图形工具绘制的图形,都可以转换成 SVG 格式,可以使用多种图形开发工具,如 AutoCAD、PhotoShop、Illustrator 等。

(6)支持 4A。全 B/S 架构,个性化界面(包括无线 WML 网页),基于规则引擎的报警(短信、Email、声音)和联动,真正实现 4A(Anytime,Anywhere,Any Device,Any Network)。

(7)可伸缩性。在确保性能、安全性的前提下,灵活采用免费系统如mySQL、PostgreSQL、Tomcat 等,大幅降低系统建设投资。同时对要求较高的集成项目,ezONE 也可以与 WebLogic,WebSphere,SQL Server,Oracle 等大型商用系统结合运行。

2)ezIBS3.0 系统功能

(1)集成设备监控、安全防范、消防报警、视频监控、办公信息、物业管理等工作流,实现协同事务处理。

（2）统计报表功能。提供设备使用情况明细、趋势分析、决策支持等功能。

（3）基于规则引擎的报警和联动功能。提供多种报警机制（短信、E-mail、网页等）。

（4）提供多种综合应用模块（物业设施管理、节能分析、应急预案管理、辅助决策等）。

（5）支持以 ODBC/JDBC、Web Services、门户方式与企业办公自动化系统进行数据交换和集成。信息交换内容包括重大设备故障或安全报警信息、人事变动信息等。

（6）视频监控功能。通过浏览器，实现多画面实时图像监控，并可以进行云台控制，控制摄像头的左、右、上、下转动以及焦距的拉伸。

（7）出入口监控功能。通过数据库管理软件，采用 JDBC 方式访问系统数据库，为用户提供门态、进出门事件以及报警事件的监控，并可以对历史信息进行查询，实现对整个建筑的实时监控与管理。

（8）实时监控功能。实时监控模块采用 SVG 的图形格式，让用户实时地在浏览器上监控各种状态信息。主要采集了楼控系统、安全防范系统和消防系统的实时数据，并采用图形、动画的方式显示其实时状态。

（9）基于规则引擎的报警、联动功能。用户可以根据需要设置报警规则、联动规则，系统提供 GSM/GPRS 短信、E-mail、网页等多种报警发送机制，系统管理员和用户可在系统配置页面（可远程）上根据预定权限设置，进行报警事件的记录、操作、跟踪。系统可以根据联动规则执行 OPC 联动及视频联动。

（10）网络流量监控功能。采用 SNMP 标准协议，对支持 SNMP 标准协议的设备进行实时监视和历史趋势查询，完成对特定网络信息和网络流量的监视。

3）ezIBS3.0 系统结构

ezIBS 系统主要应用于智能建筑的各个子系统集成，其系统示意图如图 6-6 所示。

ezIBS 系统建立在 ezONE 业务基础平台上，采用基于 J2EE 的三层结构，如图 6-7 所示。

ezIBS 应用套件是一组以通用组件形式存在于 ezONE 之上的对应于 BAS、FAS、SAS 等子系统的标准通用模块，由 ezONE 统一管理、统一部署、统一调配、协同工作。

ezIBS 可通过 ezONE 平台所提供的开发环境和开发工具，把各种应用系统、数据资源和互联网资源统一集成到这个通用平台中，并根据每个用户使用特点和角色的不同，利用平台提供的"用户界面适配器"形成个性化的应用界面。

并通过对事件的处理和消息的传输,把分散的信息资源有机地联系在一起,同时也将不同的服务功能和应用系统有机地整合在一起;通过平台提供的用户管理、日志审计、搜索引擎、消息中间件、报表工具等功能,方便用户对整个平台进行系统、全面的管理,从而实现为不同的目标用户提供统一、个性化的界面和应用。ezIBS 系统基础结构图如图 6-8 所示。

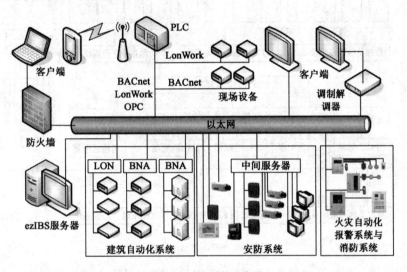

图 6-6　ezIBS 系统示意图

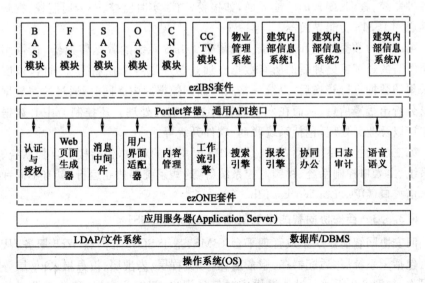

图 6-7　ezIBS 系统结构图

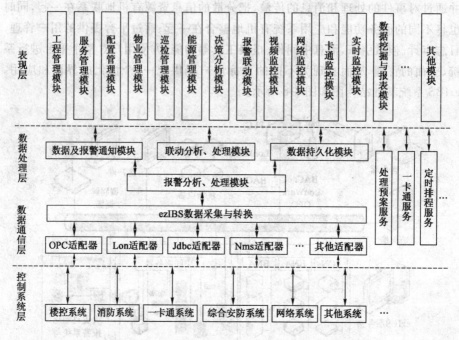

图 6-8 ezIBS 基础结构图

第一层为用户界面层（表现层）。该层提供整个系统个性化的用户界面，包括各种监控、查询、配置的功能界面，如报警监控、实时监控、一卡通监控、视频监控等通用 IBMS 功能界面等。

第二层为数据处理和通信层。该层是 ezIBS 系统的数据转换器，提供用户界面所需的经逻辑处理后的所有数据。通过与底层各个控制系统通信，该层对所采集的数据进行转换后，以统一格式存储到数据库中。同时，通过这些数据也可以分析出报警信息，从而在发生报警时进行响应处理。还控制与中心数据库的连接以及业务处理，包括系统联动、软件升级等。

第三层为控制系统层。该层是 ezIBS 要集成的对象，包括楼宇自控系统、消防系统、出入口控制系统、视频监控系统等，这些系统都独立运行，具有不同种类的通信接口（OPC、LonWorks、Jdbc 等）。

6.3.3.3 西安协同智能建筑集成管理平台 IBMS

西安协同智能建筑集成管理平台 IBMS，基于 SOA 架构和 Web 服务，从下往上包括子系统层、适配器层、服务层、业务流程层、表现层、工具层、Qos 层等多个层次，如图 6-9 所示。对外提供实时信息门户、智能客户端、移动终端多种集成形式和服务手段,满足 Intranet/Internet 方式下远程信息管理(实时信息门户)、Intranet 方式下本地值班管理(智能客户端)、移动应用功能,从而满足不同类型应用需求。

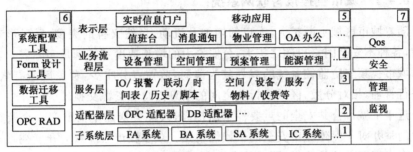

图 6-9　协同智能建筑集成管理平台

第一层是子系统层。本层是集成平台要集成的对象,包括楼宇自控系统、消防系统、出入口控制系统、视频监控系统等。这些系统都独立运行,对外提供不同种类的通信接口(OPC、NetAPI、RS232、ODBC 等)。

第二层是适配器层或接口层。本层是集成平台的数据转换器,为服务层提供所需的全部数据,包括 OPC 适配器、DB 适配器、Custom 适配器等。尽管底层各个控制系统所提供的接口千差万别,但在本层对采集到的子系统数据数据格式进行转换后以统一格式存储到实时数据库中,同时支持下发指令的转换。

第三层是服务层。本层提供公开的服务,可以独立服务或者合成服务。包括监控功能的 I/O、报警、联动、时间表、历史、脚本等服务,物业管理的空间、设备、服务、物料、收费等服务。

第四层是业务流程层。本层定义第三层中公开的服务的合成和编排。通过组合、编排,服务层的多个服务被绑定成一个流程,作为单独的应用程序提供使用。包括设备故障管理、空间管理、预案管理、能源管理等高级服务。这些应用程序支持特殊的应用和业务过程,可根据不同建筑物的个性化要求,扩展新的服务,进一步满足系统的扩展应用要求。

第五层是表示层。本层是整个系统的对外展现窗口,包括值班台程序、消息通知程序、物业管理应用以及 OA 办公应用等内网方式应用,实时信息门户、移动应用的外网方式应用。

第六层是工具层。本层提供系统应用的开发、配置工具,包括 OPC RAD 工具、系统配置工具、Form 设计工具、系统迁移工具等。

第七层是 QoS 层。本层提供了监视、管理和维持诸如安全、性能和可用性等 QoS 的能力。

6.4 平安城市系统

6.4.1 城市监控报警联网系统

随着城市区域不断扩大,人口的增加及流动,自然灾害的突袭,反恐形势的严峻,各种不安全因素也随之扩大,公安警力的增长速度不能满足实际需求。早期对城市视频安防监控系统的规划较为薄弱,监控点分布少,覆盖区域有限,各自进行管理,相对分散,区域或行业之间的信息汇总和资源交换较少。

近年来城市公共安全的重要性不断提高,人民群众的生命财产安全及重要活动的举办对于保障城市安全的依赖性增强。众多城市已经致力开展视频安防监控集中管理系统的建设,即对整个城市进行整体规划和设计,从而使城市视频安防监控系统运行更加高效可靠,发挥更大范围的作用以加强社会治安的综合治理,实现科技强警,提高快速反应能力和处置突发事件的施力,为城市突发公共事件应急管理系统提供联动及预案措施以应对各种活动、事故、案件、自然灾害等状况。

只有建立合理有效的城市视频安防监控管理系统,才能够使政府管理部门在第一时间发现问题,提出应对措施及应急预案。"平安城市"计划提供科学的分析手段实现防患于未然,对城市突发事件具备快速反应能力,提供事后查询及分析的数据资料,为城市的应急管理体系及管理水平提供有效保障。

城市视频安防监控管理系统是一个城市现代化管理水平的重要体现,是实现一个城市乃至整个国家安全和稳定的基础。Honeywell"平安城市"数字视频集中管理系统提供了一个典型的城市综合视频安防监控系统案例。

城市视频安防监控系统是以派出所、街道办、社会单位等为基本单元,监控点安装于城市的不同位置,基本单元是前视频接入点的实时图像监控系统。

区级监控中将基本单元监控系统通过联网方式接入到统一的监控平台之上,实现对整个区域的集中监视和统一管理。

根据城市行政区域的划分,将多个区级监控中心汇总至城市监控中心,建立共享机制综合协调各种资源。城市之间则通过省市等多级联网方式从而形成全省或全国统一监管的大格局。

因此发展各个基本单元的监视系统是城市视频安防监控系统的关键,也是实现对整个城市全方位监控的基础。平安城市结构框图如图6-10所示。平安城市特点如下:

(1)分组负责,综合协调,统一指挥。分级负责是指以一定的地理区域来划

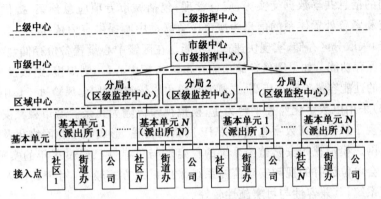

图 6-10　平安城市结构框图

分监控范围,一般以派出所、街道办、社会单位等为基本单元,各个基本单元对所辖范围内实现分级负责机制。综合协调指区级或城市指挥中心对所辖各个区域进行资源协调,实现不同区域之间的信息沟通衔接,便于处理特殊情况。统一指挥是指在一个区域设置区级监控中心,便于收集辖区内的各个基本单元信息,区级监控中心汇总到城市监控中心,实现集中管理功能,便于对重要事件实现统一指挥。

(2)整体规划设计,具备分步实施及扩充空间。采用"整体规划设计"的思想,从长远宏观的角度来构建城市视频安防监控系统,由于城市中各个区域的现状及特点不同,系统具备"分步骤分阶段"实现方式。总体规划设计到位,管线敷设留有余量,系统要充分和有效地应用城市综合信息集成管理平台并具有分步实施和功能扩充的条件,建成后的系统可以满足未来新的需求增长。

(3)提供图像存储、实时监控和预警联动功能。城市监控系统必须实现图像存储远程备份功能,以便于事件的查询分析判断等。实时监控是指基本单元、区级监控中心、市级中心等设置大屏幕对现场图像进行实时监视,具有对远程设备操作与控制功能。预警联动可以提供预警分析、系统联动等功能,防患于未然。城市视频安防监控系统提供跨系统、跨行业的联动处理措施以满足城市综合管理的需要。

(4)符合未来发展方向及城市综合化管理的需要。城市监控的意义不局限于其本身形成主体的全方位的防范体系,实现为全社会服务的目的,提供给其他方面的协助作用,实现城市的综合管理。例如:社会治安包括社区治安、智能建筑、街面巡视、重点单位等安全防范;交通管理,包括道路交通管理、交叉路口管理、车流量等道路信息采集;城市信息,包括城市综合信息管理与相关部委局行业之间的信息共享数据交换等；应急管理，包括城市专项应急预案，提供城市综合减灾和紧急处置体系的信息为城市应急联动中心提供有力依据。

（5）采取分区存储、实现快速查询功能。在区级中心设置备份存储，实现长时间图像保存功能。如果图像存储功能在市级指挥中心，一则规模、路数极大，对存储设备的性能容量等要求极高，二则对市级中心依赖性过高，风险过于集中。

（6）采用以数字化监控平台为主，模拟视频传输为冗余。城市视频安防监控系统实现了从模拟到数字直至支持 IP 网络的传输，形成数字化网络化及更大规模的组网。模拟视频安防监控系统的稳定性与可靠性已经过多年的实践验证。部分社会单位已有的视频安防监控系统采用模拟方式较多，对于其接入方式选用模拟系统，其兼容性与可实施性较好。

（7）发挥网络化平台优势适合不同用户的管理需求。Honeywell 公司的数字视频集中管理系统（Digital Video Centralized Surveillance，DVCS）是一套基于网络的系统集用户管理、电子地图、设备管理等为一体的数字视频集中管理系统，它同时支持模拟视频矩阵主机通过 DVCS 联入系统并通过客户端软件对其进行操作；对于内部专网上的任意点根据其用户权限均可调阅城市视频安防监控系统中的相关图像及信息资源（授权范围内），以适合不同级别用户的管理需要。DVCS 系统满足城市重要领导可以随时随地建立"虚拟监控中心"的需要，充分发挥领导的决策指挥作用。平安城市系统结构如图 6-11 所示。

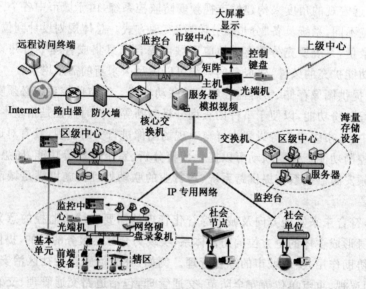

图 6-11　平安城市系统结构

6.4.2　城市消防远程监控系统

城市消防远程监控系统是通过现代通信网络将各建筑物内独立的火灾自动报警系统联网,并综合运用地理信息系统、数字视频监控等信息技术,在监控中心内对所有联网建筑物的火灾报警情况进行实时监测、对消防设施进行集中管理的消防信息化应用系统。

海湾公司 GST-119NET 城市火灾自动报警监控管理网络系统,能够7×24h不间断运行,实时监控城市中所有火灾自动报警设备的运行状况及人员值班情况。系统中的用户设备可以将火灾自动报警设备的火警、运行状态等信息通过公共电话网、GSM 或 CDMA 网络传送至设在消防管理部门的监控管理中心,监控管理中心根据掌握的详细的火警信息、GIS 地理信息、现场视频图像信息及灭火预案为消防部门快速反应提供辅助决策,达到早期发现火警,及时报警,快速扑灭火灾的目的。同时,通过对被控单位的消防设备、设施、联动系统的实时监测,设备维护跟踪,消防日常工作的监督和管理,使消防管理部门随时在线获得准确实时的被控单位各类消防管理数据,有效做好消防监督管理工作,减少火灾隐患,从而达到防灾、减灾的目的。

GST-119NET 系统由城市消防网络监控管理中心、119 确认火警显示终端、远程信息显示终端、传输介质和用户端传输设备五部分组成,系统结构如图6-12 所示。

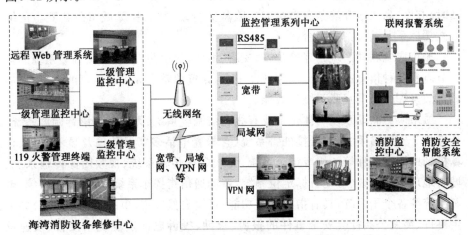

图 6-12　GST-119Net 城市火灾自动报警管理网络系统

其中消防网络监控管理中心由数据服务器、通信服务器、多台接警计算机、监控管理软件、UPS 电源、电子地图等组成。119 确认火警显示终端设在 119 指挥中心,以文字和电子地图定位方式同时显示确认的火警信息,并查询火警发生地点的详细资料。远程信息显示终端设在省市消防总队或消防管理部门,可在远端(异地)显示联网用户的所有报警信息,方便领导部门随时查阅、关注。

传输媒介包括公用电话网(PSTN)的直接传输方式;光纤接口模块的直接传输方式;各型号光线路复用终端设备的 R232/485 数据接口方式;以太网接口方式;通过 GSM、CDMA 网络或 NOTER 网;E1 接口或部分 E1 接口方式等多种不同方式。

用户端则是不同类型的消防网络监控器,其基本功能包括:可以提供多种接口与火灾自动报警设备连接;通信方式可以选择:采用 TCP/IP、无线(GSM、CDMA、NOTER)和电话线互为备份的工作方式;实时传送火灾自动报警设备的运行信息,接受中心查询;火警具有最高的优先级别,提供多种火警确认方式;实时检测通讯线路,线路故障现场报警并记录;黑匣子存储各类事件信息,掉电不丢失;提供视频联动接口。

6.4.3　城市应急联动系统

城市应急联动系统是以 110/119/122"三警合一"的警用紧急报警指挥调度系统为基础,集通信、网络、地理信息(GIS)、全球定位(GPS)、图形图像、视频监控、数据库与信息处理等多种技术为一体,整合城市各种应急救援力量及市政服务资源,实现多警种、多部门、多层次、跨地域的统一接警,统一指挥,联合行动,及时、有序、高效地开展紧急救援或抢险救灾行动,从而保障城市公共安全的综合救援体系及系统集成平台。

城市应急联动系统是连接公安、交警、消防、疾病防控、数字城管等系统的核心节点和各种信息的传输会聚和转发中心,是资源整合和信息共享的关键点,能够有效发挥并提升互联系统的效能。

城市应急联动系统一体化集成有线通信调度系统、无线通信语音调度系统、计算机骨干网络系统、综合接处警系统(含报警电话多字段传输及显示软件、计算机辅助调度软件等)、语音记录系统、无线数据传输系统、视频图像传输系统、城市地理信息系统、移动目标定位系统、移动通信指挥车系统、机房监控系统、电源系统等各个子系统,具有指挥调度功能;可对自然灾害、事故灾害、突发公共卫生事件、突发公共社会安全事件的报警、求助、投诉电话实现统一接警、快速反应、联动处警,对行政辖区内各具有处置突发公共事件职能的应急联动单位统一指挥调度,为联动不同警种和部门处置行政辖区内的紧急、突发、重大事件提供通信与信息保障。城市应急联动系统组成如图 6-13 所示。

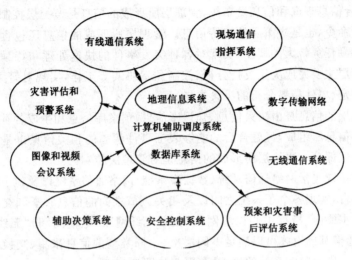

图 6-13　城市应急联动系统

　　城市应急联动系统核心是计算机辅助调度系统、数据库系统及地理信息系统，其他如数字传输网络系统、有线通讯系统、无线通讯系统、GPS 定位系统、视频会议系统、电子地图系统、辅助决策系统、现场通信指挥系统等则为核心系统提供支持。

　　城市应急指挥系统的核心业务分为三层次——决策层、管理层、监控层。决策层实现决策分析和综合指挥；管理层由各坐席实现事故处理、接处警处理、警力调度；监控层实现语音通信控制、监控设施、GPS 报警设施、视频监控、大屏幕显示等。应急指挥系统层次结构模型框图，如图 6-14 所示。

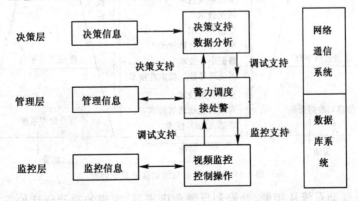

图 6-14　应急指挥系统层次结构模型框图

管理层主要实现对相关业务的管理，这些业务包括警力部署、接处警、车辆定位、综合信息查询和信息发布等,管理层所形成的信息是监控层控制、操作、监测的执行命令,也是决策层的支持信息。管理层所形成的信息还包含对非常态警力和特勤任务警力的调度,实现对各种突发事件的快速处理和特勤任务的执行。决策层主要完成决策支持分析、控制预案协调等工作,实现对警力调度、事件状态判定、事件趋势分析的决策支持。

决策层的信息是由决策信息、知识库信息、预案库信息和生成各种知识和预案的反馈信息所组成,经融合后的能够表征事件状态的相关信息也是决策信息的重要组成部分。决策层所形成的信息是对管理层的支持。

支撑系统包括网络通信系统、数据库系统,网络通信系统以及建于其上的信息交换平台,实现各个子系统之间以及相关人员之间的信息共享和交换。网络通信系统主要由"指挥中心局域网"、"城区光纤网"、"电信网"和"无线集群"组成,这些通信基础设施可以满足不同层次、不同类型的信息采集、交换和命令发布的需求。应急联动系统的接、处警平台如图 6-15 所示。

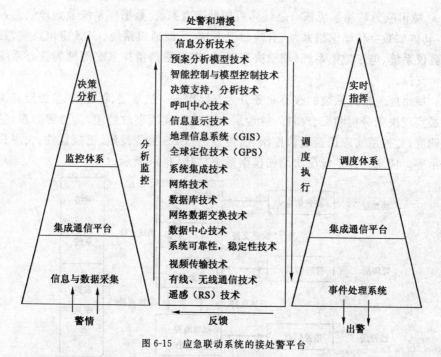

图 6-15　应急联动系统的接处警平台

应急联动系统从接警、处警和反馈角度来看,实现的功能包括如下方面:

(1)报警接入。利用电信、移动、联通等公网或专用的通信网,实现 110、119、122 的报警接入。可识别和显示主叫号码、用户名称、地址等报警用户信息。

(2)警情识别。自动或人工实现110、119、122报警类型识别,实现恶意骚扰电话的拦截。

(3)警情记录。提供110、119、122接、出警信息的录入登记、归档、保存、查询功能。

(4)处警调度。利用有线、无线通信或计算机网络,通过话音通信、数据通信实现110、119、122处警命令的下达,可以实现一警多出,多部门协调出警。

(5)出警反馈。出警人利用有线、无线通信或计算机网络向指挥中心反馈出警情况,接警员进行反馈信息登记、保存、可查询以往反馈信息。

(6)数字录音。实现报警电话、有线、无线处警调度电话的数字录音,以及录音信息的存储、查询、播放等功能。

参 考 文 献

[1] 谭炳华.火灾自动报警及消防联动系统.北京:机械工业出版社,2007.

[2] 孙景芝,韩永学.消防电气.北京:中国建筑工业出版社,2006.

[3] 吴龙标,袁宏永.火灾探测与控制工程.合肥:中国科学技术大学出版社,1999.

[4] GB 50016—2006 建筑设计防火规范.北京:中国计划出版社,2006.

[5] GB 50352—2005 民用建筑设计通则.北京:中国建筑工业出版社,2005.

[6] GB 50045—2005 高层民用建筑设计防火规范.北京:中国计划出版社,2005.

[7] 张言荣,等.智能建筑消防自动化技术.北京:机械工业出版社,2009.

[8] GB 50067—97 汽车库、修车库、停车场设计防火规范.北京:中国计划出版社,1997.

[9] GB 50038—2005 人民防空工程设计防火规范.北京:中国计划出版社,2005.

[10] GB 50116—2008 火灾自动报警系统设计规范.北京:中国计划出版社,2008.

[11] JGJ/T16—2008 民用建筑电气设计规范.北京:中国计划出版社,2008.

[12] 李引擎.建筑防火工程.北京:化学工业出版社,2004.

[13] 霍然,袁宏永.性能化建筑防火分析与设计.合肥:安徽科学技术出版社,2003.

[14] GB 50222—95 建筑内部装修设计防火规范.北京:中国建筑工业出版社,1995.

[15] 中国建筑标准设计研究院.《建筑设计防火规范》图示.北京:中国计划出版社,2006.

[16] 张树平,郝绍润,陈怀德.现代高层建筑防火设计与施工.北京:中国建筑工业出版社,1998.

[17] 蒋永琨.高层建筑防火设计手册.北京:中国建筑工业出版社,2002.

[18] 陈保胜.建筑防火设计.上海:同济大学出版社,2000.

[19] 姜文源.建筑灭火设计手册.北京:中国建筑工业出版社,1997.

[20] GB 50348—2004 安全防范工程技术规范.北京:中国计划出版社,2004.

[21] GB 50395—2007 视频安防监控系统工程设计规范. 北京：中国计划出版社, 2007.

[22] GB 50396—2007 出入口控制系统工程设计规范. 北京：中国计划出版社, 2007.

[23] GB 50394—2007 入侵报警系统工程设计规范. 北京：中国计划出版社, 2007.

[24] GB/T 50314—2006 智能建筑设计标准. 北京：中国计划出版社, 2006.

[25] GA/T 367—2001 视频安防监控系统技术要求. 北京：中国计划出版社, 2001.

[26] GB 20815—2006 视频安防监控数字录像设备. 北京：中国计划出版社, 2006.

[27] GA/T368—2001 入侵报警系统技术要求. 北京：中国计划出版社, 2001.

[28] GA/T394—2002 出入口控制系统技术要求. 北京：中国计划出版社, 2002.

[29] GB 50311—2007 综合布线系统设计规范. 北京：中国计划出版社, 2007.

[30] GB 50166—2007 火灾自动报警系统施工及验收规范. 北京：中国计划出版社, 2007.

[31] GB 50084—2005 自动喷水灭火系统设计规范. 北京：中国计划出版社, 2006.

[32] GB 50370—2005 气体灭火系统设计规范. 北京：中国计划出版社, 2006.

[33] DB DBJ/T 61—42—2005 智能建筑工程施工工艺标准//陕西省建筑工程施工工艺标准, 2006.

[34] 陈龙, 陈晨. 安全防范工程. 北京：中国电力出版社, 2006.

[35] 濮容生, 何军, 杨国飞, 濮励. 消防工程. 北京：中国电力出版社, 2006.

[36] 梁华. 智能建筑弱电工程施工手册. 北京：中国建筑工业出版社, 2006.

[37] 全国智能建筑技术情报网, 中国建筑设计研究院机电院. 数字安防监控系统设计及安装图集. 北京：中国建筑工业出版社, 2006.

[38] 中国安全防范行业网, http://www.21csp.com.cn.

[39] 筑龙网, http://www.zhulong.com.

[40] 安防方案中心, http://www.dvr100.com.

[41] 中国安防网, http://www.c-ps.net.

[42] 维基百科, http://zh.wikipedia.org.

[43] PLC 与现场总线, http://www.im100.com.

[44] 霍尼韦尔安防集团产品手册, http://security.honeywell.com/cn.

[45] 海湾安全技术有限公司产品手册,http://www.gst.com.cn.

[46] 杭州海康威视数字技术股份有限公司产品手册,http://www.hikvision.com.

[47] 豪恩安全科技有限公司产品手册,http://www.csst-longhorn.com.

[48] 泉州佳乐电器有限公司产品手册,http://www.jiale.com.

[49] 吉皮斯(GPS)周界系统公司产品手册,http://www.gps-sh.com.

[50] Fiber SenSys Inc. 产品手册,http://www.fibersensys.com.

[51] Recognition Systems, Inc,http://www.handreader.com/.

[52] 深圳市科松电子有限公司产品手册.

[53] 常州裕华电子设备制造有限公司产品手册,http://www.cyh.com.cn.

[54] Pelco Worldwide Headquarters 产品手册,http://www.pelco.com.

[55] 上海爱谱华顿电子工业有限公司产品数据库,http://www.aipu-waton.com.

[56] 中国一卡通网,http://www.yktchina.com.

[57] RFID 中国网,http://www.rfidchina.org.

[58] 清华同方.ezIBS 智能建筑信息集成系统.2007.

[59] 于波等.城市应急联动系统的总体设计.中兴通讯技术,2005 Vol. 11-1.

[60] 弓怡龙.揭开奥运安保神秘面纱,海康威视圆满完成任务 海康威视网站文章.http://www.hikvision.com.